『十二五』
职业教育国家规划教材

中国茶俗学

U0208803

余悦 叶静 著

中国出版集团
世界图书出版公司
西安 北京 上海 广州

图书在版编目（CIP）数据

中国茶俗学/余悦，叶静著.—西安:世界图书出版西安有限公司，2014.12（2024.1重印）
ISBN 978-7-5100-8912-1

Ⅰ.①中… Ⅱ.①余… ②叶… Ⅲ.①茶叶—文化—中国—高等学校—教材 Ⅳ.①TS971

中国版本图书馆 CIP 数据核字（2014）第 282721 号

中国茶俗学

著　者	余悦　叶静
责任编辑	李江彬
责任校对	周芳
封面设计	新纪元文化传播

出版发行　世界图书出版西安有限公司

地　址	西安市雁塔区曲江新区汇新路355号
邮　编	710061
电　话	029-87233647（市场营销部）
	029-87234767（总编室）
传　真	029-87279675
经　销	全国各地新华书店
印　刷	西安市久盛印务有限责任公司
成品尺寸	185mm×260mm　1/16
印　张	17.25
字　数	300 千
版　次	2014 年 12 月第 1 版
印　次	2024 年 1 月第 6 次印刷
书　号	ISBN 978-7-5100-8912-1
定　价	40.00 元

中国茶俗学的建构及其意义

中国茶文化是庞杂的文化体系，涵盖着诸多的文化事象，并且与众多的其他学科有着千丝万缕的联系。各种不同类型学科的综合、交叉、整合，往往形成新的综合学科、交叉学科与边缘学科。中国茶俗学即是茶文化学和民俗学相结合的产物，具有独特的个性和迷人的魅力。

中国茶俗学的基础是千姿百态的茶俗。中国是茶的故乡，是茶文化的发祥地，是最早发现、种植、利用、加工并销售茶的国家，也是最早饮用茶和形成茶文化的国家。在中国茶文化丰富多彩的事项中，最为众多、最为普及的，就是茶俗内容的繁复和深入。茶是中华民族的举国之饮，茶俗内容涉及生产、加工、销售、品饮等多个方面，并且与中国数千年的茶事一起逐步完善和发展。作为统一的多民族国家，中国的 56 个民族都有各自不同形式的茶事，也有别具一格、经久不衰的茶俗。而且，茶俗与中国人的人生相伴始终，从出生、恋爱、成婚、生育到死亡，都有不同的形式和文化内涵。茶俗在不同阶层的人士中，上自帝王将相，下至黎民百姓，都呈现出不同的传承和表达。这种深深根植于民间的、大众的、民族的、地域的茶俗，成为茶俗学理论建构的肥田沃土。

虽然茶俗事象的记录、描述、再现是茶俗学的重要方面，但是，仅仅局限于茶俗事象的原真性、原始性、原态性的载录，还不是完整的、系统的、严谨的茶俗学科的建构。作为学科建构的基本要素，需要厘清学科的定义、范畴，明确其内质和外延；需要对大量相关事项进行观察、分析、辨别，然后在此基础上系统化、类型化、科学化；需要辨析学科的属性、特质，区分其与相邻相关事项和学科的关联；需要对形成学科的研究范围及其方法进行探讨，对于茶俗史和学科发展的学术史回顾与前瞻。这些方面的体系化和科学化，是茶俗学建构过程中必须探索和解决的问题。应该坦率地说，目前关于茶俗学建构的著述，大多数局限于对茶俗的记载和整理，甚至有的只是个人体验式的文字录影，还没有达到科学完整的描述状态。

我们知道，在人类学科建设的历程中，大体可归纳为两种形态：一种是由于日积月累的探讨，其研究成果水到渠成地形成学科，这是一种渐进式的学科建构历史；另一种是从已有的学术成果出发，进行理论的概括与提升，提出学科建构的设想，以一种"学术自觉"的姿态，主动进行学科的认同。虽然这两种学科建构的方式有异，但无论何种方式，其实都需要学术思想的先行，学科建构的理论。并且，从学术史的过程考察，都不乏成功的先例。中国茶俗学既有前者形态的基因——千百年形成的得以公认的茶俗事象；同时又有后者形态的特征——由于中国茶文化研究的发展，茶文化研究者基于深入探讨的必要而做出的理论判断和学术思考。

中国茶俗学建构的提出和探讨，具有积极的理论意义。

中国茶俗学的建构，有利于茶俗事象全面、系统和科学的载录。中国56个民族丰富的茶俗事象，现在已有不少文字资料。然而，一是局限于部分民族的载录，还有一部分民族的茶俗只有简单的只言片语，亟待搜集和整理；二是已有的茶俗记载大多是感性的文字，难得见到以民俗学专业手段进行的田野调查；三是对于现有的茶俗资料，还存在大量辨析的工作。茶俗学的建构，正有利于茶俗事象整理的科学和整体提升。

中国茶俗学的建构，有利于茶俗学学科意识的强化。客观分析，原有茶俗的记载与探讨，除了少数之外，较多地是由于茶俗事象的生动有趣，以一种自然状态吸引着人们的目光与兴致。运用现代科学的茶文化学和民俗学理论进行探讨，大多还缺乏这种自觉意识。如今，中国茶俗学的提出，让学科的自觉意识受到重视，甚至能够进一步深入人心，显然有益于茶俗研究的理论提升。并且，中国茶俗学作为茶文化学与民俗学的交叉学科，对于茶文化学科的建设和民俗学研究的拓展,也有其自身的学科意义。

中国茶俗学建构的提出,还有利于茶俗的传播与接受。应该说,原有的茶俗传播与接受还处于一种自发形态,甚至存在某些认识"误区"。例如:原来往往认为清饮法来自中国,而调饮法则为外国所有。其实,只要研究中国茶俗史和各民族的茶俗生活,就会清楚地看到,调饮法同样为中国首创,并且自古至今存在于多民族的茶俗生活中。这种厘清和矫正,可以进一步得出结论:世界各地的饮茶方式都来自于中国。这也为中国是茶文化的发祥地进一步夯实了基础。同时,现在正在大力加强非物质文化遗产保护,许多茶俗事象载入县、市、省和国家各种层级的非物质文化遗产名录,中国茶俗学的建构也有利于加强对其保护与利用。

《中国茶俗学》教材的编撰,正是为了这一边缘学科建构所做的努力之一。只有让更多的人了解和关注中国茶俗学的建构,才能使中国茶俗学更好地建设;也只有让更多的年轻学子了解和参与中国茶俗学的建构,才能使中国茶俗学的建立和完善后继有人。在学习《中国茶俗学》课程的过程中,年轻学子能够进一步全面系统地加深对中国茶文化的理解,同时,在学习之际思考相关的理论问题,进行必要的茶俗实地调查与体验,为中国茶俗学的进一步深化与完善做出力所能及的贡献。任何人,对于中国茶文化和茶俗学的理论与实践做出奉献,都是其人生的最大幸福与快乐!

目　　录

第一章 茶俗与茶俗学概说

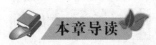

本章导读

本章是全书的总纲和基本理论阐述,首先对茶俗与茶俗学的定义进行了界说,同时具体分析了茶俗的基本特征、分类,以及不同类别的特色。在此基础上,论述了茶俗学与其他学科,如茶文化、民俗学,以及社会生活史、民族史、区域史的关系。最后,明确了茶俗学的研究范围及其方法。

学习目标

1. 了解茶俗、茶俗学的定义,明确两者之间的关系;
2. 掌握茶俗的基本特征和分类,消除对茶俗仅仅是饮茶风俗的误解;
3. 了解茶俗学与关联学科的关系;
4. 掌握茶俗学的研究范围及其方法。

任何学科的确立,必须首先明确其定义和内涵,明确其属性和学科定位,明确其学科范畴和研究方法。茶俗与茶俗学虽是一字之差,但两者却既有区别又有联系。前者是对于茶俗相关事项的表述,后者则是前者基础之上的学科称谓;前者是学科的基础,后者是事项的理论概括。

第一节　茶俗的定义及其内涵

在中国茶文化体系中,茶道、茶艺、茶俗堪称"三足鼎立",互为影响。如果说,茶道是灵魂,茶艺是形象,那么茶俗就是基石。任何建筑,没有深厚的基础,就不可能有健美的形象,也更不可能有高尚的灵魂。正是由于茶俗的存在,才使茶文化的体系如此根深叶茂,如此博大精深,如此动人心魄。

应该如何定义茶俗呢?这自然也与茶道、茶艺一样,是"仁者见仁""智者见智"。余悦教授在参与编撰《中国茶叶大辞典》(陈宗懋主编,中国轻工业出版社 2000 年 12月出版)时给茶俗以清晰的界定和概括:"茶俗是在长期社会生活中,逐渐形成的以茶为主题或以茶为媒体的风俗、习惯、礼仪,是一定社会政治、经济、文化形态下的产物,随着社会形态的演变而消长变化。在不同时代、不同地方、不同民族、不同阶层、不同行业,茶俗的特点和内容不同。因此,茶俗具有地域性、社会性、继承性、播布性和自发性等特点,涉及社会的政治、经济、信仰、游艺等各个层面。"

所谓"地域性",是指茶俗产生和存在于特定的区域和环境。俗话说,"十里不同风,百里不同俗。"又有"一方水土养一方人。"除了地理位置、温度气候、物产特点、生活习惯,还有社会环境、文化氛围等都会使各地茶俗具有不同的形态和特征。茶俗表现出来的南北差异、城乡差别,正是地域性的体现。

所谓"社会性",是指茶俗在一定社会时期产生和发展,并且带有深深的社会烙印。例如:饮茶风俗的真正盛行,始于唐代。据唐代杨华《膳夫经手录》记载:在开元、天宝年间,饮茶之风稍有蔓滋;到广德、大历年间,则"遂多";而至建中之际,"已后盛矣"。封演的《封氏闻见记》也说道:"古人亦饮茶耳,但不如今人溺之甚,穷日尽夜,殆成风俗。始于中地,流于塞外。"唐人的两则记录,正好说明了茶俗的这种社会性。

所谓"继承性",是指茶俗在历史发展过程中世代承袭的特点和方式。这种"世代承袭",并非父传子、子传孙式的家族传承,而是从整个历史时代、整个社会群体方面的观察,是一种历时性的考察角度。例如"时新献人"的赠茶习俗,也就是新茶初制时以茶为礼,馈赠亲友。这种赠茶风俗从唐代兴起后,一直延续到当代。

所谓"播布性",是指茶俗具有传播和散布的自由属性。这是与"继承性"相区别的。茶俗的播布性存在多种层面:一是带有本土特征的区域内传播和散布;二是跨越地域的传播和散布;三是超越不同阶层的传播和散布。播布的方式,大多是以口耳相传,也有的是通过书面的或其他媒介为载体,加速和扩大这种茶俗的影响力。当然,播布还与接受有关联。播布并非一定接受,只有接受后才会产生实效性。

所谓"自发性",是指茶俗的发生和发展具有自然状态的、自发自为的属性。茶俗的出现,除了极个别事项外,大多是在不经意间产生的,并非由于政府或其他强力的介入。这种"自发性"的存在,使茶俗具体产生的时间很难界定;同时,"自发性"也带来了首创人员的模糊性,很难说是某人的创造、创意、创新,只能是一定区域的群体意识和行为。

茶俗与社会有密切的关系。在日常的饮茶活动中,民众对伦理道德、未来生活的愿望和对社会的美好追求,也会渗透到一杯茶汤中。以茶敬客,是中国人最普遍的习俗和最基本的礼仪;以茶敬亲,是通过晚辈向长辈敬茶表现出敬尊长、明伦序的重要内容;以茶睦邻,是以茶和睦邻里、友爱相处的象征;以茶赠友,是"茶表敬意"和增进感情的办法;以茶联谊,是聚朋会友、共赏佳茗、增进友谊的方式。甚至"吃讲茶",都是以茶化解仇恨、解决矛盾的有效形式。这些茶俗,表现出和睦、和谐、和平、和美、和乐、和气、和洽、和亲、和善、和顺、和悦等一系列风尚,也是茶文化核心——"和"的体现,对于今天"和谐社会""和谐世界"的建设也有不可低估的意义。

茶俗还伴随着人的一生。例如:孩子"洗三"(婴儿出生后第三日要举行沐浴仪式)时的绿茶水洗头,象征美好的开头;满月剃头时的"茶浴开面",喻长命富贵;周岁时的"烧茶"之俗,表示祝贺喜庆……都离不开吉祥寓意的茶。而在婚姻的礼仪中,茶更是贯穿始终,有"三茶六礼"之称。

知识链接

"三茶"即指订婚时的"下茶",结婚时的"定茶",洞房时的"合茶"。也有的把提亲、相亲和洞房前三次所沏之茶水,合称"三茶"。还有的在婚庆时要举行三道茶仪式:第一道白果,第二道莲子、大枣,第三道便是茶。虽然"三茶"之说,地域有分;"三茶"之仪,民族有别,但都取茶"至性不移"之意,表达出对爱情的忠贞。

甚至在人生的最后时刻,有的逝者要用茶叶枕头,或手执茶枝,或放上茶叶、草烟、芭蕉、米粒、水酒等供物的冥器"合帕"。至于以茶为祭,采用被视为圣洁的茶,是向神灵、先祖表达虔诚敬意的最好方法。

　　茶俗虽然产生和存在于民间,但并非只有日常俗事的表现,它同样具有丰富的内涵和质朴的哲理。茶俗与社会、与人生有千丝万缕的联系。民众在平时的生产、生活、衣食住行、婚丧嫁娶、人际交往中,往往以茶寄情或表达一定的思想,甚至哲理观念。

> **知识链接**
>
> 　　三道茶通过"一苦二甜三回味"的茶饮,表现出对世俗的感慨和对人生的追求,实际上是一种质朴的生活哲学、人生哲学。又如唐代兴起的"茶礼",历经宋元明清直到现当代,从萌芽、演变到发展,几乎成为婚俗的代名词。茶在婚俗中,是纯洁、坚定和多子多福的象征。

第二节　茶俗的划分原则及类型

　　茶俗分类应该采取哪些原则?迄今为止,似乎还没有谁提出过系统的意见。因为茶俗的情况相当复杂,需要长时间的探索。在本书中,我们尝试按同一原则、个性原则、功能原则来分类。

　　(1)同一原则。即根据同一种标准,对茶俗进行分类。这种同一原则应该贯穿于一种茶俗类型的始终,并且能够将茶俗进行多层次的细分。

　　(2)个性原则。既然某一种类型的茶俗能够独立出来,它就应该具有自己的特色,与其他类型相区别。

　　(3)功能原则。即从茶俗的作用来看。茶俗虽然是约定俗成的,但也有外在表现与文化内涵的一致性,其实用性是基本的和首要的。

　　此外,还有分类的多角度原则。也就是说,同一种茶俗,由于着眼点不同,可以归入不同的茶俗类型。

　　茶俗的事象繁多,不胜枚举。如果从不同的角度划分,茶俗的类别也繁花似锦,蔚为壮观。

　　以茶俗内容划分,有茶叶生产习俗、茶叶经营习俗、茶叶品饮习俗等;

　　以茶俗时间划分,有古代茶俗、现代茶俗、当代茶俗等;

　　以享用茶俗的阶层划分,有宫廷茶俗、文士茶俗、僧道茶俗、世俗茶俗等;

　　以茶俗文化划分,有日常饮茶、客来敬茶、岁时饮茶、婚恋用茶、祭祀供茶、茶馆文化、其他茶规等；

以民族划分，许多民族都有各具民族特色的茶俗，对茶的观念、茶叶制作、茶具使用、茶饮品味，均不相同；

以地域划分，可以分为东南、西南、东北、西北和中原五大板块，每一板块又可分出若干茶俗区。

在下面的各个章节，我们将对这些类型分别进行具体阐述。

第三节　茶俗学的概念和特征

茶俗学是指研究茶俗事象的成因、特征、功用、关系的学科，是基于茶文化和民俗学的交叉学科。也就是说，茶俗学是专门研究茶俗产生、发展、演变规律与特点的一门学问。

从学科内容和学科地位来看，茶俗学基本点主要有三个方面。

一是研究对象为茶俗。单一的茶俗事象的描述虽然是重要内容，但只是研究的基础。对于各种茶俗之间的关联性，更要分析其产生的原因、空间特征、实际功用，以及相互之间的关系。

二是茶俗学的学科地位。中国茶文化博大精深，广泛涉及哲学、历史、文学、艺术、民俗、民族等学科，其中一些有影响的事项被视为子学科。例如，基于茶道，有茶道学；基于茶艺，有茶艺学。作为与茶道、茶艺关系最密切的茶俗，茶俗学也和其他学科一样，是从属于中国茶文化学的子学科。

三是茶俗学与其他学科的关系。与茶俗学关系最密切的有两个学科：茶文化学、民俗学。茶俗学与茶文化学的关系是从属关系，而与茶道学、茶艺学则是平行关系。不过，茶俗学与民俗学的关系则有不同，分别属于多个部类。

知识链接

茶叶生产习俗，属物质生产民俗；饮茶习俗，属物质生活民俗；婚恋茶俗，属人生礼仪；茶祭属信仰民俗；年岁茶俗属岁时民俗；茶会茶业组织属社会组织民俗；茶舞、茶戏，属民间文学艺术。正是由于茶俗在民俗范围内有如此之广的关联，也就很难成为民俗学的单一子学科。

茶俗学除了上述特征之外,还有一些其他的特点。

一、茶俗学的传统性与当代性并存

茶俗在当代社会,正走向多极发展。文化的生存与发展,有其当时的社会条件。新世纪已经发生了翻天覆地的变化,与产生茶俗的原有条件已不可同日而语。因此,茶俗之中一部分不适应新世纪的风俗习惯,特别是那些陋习,毫无疑问会走向衰亡。而其中与当代生活相适应的、积极健康、高品位的茶俗,依然会在人们的生活中占重要的地位,并得到传承和发展。我们日常生活中的一些茶俗,如日常饮茶、以茶待客、以茶赠友等,莫不如此。同时,原有的茶俗也有的会发生"裂变"。如饮茶风俗,一方面追求传统,走向精美、精致、精细、精良;另一方面又力求适应当代快节奏的社会,于是袋泡茶、茶饮料同样并行不悖。

二、茶俗学的选择扬弃和遗产保护并存

茶俗之中的良俗,并非会为新世纪"全盘接收",也会有扬弃和选择。如茶叶的加工技艺,在当时生产力条件下,虽然是代表先进的生产力和先进的生产方式。然而,随着当代科学技术的发展,原有的以手工制茶为主导的技艺,逐步由机械化、半机械化、智能化生产加工所取代。于是,手工加工茶越来越难得一见,掌握这种技艺的高水平传承人也越来越罕见。在第一批国家级非物质文化遗产名录中,武夷岩茶(大红袍)制作技艺名列其中。而第二批国家级非物质文化遗产名录,更是在其中列入了绿茶制作技艺(西湖龙井、婺州举岩、黄山毛峰、太平猴魁、六安瓜片),红茶制作技艺,乌龙茶(铁观音)制作技艺,普洱茶制作技艺,黑茶制作技艺,以及茶艺(潮州工夫茶)和富春茶点制作技艺。这些与茶俗相关的技艺列入,既是幸事(得以重视保护),又是令人担忧的(正以超速度消亡)。这份珍贵的文化遗产,千万不能在新世纪中断。

三、茶俗学的理论探讨和实际运用并存

新世纪茶俗,还有一个新兴的支撑点,那就是当代的旅游。旅游是经济发展的助推器之一,是新兴的经济增长点,在许多地区已经成为支柱产业。名山出名茶,名茶连名胜。在风景名胜地区,往往有名茶,也有独特的茶俗。如今,许多旅游景点都有茶事活动,有饮茶风俗。在游客口干舌燥之际,喝上一杯清馥可口的香茗,暑气顿减,疲劳顿消,何等的舒畅,何等的惬意。随着旅游产业的进一步发展,茶俗活动和传播的深度

与广度都会得到提升。

四、茶俗学的自然传承与国际交往并存

茶俗的跨地域,甚至跨国界交流将进一步拓展。茶俗本来带有很强的地域性,是在特定的生活空间和社会空间生存的。但在当代,特别是随着社会的开放程度更高,文化的交流与传播更广泛,茶俗的传播也必然发展到自然传承与国际交往并存的新阶段。随着茶俗交流进入"世界视野",我们的茶俗探讨应当具有新的眼光、新的思维和新的范式。

总之,茶俗的此消彼长,茶俗的不断变化,像太阳东升西落一样自然,像月亮阴晴圆缺一样自如。从生活的茶俗,走向表演的茶俗;从淳朴的茶俗,走向娱乐的茶俗;从内敛的茶俗,走向开放的茶俗;从单向的茶俗,走向交流的茶俗。这些势头,不仅是"小荷才露尖尖角",更是"喜看东风又一枝"。

第四节 茶俗学的研究范畴及方法

茶俗学是一个开放的研究体系,是一个由零星的、分散的、个别的茶俗事象到全体的、完整的、系统的茶俗组合的考察,是由具体的茶事社会生活到抽象的理论统摄。正因为如此,茶俗学的研究范畴大体包括三个方面。

第一,按照茶俗发展过程的历时性研究。茶俗是由物质的茶,到社会生活的茶事,再到特殊精神活动的习俗传承。这方面的研究,可以是茶俗单一事项的,可以是某一断代的,也可以是就茶俗整体的分析。

第二,按照茶俗内容的差异性进行哲学、社会、文化的分析。前面我们谈到,依照不同的角度,可以对茶俗进行分类。而这种类型化的区分,只是就总体而言,远未达到深入和深刻的程度。其实,任何一种类型或事项,都可以进行更为深入的哲学、社会学、文化学的探讨,甚至还可以从更多的学科层面对茶俗进行不同角度的探索。

第三,按照茶俗观念和事项研究的进程做茶俗学术史的研究。茶俗学科的研究虽然至今才开始,但作为茶俗事象的载录与认识则长久存在。在这些载录和认识中,体现了丰富的茶俗观念、学术思想和文化内涵。茶俗学术史的追溯,既是纵向的历史的研究,又是横向的类别形态和思想观念的探讨,反映出综合状态的研究特点。

茶俗学不论何范畴的研究,都涉及以下四个层面。

一是茶俗基本原理。包括茶俗研究的对象,茶俗宗旨论,茶俗起源和发展论,茶俗价值论,茶俗功能论,茶俗特征论,茶俗创造论,茶俗传承论等。这些方面都有不同的层面,并且是相互作用、相互依存的整体。

二是茶俗分类学。包括分类理论、分类史、分类学、分类与研究等层次。

三是茶俗历史学。包括茶俗记录史和茶俗研究史两个系统,又可分为通史和断代史。

四是茶俗信息学。既包括历史的信息,又包括当代的信息,还包括未来的信息。

除此之外,还有茶俗的比较研究、茶俗的研究方法等。

茶俗学在研究方法方面,可以采用茶文化学和民俗学的方法,包括国外民俗学的学术流派及其方法,茶俗学研究最为常见和普及的方法主要有四个。

一、田野作业法

这是由茶俗学本身决定的实践方法,可追溯到古代使用的"采风"方法。茶俗的准确性和科学性,必须采集实地调查的第一手材料得以实证。所以,实地采录、直接采录,是田野作业的主要形式。在田野作业中,人们又概括出综合考查、比较分析与实证相结合、走马观花与驻足调查、参与实践等方法,都是切实可行的。

二、文献学方法

研究茶俗史、茶俗学史,离不开典籍文献。我们所说的茶俗文献资料,可以细分为四个类别。一是历史上载录茶俗的文献资料,包括各类经、史、子、集、正史、野史、笔记的文字典籍。二是口传资料,既包括散文体的神话、传说、故事,韵文体的民歌、民谣、史诗、叙事诗和戏剧体的小戏及民间说唱,还包括个人经历记载的含有茶俗活动的记录。三是茶俗实物资料,包括历代的生产工具、服饰、器皿、民间建筑、交通工具、生活用品、民间工艺品等与茶俗相关的实物。四是声像资料,也就是以影视为手段,对茶俗事象进行客观记录的资料。通过这四类文献,进行深入的研究。

三、结构分析方法

虽然民俗研究中的"结构主义"理论及其方法,直到1958年法国列维·斯特劳斯的《结构人类学》以及他的《亲族的结构》等著作才明确提出,并且十分强调通过研究对象自身予以揭示事象规律。其实,这种结构分析方法在茶俗研究中较为常见,步骤大多是:一是分类,对于搜集的资料进行分类;二是分析,对资料从各种角度进行剖析,找出各元素之间的内在联系;三是综合,把各种分散的元素进行有机组合,形成对事物全貌及本质的总体把握。

四、比较研究法

比较研究法在茶文化学和民俗学中广泛运用。在茶俗学的比较研究中,比较可以是单项事物的比较,也可以是全方位的比较;既可以是地区之间的比较、民族之间的比较,也可以是国与国之间的比较;既可以是纵向的比较,也可以是横向的比较。这种比较应该是以事实为依据的科学的比较,既寻求相同成分,也显示相异成分。

总之,茶俗研究的方法应当是灵活多样的。茶俗事象的纷繁、决定了茶俗学研究方法的多姿多彩。

拓展阅读

所谓民俗,是指产生并传承于民间的、具有世代相袭特点的文化事象。细而化之,民俗包括两个方面的含义:首先,这种文化事象必须是产生并传袭于民间的。那些只存在于官方而不存在于民间的文化事象,那些与民间社会并无直接关联的文化事象,即使具有世代相袭特点,也不算民俗。如宫廷的典章制度、皇帝的选秀习俗,都不应纳入民俗学的研究范畴。但那些既存在于官方,也存在民间的习俗惯制,我们仍可视为民俗,并成为民俗学的研究对象。其次,民俗必须具有世代相袭的特点。那些虽然产生于民间,但在尚未成为广大民间社会所接受的"民俗"之前便已迅速解体的文化事象,也不应纳入民俗学研究范畴。不过,在谈论这个话题时,我们必须强调一点——即我们所说的民俗,不是指某一文化现象,而是指某些文化现象。以时政歌为例,任何一首时政歌可能都是短命的,那些如拂面春风般的时政歌,一般很难存活半年甚至两三个月。因为那种尖锐犀利的批评,很容易触动当政,并使他们从速从重变革弊政。从这个角度来说,这些时政歌似乎很难纳入我们所说的民俗学研究范畴。但如果我们将时政歌作为一种民俗事项通盘考虑,就会发现它确有着相当悠久的历史和相对稳定的传承。尽管今天的时政歌与历史上的时政歌已有所不同,但其犀利大胆的风格、灵活机智的表现方式以及针砭时弊的人文精神却依然故我,今天的时政歌只是历史上历朝历代时政歌的变种,我们并不能因某首时政歌生存时间过短而否认它的民俗属性。民俗学界"不过三代,不能称其为民俗"的说法大体上是可以成立的。(苑利、顾军《中国民俗学教程》,光明日报出版社 2003 年 10 月)

课堂讨论

1.茶俗学有哪些价值与意义?

2.如何学习和研究茶俗学?

思考练习

1.茶俗社会是如何定义的? 为什么?

2.茶俗学与茶俗有何联系和不同?

3.茶俗学研究范畴包括哪些?

4.应该掌握哪些茶俗学的基本研究方法?

第二章 中国茶俗的历史概况

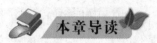

本章导读

通过本章的学习,重点掌握茶俗的出现与唐代茶风的关系;掌握两宋时期的茶俗及其在中国茶俗史上的地位和作用;理解明清时期茶俗的新变与发展。在此基础上,对现当代茶俗茶艺的变迁与走向有所了解。

学习目标

1. 掌握唐代饮茶之风的兴起及其原因,陆羽对于中国茶文化的意义;
2. 掌握宋辽金元时期茶俗的形态与各自的特点,尤其是宋代茶俗的两极走向;
3. 熟悉明清时期饮茶法的变更,饮茶活动在民间社会生活的习俗及其功能;
4. 了解茶俗在现当代中国的文化变迁与走向。

中国茶文化的历史可分广、狭二义。广义的中国茶文化史可从神农时代算起,距今约四五千年;狭义的中国茶文化史可从世界上第一部茶书《茶经》的诞生时代算起,距今一千多年。由于神农只是上古传说中的人物,有关茶的起源至今还没有定论,因此,从狭义的茶文化史角度来廓清中国茶俗的历史脉络,在史料依据方面更具说服力。中国茶俗从唐代的发生,历经宋、元、明、清等不同时代的演进,呈现为一个多民族、多社会结构、多层次的文化整合系统。一直到我们今天所处的 21 世纪,中国茶俗也已浸润到社会生活的各个领域,体现出时代性、稳定性和变异性纵横交错的特点。许多古老的茶俗仍然散发着青春的活力,影响着我们的生活。

第一节　茶俗的出现与唐代茶风

茶俗包括生产、品饮、文艺、信仰等多方面的习俗。在唐代以前,文献中就有关于茶饮的人物、传说、故事和风俗。相传神农氏是最早发现和利用茶的人,《神农本草经》一书称:"神农尝百草,一日遇七十二毒,得荼(茶)而解之。"神农氏,即炎帝,远古传说中的太阳神,在民间被尊崇为中华民族的祖先。相传他是传授人们以药治病的医学发明人,被后世尊为医药之神,《神农本草经》即是依托他的著作,这是我国古代第一部药学著作,但据后人考证这是一部汉代的著作。这个故事虽然和神话类似,但传递出来的信息却是明确的,那就是远古时期的人们采食野生的茶叶,茶可以解毒,类似药的功能。此后,古人将茶树视为灵性之物,民间有许多关于茶树来由的神奇传说,都与这个远古时期的茶传说有关。

尽管陆羽在《茶经》里说:"茶之为饮,发乎神农氏,闻于鲁周公。"但我们不能据此推断上古时代就已经有茶俗出现。从传世文献可知,汉代以前,茶没有被当作主要饮品。汉代以后,文献中渐有饮茶的记载,魏晋南北朝时期关于饮茶风俗的记载逐渐多了起来,不过当时人们对茶的认识,主要限于药用、解渴、解酒、佐餐、祭祀、养生等功用性的方面,还没有与民众的日常生活结合起来。隋代统一南北之后,饮茶的风尚进一步在北方传播,为唐代茶风的广泛普及打下了基础。

一、饮茶之风的演进

自秦统一全国后,巴蜀一带,尤其是成都,很快成了富裕之地。这里具备着茶树生长的良好环境,且社会相对安稳,巴蜀是中国早期茶业发展的重要地区,从秦、汉到两晋,此地一直是我国茶叶生产和技术发展的重要地区。

知识链接

清代顾炎武在《日知录》中说:"自秦取蜀而后,始有茗饮之事。"尽管顾炎武这个论断不甚允当,但也可说明蜀地乃饮茶兴起之地。到了汉代,茶叶贸易已初具规模,成都一带已成为我国最大的茶叶消费中心和集散中心。

茶叶不作菜、不作药,而作为专用饮料的最早年代,不会晚于西汉。汉代的南方,尤其是西南地区,饮茶已蔚为风尚。当时著名的辞赋家司马相如、扬雄、王褒都嗜茶,他们都是四川人,文采风流,为时人所敬仰,他们为原来简单的饮茶事宜增添了浓厚的文化气息。历代在谈到古代最早的饮茶大家,多以他们为代表,陆羽《茶经·六之饮》在列举历代饮茶名人时说道:"汉有扬雄、司马相如。"王褒《僮约》一文中写道:"烹茶尽具,铺已盖藏……牵牛贩鹅,武阳买茶。"从中可见饮茶时有专用的器具,"武阳"一地有茶叶市场,并为人们接受,茶叶已经商品化了,由于茶要长远贩运,不可能是刚采的鲜叶,只能是经过加工好的干茶。

到东汉时,饮茶风尚有了新的发展,东汉名士葛玄曾在宜兴"植茶之圃"。到三国时期,饮茶在上层统治者和文人中渐渐多了起来。《三国志·吴书》载,吴主孙皓每次宴会群臣时,在座的客人均需饮满七升酒,然而韦曜嗜茶而不善酒,孙皓则密赐韦曜茶水以代酒。可见茶叶是宴会上的高级饮料,而且是御用品,史称韦曜博学善文,是当时文人饮茶的代表。东晋时期,庐山名僧慧远,集僧种茶30余年,常常"话茶吟诗,叙事谈经"。

晋代大名士王濛喜欢喝茶,每当有人来访,他便以茶相待。那时,士族们多还没有养成饮茶习惯,说这种饮料味苦难咽,因而每次去赴约时,都略带苦恼地说:"今日有水厄",也就是遇上了水灾。因王濛的知名度高,时人戏称喝茶为"水厄"。

知识链接

王濛官居高位,少时放纵不羁,晚年始克己励行,以清约见称,他的身份和地位对当时饮茶风尚的形成产生了一定影响。到南朝梁时,梁武帝之子萧正德降魏,魏人元义准备用茶来招待他,先问道:"卿于水厄多少?"意思是"您能喝多少茶?"可是萧正德却没有听懂,回答道:"下官虽然生长在南方水乡,却并不曾受过水灾之难。"

由于北方对茶大多停留在药用,所以对饮茶的常识知之甚少,以致颇负才名的北朝文士任瞻都因此而出了洋相。任瞻少有美名,神情可爱,但是到了南方后,声名却大降,起因是一次饮茶时言谈举止的纰漏失态。任瞻南渡过江来到南京,参加了当地的一次盛宴,席间设有茶水,任瞻一口气喝了下去,问道:"这是茶,还是茗?"茶和茗其实是一回事,南方士族听了这句外行话,颇觉可笑,只好不置可否。机敏的任瞻一看,知道情况不妙,急忙掩饰自己的无知,改口道:"不,不,我刚才问的是,所饮是热的还是冷的?"谁知此举适得其反,引起了哄堂大笑。

从魏晋开始,一方面,茶饮开始走入普通百姓家,作为俭朴生活的必备品,"粗茶淡饭"观念逐渐形成;另一方面,饮茶越来越受到人们的青睐,还得益于崇尚清谈的文人。名士们品茗清谈,坐而论道,清谈之风成为一时的风气,又使得饮茶成为一种高雅的活动。饮茶风尚的形成,逐渐由南向北、自上而下地普及。茶叶由药用过渡到饮用,进入朝野的日常生活。在两汉魏晋南北朝时期,饮茶风气正逐渐兴起。

二、唐代茶风的兴盛

两汉魏晋南北朝还只是茶俗文化的初级阶段,茶饮也比较简单和粗糙。隋朝统一全国后,南北经济文化交流更加便利,饮茶风尚进一步在北方传播。据说,这与隋文帝的嗜好有关。因为文帝曾经梦见神仙"易其脑骨,自尔脑痛"。有一位和尚告诉他说:"山中有茗草,煮而饮之当愈,常服之有效。"从此,文帝坚持饮茶,朝野之士以及民间也纷纷仿效,"由是竞采,天下始知饮茶"。有关隋文帝的传说虽不一定可靠,但在隋朝立国不长的时间内,饮茶风气逐渐在北方流传开来,当时流行一首《茶赞》:"穷春秋,演河图,不如载茗一车。"可见茶叶深受时人喜爱。此外,隋炀帝令修凿大运河,促进了南北经济文化的交流,也为以后茶业的迅速发展创造了条件,呈现出南茶北运的热闹场面。

唐代饮茶风气的兴盛是中国茶叶生产和品饮发展的必然,这其中有一个逐渐演变的过程。唐代封演《封氏闻见记》卷六《饮茶》载:"茶,早采为茶,晚采为茗……南人好饮之,北人初不多饮。开元中泰山灵岩寺有降魔师,大兴禅教,学禅务于不寝,又不夕食,皆许其饮茶。人自怀挟,到处煮饮,从此转相仿效,遂成风俗。"从此可知,初唐之时,饮茶之风尚局限于东南、西南等地,北方虽已有人饮,还未蔚然成风。此外,佛教尤其是禅宗对茶饮的推崇也是茶俗普及的一个重要原因,我们在后文将进一步对此加以说明。据杨华《膳夫经手录》载:"茶古不闻食之,近晋宋以降,吴人采其叶煮,是为茗粥;至开元、天宝之间,稍稍有茶,至德、大历遂多,建中以后盛矣。"这里所说的就是茶在北方的传播过程,唐玄宗开元、天宝年间,北方饮茶还不多,到了公元8世纪初,随着国家统一稳定,交通运输便捷,经济文化交流增加,至肃宗和代宗年间,渐渐多了起来,唐肃宗时还曾下令禁酒,民间遂以茶代酒,饮茶风气进一步在北方蔓延。德宗建中以后,则可称之为盛了。除此之外,人口的流动也带动了茶饮的传播,唐代大量南方人通过考试或其他方式到北方做官谋生,自然把茶风带到朝中及地方。

唐开元以来茶风的普及盛况在《封氏闻见记》中也有生动的记载:"自邹、齐、沧、棣,渐至京邑,城市多开店铺,煎茶卖之,不问道俗,投钱取饮。其茶自江淮而来,舟车相继,所在山积,包额甚多。"从中可见,从山东到河南,再到陕西,许多城镇开办了茶店,处处都可以买到茶喝。南方所产的茶叶,大多沿大运河销往北方,茶叶贸易十分兴旺。

封演还进一步评说道:"古人亦饮茶耳,但不如今人溺之甚,穷日尽夜,殆成风俗。始于中地,流于塞外。"可见,当时的茶叶消费从南方传至中原,再从中原传向塞外。据《藏史》记载:公元641年,藏王松赞干布到唐请婚,唐太宗便把文成公主下嫁到西藏。文成公主入藏时,带来了内地的大量物资,其中包括当时的许多名茶,茶叶输入西藏由此开始。文成公主还亲自创制酥油茶供松赞干布饮用,后来这种特殊的饮用方式逐渐传开。

知识链接

> 据《新唐书·物产类》记载:"西藏番民多食糌粑,牛羊肉、奶子、奶渣等。其性暴,而茶所急需,故不拘贵贱饮食,以茶为主。其茶熬极红,入酥油,盐搅之,饮茶食糌粑,或,肉米粥,名土巴汤。"可见西藏人民在唐朝时,就已有了饮茶的习俗。

更值得注意的是,与丝绸之路、瓷器之路一样,也有一条绵延亘古的"茶之路"。最迟从唐代起,中国茶便跨出国门走向世界。据日本《日吉神道秘密记》云:"公元805年,从中国求法归来的最澄带回来中国茶种,并撒播于日吉神社之旁,成为日本最早之茶园。"随着茶叶传入日本,中国的茶道也流播东瀛。如今,日本学术界也普遍承认:"茶道是发源于中国,开花结果于日本的高层次生活文化"(仓泽行洋语)。"茶之路"与"丝绸之路"一样古老和通达,连接起中国和世界。

饮茶风气的兴盛之所以在唐代出现,除了是中国茶叶生产和品饮发展的必然外,还与唐代的茶业生产和社会文明程度有着密切的关系。唐代是中国古代历史的鼎盛时期,特别是开元、天宝年间,物质文明和精神文明都达到了一个新的高峰。经济的发展、消费的普及,极大地推动了茶叶生产和茶文化的发展。唐代的主要产茶地区,遍及山南、淮南、浙西、浙东、剑南、黔中、江南、岭南八大茶区的43个州郡,遍布于现在的16个省份,已基本构成现代茶叶产区的框架:西北到陕西安康,北到淮河以南的光山,西南到云贵的西双版纳和遵义,东南到福建的建瓯、闽溪,南到五岭以南的两广。各地植茶规模不断扩大,茶叶生产已趋向专业经营。杨煜《膳夫经手录》记载,宣宗大中年间,蜀地的新安茶"自谷雨以后,岁取数百万斤,散落东下","南走百粤,北临五湖"。江西景德镇的浮梁茶,远销"关西、山东"一带。湖北蕲州、鄂州等地所产之茶,远销"陈、蔡以北,幽、并以南"。湖南衡山茶,销往南方各地,"自潇湘达于五岭",使"交趾(即今越南)之人,亦常食之"。安徽婺州、祁门,江西婺源等地所产之茶,也为"梁、宋、幽、并间人"所好。许多记载表明,茶叶生产成为茶区农民谋生的主要经济来源,逐步向专业化、商品化发展。茶业的兴旺,促进了饮茶风尚的流行,茶之为物,无异米盐,陆羽在《茶经》中称其已形成"比屋之饮"的社会现象。

三、陆羽与一代茶学的开创

任何事物的成功,总有一批先行者在推动和倡导,并建构一定的理论体系。茶文化在唐代的确立,得益于一批人物孜孜不倦的身体力行,其中,陆羽就是开宗立派的代表。"自从陆羽生人间,人间相学事新茶。"宋代著名诗人梅尧臣以简洁的诗句,讴歌了陆羽以毕生精力钻研茶道、创造茶学,使得饮茶真正地盛行起来,使茶叶这一美好事物渐为各个阶层的人们普遍接受,逐渐成为我们中华民族的"举国之饮"。

《新唐书·隐逸传》中说:"羽嗜茶,著茶经三篇,言茶之源、之法、之具尤备,天下益知饮茶矣。"陆羽不光在普及饮茶风气中起了重要作用,在提高饮茶的精神层面上更是功不可没。饮茶不光是为了解渴,满足生理上的需要,更是一项高雅的活动,能够涤除烦忧,提高人们的自身修养,又是一项极富诗情画意的审美活动。可以说,陆羽对唐代茶文化、中国茶业和世界茶业做出了卓越贡献。

知识链接

陆羽(约公元733—804),一生坎坷但又富有传奇色彩,相传一出生便被父母遗弃于河边,被西塔寺智积禅师收养,他在寺庙里学习文化,也做过养牛、打柴的杂役。后来,他不堪其苦,逃离了寺庙,做过优伶,当过伶师,写有三卷笑话书《谑谈》。由于相貌丑陋,他只能演丑角,但他幽默机智,富有表演才能,他的演出还是很受人们欢迎。与生俱来的不幸给他善感的心灵带来了创伤,他常常独自一人走在山野中,边读诗边敲击树木,有时候痛哭而归。他结交了当时一些享有盛名的文人,如颜真卿、张志和等。此后,陆羽游历了荆襄、巴山、汉水等地,广泛接触了茶业。安史之乱后,他又远离家乡,顺江而下,结识了刘长卿、诗僧皎然等,他们在一起畅谈茶事,研讨禅理。之后,他在盛产名茶的湖州结庐而居,闭关读书,和名僧高士往来终日,有时独自漫步野外,诵佛经,吟古诗,从早到晚,徘徊不定。他一生游踪不定,在浪迹天涯几十年后,最终叶落归根,终年约72岁。

陆羽的茶学知识不仅是考察所得,而且经过亲身实践。在茶季期间他多次深入山野采制茶叶,并向茶农学习经验,积累了大量的茶叶知识和技能,以改良茶叶,推广茶艺。经过广泛的实践和深入的研究,他终于写出了人类文明史上第一部茶学专著《茶经》,此书全面总结了唐以前茶叶的生产、制造,茶具的制作、使用,烹茶的技艺、要求,各地名茶的分析比较以及对历代茶事的辑录。这在茶文化史上是一部承前启后的里程碑式的著作。陆羽在与各界友人的交往中，融会贯通了儒、释、道等诸家思想，并将其融入茶理中，融入《茶经》的创作中，使《茶经》成为一部既描述茶事，又具有深刻文化内涵的学术著作。

晚唐诗人皮日休在《茶中杂咏》序中提到，我国在陆羽之前，对茶文化的源流、制作方法、茶具设置、烹饮艺术都不够重视，饮茶就像是煮菜喝汤一样。《茶经》问世以后，这些方面才得以重视，并日益讲究起来。由于陆羽的倡导，社会各阶层对茶有了进一步的认识，喜饮茶的人多了起来，善饮茶的人也多了起来。

陆羽《茶经》虽然只有七千多字，但言简意赅，不仅"分其源，制其具，教其造，命其煮"。在理论和方法上加以深化提高，使饮茶者通过品饮达到淡泊、宁静、超脱和心灵上的愉悦，进入一种更高的精神境界；使本来只是日常生活中普通饮茶，提升为一种充满情趣、充满诗意的文化现象；使茶道达到澄心静虑、畅心怡神的深层美学和文化层次，使饮茶这一活动具有丰盈的美学趣味和深厚的文化内涵。

陆羽去世后，被民间奉为茶神，人们烧制陆羽陶像供奉。五代李肇《国史补》记载，当时江南郡有一个管物资的小官员，很能干，会办事。一次，新来一位刺史视察了他主管的各个仓库，当刺史来到一间库房，上面写着"茶库"，在里头摆放着各种茶叶，另外还供奉了一尊神像，刺史问是谁，小官员答曰此为陆羽，刺史大为赞赏。中唐以后，陆羽已被人们奉为茶神了，茶作坊、茶库、茶店、茶馆和各产茶区都有供奉，千年不衰。有的地方还以卢仝、裴汶为配神。茶店、茶馆里以陆羽为内容的对联有很多，如"陆羽谱经卢仝解渴，武夷选品顾渚分香""活火烹泉价增卢陆，春风啜茗谱品旗枪"等。

第二节　宋辽金元时期的茶俗

王安石在《议茶法》称："茶之为民用，等于米盐，不可一日以无。"宋代是一个茶风炽盛的王朝，饮茶日益成为人们日常生活不可缺少的一部分。宋代制茶"盛造其极"，茶艺也更为精湛。宋代饮茶重在趣味，一方面是市井日常饮茶的世俗情趣，另一方面是文士追求的精致雅趣。宋人除了继续保持唐代形成的重在品其味的饮茶形式外，又发展了一些新颖独特的重在玩其味的技趣性饮茶，从皇宫贵族到平民百姓，都沉迷于新奇刺激的斗茶和分茶游戏中。

丰富多彩的宋代茶俗，深入到了民间生活的各个方面，对后代的影响极为深远。

嫁娶当中茶是必不可少的聘礼,客来敬茶这一礼仪在宋代已经普及,"沿门点茶"成了人们联络感情的工具。

与宋代同时的辽国、西夏、金国也有着饮茶的风尚,他们的饮茶一方面学唐比宋,一方面又有着自己的特色。他们对全国饮茶的普及和推广起了不可忽视的作用,我国各游牧民族生活中同样少不了茶,并且发展了许多独具民族特色的饮茶习俗。

一、两宋时期的茶风

宋代是一个茶风炽盛的王朝,从皇宫官府的欢宴,到亲戚朋友之间的聚会,从各种场合的交际,到人生礼仪的禁忌,宋代饮茶风习深入普及到社会各个阶层,渗透到日常社会生活的各个角落。

宋代李觏《旴江记》载:"茶非古也,源于江左,流于天下,浸淫于近代,君子小人靡不嗜也,富贵贫贱无不用也。"茶成为人们日常生活中不可或缺的东西。如果说,唐代茶道大行的最大贡献是形成以品为主的饮茶艺术,那么,宋代茶风炽盛的最大成就是将这种生活艺术演化为日常生活的必需。

知识链接

吴自牧《梦粱录》说:"人家每日不可阙者,柴、米、油、盐、酱、醋、茶。"这说的是南宋京城临安的情形,也就是后来常说的俗语"开门七件事",即使贫贱人家,一件也少不得的。

两宋时期,茶馆也兴盛起来,京都汴梁和临安的大街小巷,到处茶馆林立,甚至在偏僻的乡村小镇上也有茶馆,时称茶坊、茶肆、茶房、茶屋、茗坊等。张择端《清明上河图》广泛而细致地描绘了各种复杂的社会现象和民俗风貌,其中就有市民在茶坊的热闹场景。孟元老《东京梦华录》记载了开封茶坊炽盛的情形。例如:开封朱雀门外,"以南东西两教坊,余皆居民或茶坊。"居民住宅与茶坊相错杂,是宋人热衷茗饮的体现。

宋朝一建立,便在宫廷兴起饮茶风尚,宋太祖赵匡胤就有饮茶癖好。宋代宫廷极爱饮茶,就连皇帝也是如此。宋徽宗对茶艺颇为精通,撰写了《大观茶论》,所述宋代茶学茶道,较之唐代更有许多精深之处。

《宋史·食货志》记载,北宋有 35 个州产茶,南宋有 66 个州产茶,茶叶生产十分昌盛。除团饼茶外,散形芽茶也得到了很大的发展,《宋史·食货志》载:"茶有二类,曰片茶、曰散茶。"

宋代贡茶制造之精湛,达到了登峰造极的地步。有专门制造宫廷御用茶的产地——北苑,官员们为了献媚取宠,在制造方法上更是标新立异,别出心裁,费尽心思。宋太平兴国二年,为了与民用茶加以区别,北苑采用龙凤模制成龙凤团茶。庆历年间,蔡君谟又创制了小龙凤团茶,精巧优美驾于龙凤团之上。以后越制越精,神宗年间,旨令造密云龙,品质又在小团之上。至哲宗元祐末,又用北苑旗枪制瑞云翔龙,形状比密云龙小,品质更佳,每年只生产几片或十几片。宣和年间转运使郑可简挖空心思创制龙园腾雪,有小龙蜿蜒其上,品质居诸茶之首。过去加工贡茶都加入龙脑等香料,以助其香,而龙园腾雪恐掩盖茶叶真香,开始不加香料。优质贡茶价格高于黄金,所谓黄金易得好茶难求,高的每銙值四万钱,古代帝王之穷奢极欲可想而知。

宋代茶文化走向两极,其一是宫廷饮茶的极度奢华精致,其二是民间的普及化、简易化。而在两极中间的文人,追求风雅和自然,他们饮茶,不光讲究茶叶的质量,也追求饮茶的心境。既注重技巧,也注重情趣。平民百姓饮茶主要是为了解渴消乏,皇室饮茶则重在享乐,不光是满足口腹之欲。那精彩刺激的斗茶、美轮美奂的分茶,使得饮茶这一过程充满了娱乐性、趣味性。最能代表宋代茶文化精髓的还是文人饮茶,他们将饮茶提升到较高的精神层面上,不仅追求茶汤的鲜美,煎茶过程的美感,也在享受着品饮时的那份宁静。

知识链接

宋代许多著名文人,都有着饮茶的爱好,欧阳修有诗云:"吾年向老世味薄,所好未衰唯饮茶。"他一生爱茶,至老未衰,在历经人世几多浮沉后,更加珍爱饮茶的美好心境。大文豪苏东坡可谓是茶仙,他精于品茶、煮茶、种茶,写了许多出色的咏茶诗词。

宋代茶风炽盛的另一突出表现是饮茶功能的广泛性。朋友之间聚会于精室,促膝谈心;官府平民的迎来送往,交际应酬;婚丧典仪的赞聘礼祭,起居跪拜,都无一不有茶的清风洋溢,香气飘浮。

二、斗茶与分茶

饮茶向艺术欣赏方面发展为品茶,品茶又进一步发展为斗茶。因为要品评出高低胜负,所以又称为"茗战"。斗茶之风始于唐代,白居易《夜闻贾常州崔湖州茶山境会亭欢宴因寄此诗》中有"紫笋齐尝各斗新"的诗句,其中的"斗新"已具有斗茶的某些特点。"境会"是品尝茶叶质量的鉴定会,唐代为了确保贡茶能按时保质保量送到京城,常在产地举行"境会"斗茶。斗茶至宋代已相当盛行,上至宫廷,下到民间,普遍有斗茶的习俗。斗茶发源于福建建安一带,到了宋代,建安北苑成为当时最负盛名的茶区,为决出进贡朝廷的上品茶,每年春茶季节,要在产茶区开展一场新茶品序的"斗赛"活动,遂使斗茶风行起来。

斗茶除了要比较茶叶的品种、制造、出处、典故和对茶的见解外,还要比较烹茶的用水和水温以及汤花,等等。斗茶赢家的茶叶可充作御茶进贡,献茶人也能因此升官发财。一些地方官员为了博取皇帝的欢心,极力参与并鼓励斗茶,因此,斗茶之风愈演愈烈。苏辙《和子瞻煎茶》一诗云:"君不见闽中茶品天下高,倾心茶事不知老。"形容的正是这种炽热的斗茶风气。

宋人斗茶所用的主要是建安北苑所产的饼茶,且选择十分讲究。这种饼茶在碾磨以前,须用干净纸包起来捶碎,然后立即碾磨。碾后的茶末要放在茶罗上过筛,筛得越细越好,这样茶末入水后便能飘起来,汤花也能凝结,从而"尽茶之色"。

斗茶是重在观赏的综合性技艺,包括鉴茶辨质、细碾精罗、候汤燥盏、调和茶膏、点茶击拂等环节,每个步骤均须精究熟谙,最关键的工序为点茶与击拂,最精彩的部分集中于汤花的显现。衡量斗茶胜负的标准,一是看茶面汤花的色泽和均匀程度,汤花色泽鲜白,茶面细碎均匀为佳;二是看盏的内沿与汤花相接处有没有水的痕迹,汤花保持时间较长、紧贴盏沿不散退的为胜,而汤花散退较快、先出现水痕的则为输。汤花紧贴盏壁不散退叫"咬盏",汤花散退后在盏壁留下水痕叫"云脚散",为了延长"咬盏"时间,茶人必须掌握高超的点茶技巧,使茶与水交融似乳。谁先出现水痕便输了"一水",比赛规则一般是三局二胜,两条标准以第二条更为重要。

斗茶时,操作者需要心到、手到、眼到,既紧张谨慎、一丝不苟,又运作自如、风度潇洒。观赏者屏息静声,视操作起落倾旋,观茶汤变幻散聚,既兴味热烈、扣人心弦,又妙趣横生、雅韵悠深。斗茶时,白色汤花与黑色建盏争相辉映的外部景观,芬芳茶香与浓郁茶情注入心头的内在感受,不仅给人以物质的享受,更能给人带来精神的愉悦。北宋诗人范仲淹曾作《和章岷从事斗茶歌》,生动细致地描绘了斗茶的景象。

> 北苑将期献天子,林下雄豪先斗美。
>
> 鼎磨云外首山铜,瓶携江上中泠水。
>
> 黄金碾畔绿尘飞,碧玉瓯中翠涛起。
>
> 斗茶味兮轻醍醐,斗茶香兮薄兰芷。
>
> 其间品第胡能欺,十目视而十手指。
>
> 胜若登仙不可攀,输同降将无穷耻。

这首脍炙人口的茶诗,淋漓尽致地表现了斗茶的情况。精美的茶器,优质的茶汤,隽永的茶叶,绵延不绝的茶香,都在诗人笔下一一呈现。

与斗茶以流行广泛著称不同,约始于宋初的分茶则以技趣要求的高超为世人瞩目。北宋陶谷《清异录》就有关于分茶的记载:"近世有下汤运匕,别施妙诀,使汤纹水脉成物象者。禽兽虫鱼花之属,纤巧如画。但须臾就散灭,此茶之变也。"

分茶,又称茶百戏,或称汤戏、茶戏、水丹青,是在点茶时使茶汁的纹脉形成物象。要使汤花在转瞬即灭的刹那,显示出瑰丽多变的景象,需要很高的技艺。一种是用"搅"创造出汤花形象,因能与汤面直接接触,易于把握。还有技高一筹者,不配以"搅",而直接"注"出汤花来。后一种方法被陶谷称为"茶匠神通之艺也",即单手提壶,使沸水由上而下注入放好茶末的盏(瓯、碗)中,立即形成变幻万千的景象。诗人杨万里曾经观看过分茶的情景,其变化真是令人叹为观止,茶汤中出现各种物象,如纷雪行太空,又如泉影落寒江,还能使茶汤中出现气势恢宏的文字,观此分茶,使人恍若进入太虚幻境,景色之艳美,变化之迅速,让人应接不暇。

知识链接

陶谷《清异录》曾记佛门弟子福全精通分茶,更是技艺超群。他素有茶癖,善于汤戏,每点茶一碗,成诗一句,同时点成四碗,则成一首绝句,为时人所赞叹。常有慕名者前来观看表演,福全很是得意,边注边吟成一首绝句:"生成盏里水丹青,巧画工夫学不成。却笑虚名陆鸿渐,煎茶赢得好名声。"

三、"沿门点茶"及其他

宋代饮茶风气盛行的一大标志,是茶俗深入到民间生活的各个方面,茶叶广泛运用到婚丧嫁娶等各项礼仪中。茶在民间起着友谊的桥梁作用,有助于增进亲朋乡邻之间的情感。

茶在嫁娶礼俗中起着重要作用,富贵人家下聘时的彩礼必定有茶,宋代吴自牧《梦粱录》谈到下聘礼节时说道:"丰富之家,以珠翠、首饰、金器、销金裙褶,及缎匹茶饼,加以双羊牵送。"可见茶叶与金银珠宝等相并列,是十分珍贵的礼品。更值得注意的是,宋代在贵族婚礼中已引入茶仪。《宋史·礼志》载:宋代诸王纳妃,纳彩礼为"敲门",其礼品除羊、酒、彩帛之类外,还有"茗百厅"。

陆游在《老学庵笔记》中记载了湘西的青年男女以茶表达爱情的风俗:"辰、沅靖各州之蛮,男女示婚娶时,相聚踏歌,曰:'小娘子,叶底花,无事出来吃盏茶。'"在中原正统人士看来,此蛮荒之地的青年男女似乎有些轻浮放荡,却正反映出了他们大胆追求自己爱情的情怀,以喝茶为理由来邀请自己的心上人出来约会。"吃盏茶"成了谈情说爱的代名词。

此外,茶也与丧俗有联系,宋人居丧期间,家人饮茶或以茶待客,均不能用茶托。周密《齐东野语》卷十九就专门记载了这种礼俗。那么,形成这种礼俗的原因是什么呢?有人推测是因为"托必有朱,故在所嫌而然",即那时的茶托是朱红色的,所以居丧期间不宜使用红色器物。据说,这种礼俗不仅平民要遵守,连皇家也不能例外。

客来敬茶是我国生活礼俗的一项重要内容,宋代无中氏《南窗纪谈》载:"客至则设茶,欲去则设汤,不知起于何时,上自官府,下至闾里,莫之或废。"虽然这则记载说此俗"不知起于何时",但北宋朱彧的《萍州可谈》说得很明确:"今世俗,客至则啜茶……此俗遍天下。"可见客来敬茶这一礼俗起码在宋代已经流传很广了,敬茶作为一种对客人的尊重,联络感情的媒介,已十分盛行。客来敬茶这一礼节到明代已成为当时社会生活中必不可少的礼节,后来不仅在国内历代相袭,而且影响到周边一些国家,如日本、蒙古、朝鲜、越南等国也有着客来敬茶的习惯。

宋代平民借茶来互相请托,互致问候。吴自牧《梦粱录》载:"巷陌街坊,自有提茶瓶沿门点茶。或朔望日,如遇凶吉二事,点送邻里茶水,倩其往来传语。"可见,杭州每月初一或十五,街坊邻居挨家挨户互相"点茶",成了人们联络感情的工具。

当然,茶俗并非全是良俗,也有丑恶的现象出现。如一些在衙门充当杂役的人,常常装腔作势地提着茶瓶到商店坊铺,请掌柜的喝茶。这种送茶上门,实际上是借机敲诈勒索,不管人家喝不喝他的茶,都要"乞赏钱物",死乞白赖地索要钱物。时人称其为"龌茶",意思是龌龊的茶。当时,杭州还常有一些和尚、道士也依样画葫芦,"先以茶水沿门点送,以为进身之阶",目的是要人家解囊施舍,多拉"赞助"。茶竟成为某些恶棍、帮闲谋财的工具,骗钱的借口。

四、学唐比宋的辽金茶俗

辽朝与五代同始,与北宋同终。辽朝是契丹人建立的国家,常以"学唐比宋"来勉励自己。所以,宋朝有什么风尚,很快就传到辽国。契丹人长期保持着游牧民族的风气,多食乳肉,而乏菜蔬,饮茶可以帮助消化,又可清热解毒,他们渐渐有了饮茶习俗,到后来发展成"一日不可无茶"的地步。

辽族节日有立春、重午、夏至、中秋节、岁除节等。每年立春日，皇宫都要举行隆重庆祝仪式，其中饮茶是重要事项之一。皇帝进入内殿，率领群臣拜先帝像，献酒。皇帝在土牛前上香，三奠酒，奏乐，再持彩杖鞭土牛。司辰报告春至时，群臣也持彩杖鞭打土牛三周，再引节度使以上官员登殿，撒谷、豆、击土牛，群臣再依次入座，饮酒、吃春盘、喝茶。契丹人有朝日之俗，崇尚太阳，拜日原是契丹古俗，但要于大馔之后行茶，把茶仪献给尊贵的太阳。

宋朝的茶俗，首先是通过使者把朝廷茶仪引入北方的。辽朝朝仪中，"行茶"是重要内容。宋使入辽，参拜仪式过后，主客就座，便要行汤、行茶。宋使见辽朝皇帝，殿上酒三巡后便先"行茶"，然后才行肴、行膳。皇帝宴宋使，其他礼仪后便"行饼茶"，重新开宴要"行单茶"。辽朝茶仪大多仿宋礼，但宋朝行茶多在酒食之后，辽朝则未进酒食先行茶。

辽族待客，是"先汤后茶"，这与宋人"客至则啜茶，去则啜汤"的礼节相反。汤用中药甘草煎剂，团茶则用锯锯碎，"用银、铜执壶直接煨于炉口之上"煮饮。由于辽地处北方，以牛羊肉食为主，故爱好紧压茶，便于长途运输和贮存，制茶时先将茶叶敲碎，放入锅内煮饮，有的还加入牛奶、羊奶，制成香浓的奶茶。

西夏是党项族建立的政权，最初"养牦牛、羊、猪以供食，不知稼穑"。在今青海、甘肃、四川山谷间过着游牧生活，后来也从事农业。茶在西夏有着特殊的重要性，"惟茶最为所欲之物"，完全靠宋朝供应。宋人"以茶数斤，可以博羊一口"。宋和西夏两国和好后，开始了互市贸易，在榷场上，西夏人以驼、马、牛、羊、甘草等物资交换宋朝的茶、帛、瓷器、丝织品等。榷场之外，民间茶叶贸易也很兴盛。后来两国矛盾激化，宋朝关闭了榷场，禁止互市，以前通过榷场互市从宋朝取得的大量物资因而中断，西夏民间流传着一句歌谣："食无茶，衣帛贵。"可见茶叶和避寒的衣服一样重要，茶已经成为西夏人生活中不可或缺的物资。

当时与宋对峙的还有金朝，金朝有许多制度是继承唐和辽宋的，饮茶也是金代各族人的习俗。饮茶之风在各阶层都很盛行，有些文人以茶代酒，品茶成癖。茶的地位可与酒并驾齐驱，甚至高于酒。《松漠记闻》记载，女真人婚嫁时，在酒宴之后，"富者瀹建茗，留上客数人啜之，或以粗者煮乳酪"。酒是所有宾客同饮，而茶是留给几位贵宾享用的，他们饮的茶叶有福建的细茶，也有粗茶制成的奶茶。他们的宴会和契丹人一样，也是"先汤后茶"，在饮茶时还配以茶食，茶食很有民族特色，如蜜糕，做得非常精致，"以松实、胡桃肉渍蜜，和糯粉为之，形或方或圆。"

金朝的女真人婚礼中极重茶，男女订婚之日首先要男拜女家，这是北方民族母系氏族制度遗风。当男方诸客到来时，女方合族稳坐炕上，接受男方的大参礼拜，称为"下茶礼"，这或许是由宋朝诸王纳妃所行的"敲门礼"的送茶而来。

五、元代茶俗

在中国古代茶文化的发展史上，唐宋和明清是两个高峰阶段。元代茶文化的发展，虽没能独树一帜，不具备鲜明的特点，但元代茶文化有着承上启下的历史意义。一方面，元代茶文化继续着唐宋以来的优秀传统，这与元代在许多方面"近取宋、金，远法汉唐"是一致的；另一方面，元代饮茶习俗也多有发展创新，为明清饮茶习俗向全新发展开辟了新的途径。

元代已具备一套完备的茶法，据《元史·食货志》记载，元代有专门的经营茶的商户——茶户，国家设有专门管理茶的机构——榷茶都转运司等，商贩销运茶时要购买凭证——茶引，零售茶要有照帖——茶由。

在13世纪初，蒙古人的饮料主要是马奶酒，还有各种家畜的奶。随着蒙古人向金朝统治下的农业区扩展，他们很自然便会接触到茶。金朝统治区的饮茶风气很盛，这种习惯对蒙古人产生了一定影响。元朝建立后，蒙古人逐渐对饮茶有了兴趣。茶作为一种止渴、消食的饮料，正适合以肉食为主的蒙古人饮用。

知识链接

元朝皇帝饮茶的明确记载，始于武宗海山。《饮膳正要》一书载："煎茶以进，上称其味特异内府常进之茶，味色双绝。"显然武宗所饮之茶是不加其他作料的清茶，否则很难品出茶的变化，可见武宗不仅喜好饮茶，还善于饮茶。元代中期诗人马祖常有诗云："太官汤羊庆肥腻，玉瓯初进江南茶。"皇帝在饱食鲜美肥腻的羊肉后，已习惯饮茶以促进消化。朝廷内还设有专门官廷，掌管内廷茶叶的供需消费。

蒙古族入主中原后，吸收某些汉族的饮茶方式，同时结合本民族文化特点，形成了具有蒙古特色的饮茶方式。有几种配加特殊作料的茶：炒茶、兰膏、酥签。虽然制作方法有所不同，但都加入了酥油。另有一种"西番茶"，"味苦涩，煎用酥油"，这种茶就是藏族喝的酥油茶。有趣的是，这些以酥油入茶的饮用方式，反过来又流传到汉族和其他民族中去。元杂剧《吕洞宾三醉岳阳楼》中，茶坊经营的饮料中有酥签这种茶，顾客喝了以后说道："你这茶里面无有真酥。"酥签茶的制法是，"将好酥，于银石器内溶化，倾入红茶末搅匀，旋旋添汤，搅成稀膏子，散在盏内，却着汤浸供之，茶与酥，看客多少，但酥多于茶则为佳,此法至简且易,尤称美,四季看用汤造。冬间造在风炉子上"(《君家必用事类全集·诸品茶》)。这些显然是汉蒙饮食文化交流的结果。

唐宋时期的茶叶消费生产,多以饼茶为主。至元代,除了继续前人的饼茶消费生产,开始出现了新的消费生产趋势,散茶的消费生产,越来越占据重要的地位。饼茶主要是供皇室贵族享用,民间则以散茶为主。元代诗人李谦亨有诗云:"汲水煮春芽,清烟半如灭。"形容的就是煎煮散茶时,茶叶在水中上下沉浮的美丽画面。元代名茶有福建建宁的北苑茶和武夷茶、湖州的顾渚茶、常州的阳羡茶、绍兴的日铸茶、庆元慈溪的范殿帅茶等等。

元代的茶叶加工,还有一个方面值得重视,就是花茶加工制作的普及。宋代的茶叶加工,较多是加入香料等以成香茶。而元代的花茶加工则已较为完整典型,而且品种多样,有橘花、茉莉、木樨、素馨等花茶,最有名的一种为芍药茶,为塞北特产,将芍药芽叶晒干后用来泡茶。元代袁桷有诗云:"山后天寒不识花,家家高晒芍药芽。南客初来未谙俗,下马入门犹索茶。"说的便是芍药茶。另有一种莲花茶,制法颇为奇特雅致,在日出前选择含苞欲放的莲花,用手指拨开花瓣,将茶装入其中,再用麻丝绳缚住。到第二日清晨,将莲花摘下,把茶取出,用纸包好,晒干,如此三次,再用锡罐盛装,扎口收藏。这样复杂的制作方法,似乎清玩的意义大于品味,或许是文人隐士的清玩花茶之法。

唐宋时期的茶叶饮用,多加一些香料调料杂用,元代则开始较为普遍用直接焙干的茶叶煎煮,不加或少加其他香料调料。并且出现了泡茶方式,即用沸水直接冲泡茶叶。发展至明代,泡茶成为重要的饮茶方式,其发端应始于元代。

元代立国时间短,随着民族交流的发展,具有一定的特色,整个茶风和价值取向处于转变期。散茶逐渐普及,出现了泡茶的方式,花茶制作方法日益完备,这对明清茶文化的发展,都有着一定的影响。元代茶文化,为明清时期茶文化的兴旺发达,打下了重要基础。

第三节　明清时期的茶俗

明、清两代是我国茶俗发展的重要时期,从整体上看,茶业和茶政空前发展,茶叶产区进一步扩大,茶叶名品进一步增多,制茶技术发生了划时代的变革,六大茶类迅速兴起并得到进一步发展,开创了我国传统茶业发展的新时代。

中华茶文化也继往开来,跃上了新的境界。元代民间饮用散茶的风气已盛,整个茶风和价值取向处于转变期。明初至中期,茶艺的简约化,与自然契合的茶文化精神占主导地位,晚明到清初茶风趋向纤弱,精细的茶文化再次出现,士大夫阶层对饮茶艺术的追求和审美创造了新的天地。

另一方面,茶走入千家万户、踏进寻常巷陌。这时期的大众茶俗,在一定程度上摆脱了贵族气和书卷气,带有综合性特征的茶馆文化发展到最高峰,具有浓郁地方特色的各种茶俗也得到定型和发展,最终深入各阶层中。

一、明代:茗饮之宗

明代是我国继宋朝之后,茶类生产和制茶技术方面最为发展的一个重要时期。在中国饮茶史上,明代倡导的以散条形茶代替穷极工巧的饼(团)茶,以沸水冲泡的瀹饮法改变传统的研末而饮的煎饮法,是具有划时代意义的变革。

唐宋盛行的是蒸青饼茶,即茶叶采摘后要蒸熟、捣碎、榨汁、压模、烘干,制成团状或饼状。宋代风行一时的斗茶以汤华厚白为贵,为了使汤华丰富,茶农们尽量将茶叶中的汁液榨干,致使茶叶的色香味都受到很大损失,有时会加进一些香料作为弥补,又使得茶汤失去天然清香。在民间兴起的散茶,不需蒸青而直接烘焙,而保留了茶叶的原汁原味,不仅制作简单,味较饼茶也更胜一筹,因此逐渐散播开来。

知识链接

明代许次纾《茶疏》云:"名北苑试新者,乃雀舌、冰芽所造。一鸡之直至四十万钱,仅供数盂之啜,何其贵也。然冰芽先以水浸,已失真味,又和名香,益夺其气,不知何以能佳?不若近时制法,旋摘旋焙,香色俱全,尤蕴真味。"

虽然唐宋之际就存在散茶饮用方法,元代已有"重散略饼"的趋势,下层民间也早有这一饮茶法的传播,但这一饮茶风尚推广于宫廷,影响于朝野,还是由于明太祖朱元璋诏罢团饼,改贡叶茶。

敕天下产茶去处,岁贡皆有定额。而建宁茶品为上,其所进者必碾而揉之。压以银板,大小龙团。上以重劳民力,罢造龙团,唯令采芽茶以进。

朱元璋的这道诏令,显然不是为了提倡茶文化。由于他生于乡间,出身农家,了解民情,关心民生。明朝建立初年,百废待兴,更是要提倡节约。宋代龙凤团茶虽然精致,但实在太劳民伤财了,所以才下令贡茶要改繁为简。他以帝王之尊肯定了此前始终不登大雅之堂的叶茶,由此确立近代饮茶方式的变革和近代茶艺的发轫,这一点显然是朱元璋没有意料到的,但却开辟了茶文化史的一片新天地。

发生品饮变革还有另一个契机,就是元代文人饮茶趋于自然化,将茶和自身融入大自然中。从元代艺术家们的作品中,迎面扑来的是那种清丽的自然气息,如元代赵原的《陆羽品茶图》,图中人物与远山、近水、古木、茅屋,组成了一个完整和谐的整体,既有诗情画意,又颇有田园之趣,茶与人、与天地融为一体。

而真正"开千古茗饮之风"的还是宁王朱权,朱权乃朱元璋第十七子,他神姿秀朗,慧心敏悟,精于史学。他还托志释老,以茶明志,其所著《茶谱》中的有:"予尝举白眼而望青天,汲清泉而烹活火。自谓与天语以扩心志之大,符水火以副内炼之功。得非游心以于茶灶,又将有裨于修养之道矣。"又有:"凡鸾俦鹤侣,骚人羽客,皆能去绝尘境,栖神物外,不伍于世流,不污于时俗。或会于泉石之间,或处于松竹之下,或对皓月清风,或坐明窗净牖。乃与客清淡款话,探虚玄而参造化,清心神而出尘表。"表明他饮茶并非只浅尝于茶本身,而是将其作为一种表达志向和修身养性的方式。

朱权对废除团茶后新的品饮方式进行了探索,改革了传统的品饮方法和茶具,提倡从简行事,开清饮风气之先,为后世建立一整套简便新颖的烹饮法打下了坚实的基础。在《茶谱》一书中,在改进茶品、茶器、茶具及有关特性和掌握各种技巧等方面,朱权都一一论述。他认为团茶"杂以诸香,饰又金彩,不无夺其真味。然天地生物,各遂其性,莫若叶茶,烹而啜之,以遂其自然之性也"。主张保持茶叶的本色、真味,以顺其自然之性。

朱权还构想了一些行茶的仪式,如设案焚香,既净化空气,也是净化精神,寄寓通灵天地之意。他还创造了古来未有的"茶灶",此乃受炼丹神鼎之启发。茶灶以藤包扎,后盛改用竹包扎,明人称为"苦节君",寓逆境守节之意。朱权的品饮艺术,后经盛、顾元庆等人的多次改进,形成了一套简便新颖的叶茶烹饮方式,于后世影响深远。自此,茶的饮法逐渐变成如今直接用沸水冲泡的瀹饮法形式。

沈德符赞誉瀹饮法为"开千古茗饮之宗"并非夸大其词,由于饮茶法的变更,极大地推动了绿茶、黑茶、白茶、黄茶、乌龙茶、花茶等茶类的迅速兴起和发展,遂使明清两代成为传统制茶全面发展的时期。而且,随着茶叶加工和品饮的简化,随着茶类的繁多和生产的发展,由唐宋宫廷文人雅士清玩为主导的茶俗,也就转变为整个社会各个层面的生活文化。完全可以说,中国茶文化真正普及整个社会,逐渐与社会生活、民情风俗、人生礼仪结合起来,并产生深入广泛的影响,是在散茶的兴起和瀹饮法的定型与发展之际。

二、"焚香伴茗"：明清文人阶层的茶俗

所谓"焚香伴茗"，是指品茶之时在茶室内焚香。把名香和名茶糅和在一起，更增加茶的清婉缥缈之气，增添魅力和光彩，使人产生愉快、舒适、安详、随意的感觉。"焚香伴茗"最先从明代的江浙一带兴起，其营造的境界，为后来的文人学士所普遍推崇和仿效。晚明文人文震亨是一位大鉴赏家，对品饮体悟颇为精到，他的《长物志》"香茗"就评说了"焚香伴茗"的别样情趣。

香、茗之用，其利最溥。物外高隐，坐语道德，可以清心悦神；初阳薄暝，兴味萧骚，可以畅怀舒啸；晴窗拓帖，挥尘闲吟，篝灯夜读，可以远避睡魔；青衣红袖，密语谈私，可以助情热意；坐雨闭窗，饭余散步，可以遣寂除烦；醉筵醒客，夜雨蓬窗，长啸空楼，冰弦戛指，可以佐欢解渴。品之最优者以沉香、岕茶为首，第焚煮有法，必贞无韵士，乃能究心耳。

此文空灵清丽，极言名香配名茶的美好境界。饮茶时，焚以名香，更增添情趣和雅趣，让人有飘飘然凌云之志。文氏还指出不同时间、气候、场合和参与者，饮茶的心境便各有不同。清晨时清风徐来，饮茶使人神清气爽；夜深人静时，饮茶能解除睡魔，保持清醒；晴天焚香饮茶，可坐而论道，也可挥笔酣画；淋沥雨天，一壶清茶，一炉檀香，尽除烦闷；焚香伴茗，使整个品茶过程极富诗情画意。

明清文人饮茶时还十分注重茶友，若有好友在旁，共叙旧事，一起品茗，情谊如茶汤一样隽永。典雅名香，清芬茶香，若有红袖添香，佳人在旁，三香俱美，更是赏心乐事。于是，"焚香伴茗"也就成了"美人伴茗"。古代文人常把佳人喻好茶，自有天然一段风流。元好问《五岁德华小女》诗云："牙牙小女总堪夸，学念新诗似小茶。"诗人用小茶来比喻自己的小女，这比喻十分贴切，新发的茶叶确实有如小女的憨态可掬，不胜娇羞。苏东坡在《次韵曹辅寄壑源试焙新茶》一诗中，则把好茶比作佳人。

> 仙山灵草湿行云，洗遍香肌粉未匀。
>
> 明月来投玉川子，清风吹破武林春。
>
> 要知玉雪心肠好，不是膏油首面新。
>
> 戏作小诗君勿笑，从来佳茗似佳人。

气韵芬华的茶叶确实能够引起人们对佳人的联想，好茶得天地之灵气，吸云雾之精华，在碧透春雨中悄然绽芽，经清丽村姑纤手采摘，再经过她们的多道工序的精心制作，自是质中有韵气自华，恍若深谷幽兰，其味令人回味无穷，这茶叶，多像是那情窦初开的小家碧玉啊！

清代李莼客写有《水调歌头》一词，描写了采摘碧螺春茶的场景，美丽的采茶女舞

动着纤纤玉手,在茶园中如蝴蝶般穿梭,采来片片绿叶,将采茶这一活动写得颇有浪漫气息。当人们在品尝着美好芳香的茶叶时,眼前不禁出现一幅窈窕多姿的采茶少女在碧绿茶园里采茶的清丽动人场景。

谁摘碧天色?点入小龙团,太湖万顷云水,渲染几经年。应是露华春晓,多少渔娘眉翠,滴向镜台边。采采筠笼去,还道黛螺套。

龙井洁,武夷润,芥山鲜。瓷瓯银碗同涤,三美一齐兼。时有惠风徐至,赢得嫩香盈抱,绿唾上衣妍。想见蓬壶境,清绕御炉烟。

明代大学士、文坛盟主王士贞就有一首《解语花·题美人捧茶》词,将美人伴茶的情景写得纤细浓艳,绰约动人:

中泠乍汲,谷雨初收,宝鼎松声细。柳腰娇倚,熏笼畔,斗把碧旗碾试。兰芽玉蕊,勾引出清风一缕。颦翠蛾斜捧金瓯,暗送春山意。

微袅露鬟云髻,瑞龙涎犹自沾恋纤指。流莺新脆低低道:卯酒可醒还起?双鬟小婢,越显得那人清丽。临饮时须索先尝,添取樱桃味。

三、清代茶俗

清代人们普遍饮用散茶,茶叶就加工而论,又可分为粗茶与细茶两大类。西北部的游牧民族多用粗茶,细茶则多作为市易之物,供内地民众饮用。清代出现了红茶与乌龙茶这两大新的茶类,还有白茶,传统的紧压茶也得到了进一步的发展与创新。我国茶叶结构的六大种类,即绿茶、红茶、乌龙茶、白茶、紧压茶正式形成。

饮茶活动是清代民间社会生活中一个重要的组成部分,与饮茶有关的礼仪甚多。清代民间的婚嫁中,茶叶更是必不可少。据清代福格《听雨从谈》记载:"今婚礼行聘,以茶叶为币,满汉之俗皆然,且非正室不用。"正表明了用茶行聘是一件严肃慎重的事情,并且只能在娶正室时用。

知识链接

据清人阮葵生《茶余客话》记载,淮南一带人家,男婚女嫁,若互换八字,双方家长皆满意时,男方要给女方家下定亲的聘礼,名为纳徵,这一环节是进入婚姻阶段的重要标志,此次礼品是整个婚前礼中分量最重的一次。此礼中"珍币之下,必衬以茶,更以瓶茶分赠亲友"。此习俗沿自宋代,取其"种茶树下必下子,若移植则不复生子"之意,清人认为茶树贞洁不移,以茶行聘,寓意婚姻天长地久。

"十里不同风,百里不同俗。"在清代,原有的各具风采的地方茶俗继续流传,而新兴的、特色浓郁的地方茶俗也日益丰富起来,有许多甚至沿袭至今。如广州"上茶楼,吃早茶"的习俗,江苏人"早上皮包水、晚上水包皮",广东潮汕和福建闽南等地区的工夫茶,都是由清代延续至今的。清代饮茶风俗,对现当代茶俗的影响也是源远流长的。

清代江南一些地区,民间啜茶时,常有"必佐以肴"的习俗。而品茶时所佐之茶食,又有着地域的差别。《清稗类钞》载,清代镇江人啜茶时,"必佐以肴。肴,即馔也。凡馔,皆可曰肴,而此特假之以为专名。肴以猪豚为之。先数日,渍以盐,使其味略咸,色白如水晶,切之成块,于茗饮时佐之,甚可口,不觉其有脂肪也。"扬州人饮茶喜食干丝:"盖扬州啜茶,例有干丝以佐饮,亦可充饥。干丝者,缕豆腐干以为丝,煮之,加虾米于中,调以酱油、麻油也。食时,蒸以热水,得不冷。"长沙茶肆,茶客茗饮时更有食盐姜、莱菔之风尚。

清代茶俗也有许多陈规陋习,有时简直近乎滑稽。官场的"端茶送客"就是其中之一。凡上司召见下属,大官接见小官,或言语不合、话不投机,或正事已毕,对方却无意告辞,上司便双手端起茶杯,侍从见了齐呼"送客","端茶"也就成了"逐客令",下属不得不起身告辞。

第四节　现当代茶俗

鸦片战争以来的一百多年,中国人民陷入水深火热之中,中国茶业走上了一条坎坷之途。"无可奈何花落去",近代茶业终究无可奈何地衰落下去。清初在欧美享有盛誉的茶叶,在第一次世界大战后一蹶不振,二战后,特别是日本帝国主义的侵华战争,导致中国茶叶年出口曾降到万吨以下。

新中国成立后,中华大地发生了深刻的变革,茶业也再次蓬勃发展起来,茶文化再次焕发出青春的朝气,曾经中断的品茗艺术,又渐兴起,茶艺不再是贵族士大夫阶层的专利,国内外茶文化交流频繁。

新时期以来,茶文化也面临着巨大挑战并展现出新的特色。一方面,人们追求古典茶艺的回归;另一方面,具有异域风情的茶饮颇受年轻人的喜爱。古老的茶文化在风云变幻的时代中,始终充满着活力。

一、坎坷的茶俗变迁

1840 年的鸦片战争是中国历史的重要转折点，从此，中国坠入半殖民地、半封建社会的深渊，中国人民在"三座大山"的压榨下痛苦地呻吟，中国近现代茶业也一蹶不振，处于衰落时期。

由于清朝初年茶叶在欧美已享有盛誉，饮茶在王公贵族间开始流行，所以在鸦片战争后的 40 多年间，中国茶叶出口总额略有上升，茶业技术和茶树种子也大量出口。但是，当资本主义国家殖民地的茶叶生产发展后，使中国茶叶对外贸易受到了沉重的打击。19 世纪末，南亚茶业兴起，取代了中国长期独霸国际茶叶贸易的地位。中国近现代茶业的衰落，除了受外来帝国主义的侵略、压迫、掠夺外，又受到国内封建主义和官僚资本主义的剥削和摧残。洋行、茶栈、茶贩、高利贷者采用各种方法，残酷剥削茶农，加上征收名目繁多的苛捐杂税，致使茶户倾家荡产，茶叶出口商则不断提高出口茶价，使中国茶在国际市场上丧失了竞争力。大批茶园荒芜，茶业逐渐陷入低谷，这种衰落局面，一直持续到新中国成立为止。

近现代社会，中国已陷入深重的危机之中，但是，仍有一些文人墨客在其中寻找一块净土，刻意追求前人那些显示高雅素养、表现自我的品茗活动。周作人在《雨天的书》里写道："喝茶当于瓦屋纸窗之下，清泉绿茶，用素雅的陶瓷茶具，同二三人共饮，得半日之闲，可抵十年的尘梦。喝茶之后，再去继续修各人的胜业，无论为名为利，都无不可，但偶然的片刻优游乃正亦断不可少。"后来，他又继续发表文章，畅谈这种"喝茶之道"。当时，日本侵略者已占领我国东北地区，在民族灾难深重、国家危亡之际，一些与时代共患难、与祖国共命运的先进人物，唯恐周作人的这种论道会消磨国人的斗志，鲁迅先生曾经不无调侃地写道："有好茶喝，会喝好茶，是一种'清福'。不过要享这'清福'，首先就须有工夫，其次是练习出来的特别的感觉。由于这一极琐屑的经验，我想，假使是一个使用筋力的工人，在喉干欲裂的时候，那么，即使给龙井芽茶，珠兰窨片，恐怕他喝起来也未必觉得和热水有什么大区别罢。"（鲁迅《喝茶》）

与此同时，还有一些爱国爱民的知识分子虽未能参与其间的论争，却把振兴祖国茶业同争取祖国独立富强的爱国民主事业结合起来，身体力行地投入爱国民主运动和振兴中华茶业的报国实践中，像被誉为"当代茶圣"的吴觉农，就是其中的杰出代表。他是一位实践家，也是一位宣传家。他参加过不少社会活动和政治活动，但主要精力用在农业，特别是在茶叶事业上。他的茶叶论著非常丰富，涉及面很广，有关于农民问题的,农业和农村经济的,也有关于妇女解放问题的,但主要是茶业方面的著述。吴觉农先生力图以奔走呼号,唤起民众对茶业的关注,同茶业衰退的势头进行有力的较量。

吴觉农先生矢志不渝、锲而不舍地为祖国茶叶事业的恢复、振兴和发展,奉献自己的聪明才智和辛勤劳动,在茶叶生产、贸易、商检、教育、科研以及制订方针政策方面做了大量工作,为我国的茶叶事业建立了卓著功绩。他积极倡导和筹办茶叶出口检验机构,限制次茶劣茶出口,以维护我国出口茶叶在国际上的声誉;积极改进茶叶生产机制,亲自试办茶叶改良场、试验场,以改良茶叶品种,增加产量,提高质量;1940年在重庆复旦大学创办茶叶系、茶叶专修科,这是我国茶叶高等教育的开始;1941年,他又在福建武夷山麓办起了我国第一个茶叶研究所——财政部贸易委员会茶叶研究所,自己任所长。新中国成立后,被任命为中央农业部副部长,立即着手成立全国性的中国茶叶公司,并亲任总经理。吴觉农先生毕生为振兴我国茶业而奋斗,成为社会主义茶业的开拓者,中国茶学教育与茶叶科研的创始人,也是中华茶文化的推动者。

二、蓬勃发展的当代茶俗

鸦片战争以来的一百多年,是中国茶业受帝国主义掠夺、摧残的衰落时期。积重难返,一百多年的风风雨雨,不是几天的晴天丽日就可以重现勃勃生机。当代茶业行进的只能是一条崎岖不平的路,只能是一条困难重重的路,也只能是一条不断奋进、不断延伸的路。在这条道路上,当代茶业大体经历了恢复、发展、弘扬三个阶段,但20世纪50年代的恢复、60年代的发展、80年代和90年代的弘扬只是一种大致的划分,三者并不是截然分开的。组成当代茶业整体链条的各个环节,诸如茶叶科研、茶叶教育、茶业管理、茶业经营、茶叶文化等等,也不是齐头并进的。这三个阶段既有全国各行各业同一的指向,又展现出自身的特色和风姿。

科学技术是第一生产力。当代茶业的恢复和发展,对茶叶科学研究,对培养人才的茶叶教育,都提出了紧迫的要求,也促使科研和教育走在整个茶业的前列。新中国成立以后,产茶省(区、市)分别设立了15个省级茶叶研究所,县级茶叶科技研究、服务机构600多个,显示茶业科研得以复苏;1958年中国农业科学院茶叶研究所的建立,标志着茶业科研进入稳定时期;20世纪70年代以后,各省茶叶研究机构统属省级农业科学院领导,中国茶叶学会和各省茶学会相继恢复,茶业科研跨进繁荣时期。在茶叶科学研究方面,20世纪50年代的首要任务是恢复和发展生产,着重改造老茶园,改良茶园土壤,改善茶园管理,有计划建立新茶园,提高品质和提高劳动生产率。20

世纪 70 年代后期,学术空气高涨,茶叶科研向广度和深度发展,并与多学科结合和渗透,研究方法和手段大有改进,科研成果十分显著。与此同时,我国的茶叶教育也取得了进步,不少高等院校和中等专业学校设置了茶叶专业,培养出了大批的优秀人才。茶叶事业兴旺发达,后继有人。

已有 1500 多年对外贸易历史的中国茶叶贸易,也取得了前所未有的进步。新中国成立之初政府组织收购滞销存茶,疏通贸易渠道,实行茶叶奖售,设立毛茶收购站,发放茶叶长期贷款,组织扩大茶叶出口,这一系列经济政策和扶植措施,为发展茶叶生产和贸易奠定了良好基础。1984 年,茶叶生产推行联产承包责任制,茶叶流通体制也实行重大改革,这对搞活茶区经济、促进茶叶生产起了重大作用。初步建立起多渠道、多种经济成分、多种经营方式、少环节开放式的茶叶流通体系,还在英国、法国、日本、美国、巴基斯坦、德国、中国香港、中国澳门等地设立茶叶贸易代表机构,并与世界 80 多个国家和地区建立了长期的茶叶贸易关系。1989 年中国茶叶出口达 20.45 万吨,成为世界第二茶叶出口大国,创汇 4.2 亿美元。

相对而言,当代茶文化的复兴和弘扬却姗姗来迟。新中国成立伊始,万象更新,人民群众以极大的热情,投入改变"一穷二白"的战天斗地之中,哪里有空余的分分秒秒?低收入、低消费、"大锅饭"式的平均主义分配制度,哪里又有多余的"超前享受"?更何况,在阶级斗争的弦绷得格外紧的年代里,反消闲的倾向得到畸形发展,烟茶嗜好甚至成了治罪的根据。

知识链接

难怪邵燕祥要为一切饮茶者祝福:"但愿今后人们无论老少,都不必再像喝茶这类问题上瞻前顾后,做'最坏'条件的思想准备。"(《十载茶龄》)茶文化的复苏和弘扬,只能出现在国家昌盛、民众安乐的时期。

20 世纪 80 年代改革开放以来,我国社会稳定、经济繁荣,生产力得到进一步解放,综合国力得到进一步加强,人民大众的生活水平得到进一步提高,天时、地利、人和都为中华茶文化热潮的复兴和弘扬做了充分的准备,使这一阶段成为中华五千年茶文化史上最盛大的节日。

回顾当代茶业的发展,自然不能忘怀港台地区茶文化的传播和茶叶贸易的拓展。香港基本上是华人社会,社会的向心力和凝聚力在于中华民族的优秀文化传统。香港是当代"茶之路"的主要通道,国际茶叶贸易的窗口。近 20 年来,台湾茶业发生了重大的转折,由于饮茶人口的扩大,饮茶数量的增加,一向以茶叶为主要出口农产品的台湾,现在已经成为茶叶的进口地区。茶艺也渐渐兴起,形成有特色的台湾茶文化。1989年以来,海峡两岸茶文化交流日盛,茶事活动频繁。

纵观当代茶业,茶叶科技、茶业经贸和茶文化巧妙配合,大陆、香港和台湾三者有机联系。它们互相关照、互相弥补、互相影响,促进了当代茶业长期的稳定繁荣发展。

三、当代茶艺的走向

近些年来,茶文化逐渐成为我国的热门话题,各种国际国内茶文化研讨会、茶文化节接连不断,各地茶叶博物馆、茶艺馆相继兴起,茶艺、茶道、茶礼、茶仪表演百花争艳,茶叶论著和书刊空前繁盛,中国茶艺一时繁花似锦。

1977年在台湾诞生了第一家现代茶艺馆,1980年"陆羽茶艺中心"成立,努力从事茶艺文化的复兴,茶艺风气渐开。大陆在著名茶学家庄晚芳教授的倡导下,1982年杭州西子湖畔建立了"茶人之家",成为大陆首家现代茶艺馆,"茶人之家"致力于传播和弘扬中华茶文化,出版了刊物《茶人之家》,1989年,在北京民族文化宫举办了"首届中国茶与文化展示周",从此,大陆的茶文化活动蓬勃开展,茶艺馆随之在各地纷纷兴起。一时之间,茶艺焕发出了青春的光彩,得到众人的关注。

表演性茶艺进入一个蓬勃发展的时期,展示出了多姿多彩的风貌。既有汉民族的茶艺表演,又有少数民族的茶艺表演;既有从民间收集整理的传统茶艺表演,又有新编创的茶艺表演。无论何种表演,都和中国传统的茶艺息息相关,是中国茶艺不可缺少的重要的组成部分。有的茶艺馆还有特色茶艺,如上海宋园茶艺馆创造的"三清茶""五珍茶";杭州悦纳红茶馆自创的数十种调味红茶;长沙银苑茶艺馆推出了"姜盐豆子茶""擂茶"等。

在一些大城市,相继开展的少儿学茶艺活动,就是在少儿中开展的从小普及茶知识的一项有意义的活动,这项活动的展开,受到家长、教师及学生们的欢迎。上海市茶叶学会和上海黄浦区少年宫在1992年就开创了首期"茶的故乡在中国"的少儿茶艺培训活动,从无到有,从小到大,经过艰苦不懈的努力,使少儿茶艺成为上海独具特色的文化活动。1996年2月,杭州市的少儿茶艺活动也紧锣密鼓地开展起来,许多小朋友已取得了"小茶人"资格证书。在学习中,同学们通过泡茶敬茶,学习礼貌,学习尊敬他人,通过友谊茶会(无我茶会)培养互相关心、团结友爱的高尚品德。同时通过学习,养成了从小饮茶的良好习惯,在学习茶叶知识中,开阔了视野,增长了知识。

从 20 世纪 80 年代以来，国际茶文化的交流日益广泛。中国和日本、韩国，进一步加强了茶文化交流。而新加坡、马来西亚也以喝中国茶、学习中国茶艺为荣，甚至美国、法国也有一些人对中国品茗艺术产生了浓厚的兴趣，进行学习和交流。这一时期，茶文化交流更形成了气候和规模，多表现为双向度的交往与交流，品茗艺术成为最具亲和力的纽带。更可喜的是，许多海外人士积极参与在中国举办的国际性茶文化研讨会和茶事活动，加强了对双方学术研究、学术兴趣、学术进展的了解，促进了茶文化的学术对话。中国的专家学者也纷纷应邀到国外讲授茶文化课程，参加国际性的茶文化学术研讨会，能够更多地放开眼睛看世界。

新世纪的到来，中国茶艺更展现出迷人的风采，具有更深厚的文化内涵和更加广阔的发展前景。这些，主要体现在三个方面：

第一，规范茶艺，创新茶艺，得到了国家政府部门的高度重视。国家劳动和社会保障部托江西省中国茶文化研究中心陈文华、余悦教授主持制订《茶艺师国家职业标准》，主编全国统一的《茶艺师》培训鉴定教材。这个标准考虑到中国茶艺的深厚传统，也考虑到茶艺发展的现实状况，又为未来的发展指明了方向。今凡是在茶艺馆工作，或是准备从事茶艺事业的人员，都要获得茶艺师的等级证书。现在，这项工作正在有条不紊、扎扎实实地开展实施。

第二，中国茶艺教育得到进一步加强和充实。许多院校开设了茶艺课程。特别是中国最大的茶艺人才培养基地——南昌女子职业学校，在全国率先设立了茶艺专业，已经培养了一批具有中专文凭的专业茶业人员。在上海已经把茶艺课程作为中小学课外活动的一项重要内容。少儿茶艺的兴起，将为中国茶艺培养众多的优秀人才。

第三，中国茶艺的研究，得到进一步深入。目前我国已有一批专业的茶文化研究人员，对茶艺的状况、茶艺的发展、茶艺的未来都进行了深入的探讨。对于不同类型、不同风格、不同地域、不同民族的茶艺，也提出了更多新的看法。学术的深入，必将为中国茶艺的发展增添后劲。

此外，我国现在已经拥有了一批有实力的茶艺表演队伍。如南昌女子职业学校茶艺队，培养了一批又一批优秀的茶艺表演人才，编创了包括历史系列、民俗系列和民族系列等一系列茶艺；同时，各地陆续举行了多次茶艺比赛。这些，也都极大地推动着茶艺事业的发展。

四、新时期的茶俗

新时期以来，当代茶业改革领域迅速拓展，茶文化呈现出前所未有的锐气和活力。

古老的茶文化为人们所关注,并且呈现出了新的特色。茶业、茶文化旅游正在兴起,人们逐渐走入茶园、观赏茶艺。

进入20世纪90年代,茶业、茶文化作为特殊的旅游资源已引起了海内外的广泛关注,形成独具魅力的茶文化游,吸引了大量国内外游客。随着现代生活节奏的加快,人们渴望走出都市,走进大自然的怀抱,旅游已成为人们休闲的主要方式。人们旅游的动机主要是观光、娱乐和求知,参观茶园、茶馆,品尝当地名茶,观看茶艺表演,亲自参与制茶过程,这些活动都日益受到游客的喜爱。"高山出名茶",茶树生长的环境往往是风景绝佳处,我国许多名山出产名茶,如黄山毛峰、庐山云雾、武夷山大红袍等,名茶配名山,可谓珠联璧合。茶园也是组成美景的一部分,连绵起伏、碧绿透亮的茶园给游客带来了极大的审美愉悦感。有些景点,参观茶园、茶树是必不可少的旅游环节,如福建武夷山,丹山碧水,九曲环绕,出产举世闻名的大红袍,人们到武夷山,必定要去参观那几棵古老的大红袍树。现在,有些旅行社还开辟了专门的茶园生态游,游客在导游的带领下,观看茶农采摘茶叶,还可以参与其中,感受采茶、制茶的乐趣,喝着自己制成的茶,更觉香甜可口。

现在许多风景名胜区都有茶艺表演,如"黄山毛峰茶艺表演""龙井茶艺表演""武夷大红袍茶艺表演"等。人们在游山玩水时,消耗了大量的体力,喝上一杯当地的名茶,顿时会心旷神怡、神清气爽,不仅可以解渴消乏,还可以领略到富有地方特色的茶文化。到云南大理,必定要去观赏独具民族风情的白族三道茶表演。到西藏旅游,若是没喝上一碗香醇的酥油茶,不能不说是一个遗憾。通过景点的茶艺表演,茶文化越来越受到人们的关注和喜爱。

然而茶业也受到了严峻的挑战。进入20世纪80年代以来,咖啡、可可、雪碧、可口可乐等洋饮料不断冲击国内市场,中国人的茶叶消费量逐年下降,尤其是年轻一代中,有的几乎从来未碰过茶,更不要说对茶的认识了。高档的茶市、茶楼,毕竟只是少数人光顾的场所。

新世纪以来,情况大有改观,数年来一直遭遇冷落的茶饮料风靡一时,各类冰红茶、冰绿茶为越来越多的消费者所接受,尤其是年轻一族的青睐,茶饮料成为一种时尚饮品。中国的茶饮料市场自20世纪90年代中期真正起步以来,已有20多家专门生产厂家,虽然与美国、欧洲、日本这些发达国家一二百万吨的年消费数量相比,还存在不小的距离,但同时也说明我国茶饮料生产企业还有巨大的发展空间。福建大闽公司还建成了亚洲最大的速溶茶粉生产基地,为茶饮料工业的发展提供优质原料。

近几年来凉茶行业异军突起,凉茶传统来自民间,在粤港深受老百姓的喜爱,但凉茶在市场发展中,并没有固守民间,成为一般的风俗民情,而是积极融入新的商业思维,从而获得新的生机。2006 年,在中国公布的首批世界非物质文化遗产中,凉茶是其中唯一的食品类代表。近几年来凉茶产量正以每年 40% 的增速跑步前进,2006 年产销量第一次超越了可口可乐。

知识链接

由台湾发源的"泡沫红茶"风靡全国,关于这泡沫红茶的由来,还有一段小插曲。有一位名叫刘汉介的商人,在台中做茶叶、茶具买卖,他从日本带回一只调酒器,有一次刘先生心血来潮,用它来调"冰茶",那知调出来的"冰茶"十分冰凉爽口,上面还泛着细小可爱的泡沫,好似啤酒泡沫,于是他依其形状而将之取名为"泡沫冰茶"。这种新式的泡沫冰茶一经推出,立刻受到大众的喜爱。精明的商人采取连锁、加盟的经营方式,市场占有率逐年增加,又推出各种花样的茶饮料,如珍珠奶茶、椰果奶茶等,快速茶饮料店在神州大地遍地开"花"。

具有欧陆风情的茶饮日渐风行开来。人们饮茶不仅讲究传统的茶艺、茶道,也在尽情地享受喝茶所带来的情趣和意境。富有浪漫情怀、梦幻迷人的花草茶深受时尚女性的喜爱。花草茶原料丰富,大多数的花草来源是野生的,天然纯净。喝花草茶除了可以感受那份幽雅的情调之外,还具有保健、美容的功效。现代社会节奏加快,人们在紧张工作的同时,也不忘喝上一杯茶来提神消乏。

近些年来,茶叶饮食有了新的发展,具有地方风味的茶肴名品层出不穷,如四川用红茶与香樟木熏烤的"樟茶鸭子"、用花茶制作的"魔芋烧鸭",江西用庐山云雾茶清蒸石鸡的"云雾石鸡",河北的"茶叶粉蒸肉",江苏南京用雨花茶、大青虾烹制的"雨花植虾汤",浙江的"龙井鲍鱼",安徽的"毛峰熏鸡"等,花样层出不穷。另外还开发了一些普通群众能接受的茶肴,如"红茶牛肉""茶叶炒鸡蛋"等。各种用茶叶制成的小吃糕点也别具风味,有茶叶碾成粉末,配以土豆粉、海藻粉以及糖盐制作的各种糖果、果冻、茶水羹,用茶和水果制成的果脯蜜饯也深受人们的喜爱。

茶的世界,是历史厚重的世界。在我们生活的地球上,茶类植物已有六七千万年的历史。中国发现、利用茶,也已经有四五千年的历史。现在世界上已经有一百五六十个国家和地区、二十多亿人品尝着茶的芳香,享受着茶带来的欢愉和健康。所以,有人说:在世界三大无酒精饮料中,19 世纪是可可的世纪,20 世纪是咖啡的世纪,21 世纪是茶的世纪。

拓展阅读

相传神农氏是最早发现和利用茶的人，《神农本草经》一书称："神农尝百草，一日遇七十二毒，得茶而解之。"传说中神农氏为了给百姓治病，不惜亲身验证草木的药性，历尽艰险，遍尝百草，一日遇七十二毒，舌头麻木、头昏脑胀，正值生命垂危之际，一阵凉风吹过，带来清香缕缕，有几片鲜嫩的树叶冉冉落下，神农信手拾起，放入口中嚼而食之，顿觉神清气爽，浑身舒畅，诸毒豁然而解，就这样，神农发现了茶。

神农氏，即炎帝，远古传说中的太阳神，在民间传说中被尊崇为中华民族的祖先。相传他是人身牛首，三岁知稼穑，长成后，身高八尺七寸，龙颜大唇。他发明了农具以木制末，教民稼穑饲养、制陶纺织及使用火，以功绩显赫，以火得王，故为炎帝，世号神农，被后世尊为农业之神。神农氏又曾跋山涉水，尝遍百草，找寻治病解毒良药，以救天伤之命，后因误食"火焰子"肠断而死，他是传授人们以药治病的医学发明人，又被后世尊为医药之神，《神农本草经》即是依托他的著作，这是我国古代第一部药学著作，据后代考证这是部汉代的著作。

课堂讨论

1. "神农尝百草"虽然只是历史传说，但背后却隐含着初民对茶的理解，请从民俗学角度谈谈这个故事的文化内涵。

2. 说说你的家乡有哪些饮茶习俗或是与茶有关的生活文化。

思考练习

1. 唐代茶风的兴盛有着怎样的社会基础？

2. 如何理解陆羽《茶经》在中国茶俗传播过程中的作用？

3. 宋代的茶俗有哪些表现形式？与唐代茶俗有哪些不同？

4. 茶与明、清时期文人雅士的生活志趣有什么关系？

5. 现代中国茶艺的发展体现在哪几个方面？

第三章　内容各异的茶俗

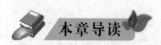 **本章导读**

　　本章按照内容将中国茶俗划分为茶叶生产习俗、茶叶经营习俗、茶叶品饮习俗三个大类,在此基础上对这三类茶俗所涉及的主要内容进行了系统的阐述,并对这些茶俗的基本特点加以概括。

学习目标

　　1.了解茶叶生产阶段的栽种、采摘与加工习俗;
　　2.掌握茶叶经营习俗的系列环节及其功用;
　　3.掌握茶叶品饮习俗背后的文化内涵;
　　4.熟悉民间各类茶会及其形式。

第一节 茶叶生产习俗

茶树是经济作物,品级不等的茶叶价格相差悬殊,普通的粗茶只需数元一斤,而名贵的茶叶则价比黄金。为了制作出优质的茶叶,人们有着许多讲究。茶树十分注重名贵,有些名茶只能在特殊的地理环境下才能生长。在几千年茶叶生产过程中,我国茶农总结了许多有益的经验,在科技发达的今天,仍然有着重要的作用,有些地区还保留着古老的制茶方法。各产茶区流传着许多茶事农谚,这些民谚是茶农的智慧结晶。

一、茶叶生产习俗概说

中国是茶树的故乡,我国不但出口茶叶,而且还向很多国家提供了茶树和茶籽。早在唐代,日本最澄禅师到我国留学,便将茶籽带回日本,首先种植在近江台鼓地区,以后就普遍引种了。现在世界上产茶居首位的印度,直到1780年从广州运去茶籽,才开始大规模种植茶树。后来,印尼、斯里兰卡、俄罗斯等国家,也相继从我国引种了茶树。

在许多的民间传说中,茶树是具有神奇作用的神树,是仙人赐予人类的美好礼物。如浙江景宁的畲族,便流传着这样一个故事:在畲山的深处,有一棵"茶王树",这是一位美丽善良的畲族姑娘的化身。据说在很久以前,这位姑娘为了解救苦难的畲山,走了999座山,尝了999种草,最后,在一只梅花鹿的帮助下,找到了一株茶苗,从此之后畲山清泉长流,畲民们过上幸福的生活,而姑娘则化成一株晶莹的茶树,永远保护着畲山的茶园。

有些地区,茶树被视为神树,不得随意砍伐。德昂人有一个非常奇特的习俗:无论定居到哪里,都会在屋前山后栽种茶树。据说德宏山区发现的许多古茶树都是德昂人栽种的,因此,德昂人素有"古老的茶农"之称。德昂族古称"崩龙",他们认为茶树是他们的始祖,在一首古老的歌谣里这样唱道:"茶叶是崩龙的命脉,有崩龙的地方就有茶山。神奇的传说流传到现在,崩龙人的身上还飘着茶叶的芳香。"德昂人种植茶树,有向祖先祈求平安之意。

在江浙等地产茶区,有谚语云:"茶树最糊涂,宜露又宜雾。"茶农最担心遇上大旱或虫灾,若逢上干旱或虫害,人们便杀猪宰羊以供奉龙王菩萨和孟姜菩萨,以祈求神灵降甘露、除虫害。在一些茶乡,茶农将龙王的神位请出,敲锣打鼓,到茶山上走一圈,名为"出神"。春节期间,茶农要祭神祇,除夕夜人们用采制的头茶供奉菩萨,以求得来年风调雨顺,茶叶丰收。大年初一的清晨,茶农起床后,要泡一杯茶,供奉在灶神堂前,祭祀天地神灵。

知识链接

福建茶叶生产历史悠久,出产许多名茶。在宋代,福建建安茶区有鼓噪壮阳的习俗,据《宋史·方偕传》载:"方偕知建安县,县产茶,每岁先社日,调民数千,鼓噪山旁,以达阳气。偕以为害民,奏罢之。"可见,此地原来有着"鼓噪茶山以壮阳"的习俗,且参与人数颇多,数千人同声鼓噪,声势十分壮观。鼓噪壮阳的寓意是希望茶树苗壮成长、枝繁叶茂,茶叶能够获得丰收。

武夷山是我国名茶之乡,地方官历来十分注重茶叶生产。据《清异录》记载,五代闽国时期,闽王"甘露堂前两株茶,郁茂婆娑,宫人呼为清人树。每春初,嫔嫱戏摘新芽,堂中设倾筐会"。嫔妃摘新芽的举动可以说是一种仪式,是闽地采茶之俗的滥觞。宋代时此地设有御茶园生产"研茶",这种茶是将茶叶蒸焙研碎后塑成团状,被列为贡品。在御茶园内有口通泉井,井旁有"喊山台"和"喊泉台"。自元代开始,每年惊蛰那一天,崇安县令都要在此举行隆重的开山仪式,当县令拈香跪拜,念完祭文后,隶卒便鸣金击鼓,同时高喊:"茶发芽了,茶发芽了!"意为把茶芽"唤醒",从而使它萌发生长起来。仪式过后,即开山采茶。欧阳修《尝茶诗》中对"喊山"这一习俗有生动的描绘:"年穷腊尽春欲动,蛰雷未起驱龙蛇。夜闻击鼓满山谷,千人助叫声喊呀。万木寒痴睡不醒,惟有此树先萌芽。"直到现在,此地茶农仍有喊山的习俗。(《中国民俗大系·福建民俗》)

在福建安溪,民间有"对月"的习俗,即婚后一个月,新娘子要返回娘家拜见生身父母。待返回夫家时,娘家要有一件"带青"的礼物让新娘子带回,以示吉利。茶乡往往精选肥壮的茶苗让女儿带回夫家栽种。乌龙茶中有一极品,名曰"黄旦",就是茶农王淡"对月"时从娘家带回培植的特种名茶。

在黄山及周围的茶乡,历来有着敬供茶壶的风俗,茶农一般在自家堂屋的香案上供一只茶壶和一根缩制的小扁担。当地有句土话,叫"壶破扁担断——完了"。

表明他们把壶和扁担看得十分重要,是家里的命根子。传说在明代天启年间,歙县新任知县听说黄山云雾茶泡在壶中,会有祥气云集,并显出一个绝色佳丽用舌头采茶的画面。一心想加官晋爵的知县进京献茶,但是祥瑞之状并没有出现。皇帝认为他是欺君,怒斩了这个知县,又下旨徽州府,要把制造邪说的乡民处斩。徽州知府是个清官,不愿滥杀无辜,急忙到茶乡访查。一个老茶农告诉他,黄山云雾确实神奇,但茶叶应是谷雨当天采的谷雨尖,还要用砂壶、山泉水、栗树柴烧的沸水冲泡,缺一不可。知府携带老农所说的所有东西进京,在金銮殿一试,果真是祥云缭绕而上,在云中还现出一位美若天仙的采茶女。皇上撤回圣旨,黄山一带的茶乡百姓免去了一场劫难。茶农们认为上过金銮殿的砂壶、扁担是救命之物,且还有着神奇的福佑功能,故把壶看得十分珍贵。从此以后,茶乡的家家户户都有供壶的风俗。在逢年过节时,茶农还要泡上新茶敬奉茶壶,以祈求茶壶赐予茶叶能繁盛丰收,人们幸福安康。

二、茶树栽培习俗

民谚云:"千茶万桑,万事兴旺。"茶树是经济作物,种植茶树,是发财致富之路。"一个茶叶七粒米",茶叶的经济产值比粮食作物要高。关于茶树的栽培管理,各地有着不同的风俗习惯。

在我国古代,人们认为茶树种下去便不可移栽。明代许次纾《茶流考本》曰:"茶不移本,植必子生,古人结婚必以茶为礼,取其不移志之意也。"明人郎瑛《七修类稿》中也追述:"种茶下籽,不可移植。移植则不复生也,故女子受聘,谓之吃茶。又聘以茶为礼者,见其从一义。"古人认为茶树只能从种子萌芽成株,种下去不可移栽。这种误解倒使得茶树有了坚贞的美好含意,人们将茶作为爱情的象征。在婚嫁当中,茶自始至终起着重要的作用,茶寓意着新婚夫妻"矢志不渝"和"必定有子"。

茶树喜温、喜湿、喜漫射光,要求生长在一定的海拔高度,一定的植被和温湿度条件下。"平地有好茶,高山有好茶""高山多雾出名茶",在一定高度的山区,对茶树生长有利。但也不是愈高愈好,在1000米以上,会有冻害。浙江有谚语云:"茶怕干冻。"茶园坡度不宜太大,一般要求30度以下。我国南方地区有大片丘陵,这些丘陵土壤多呈酸性,宜于种茶。茶园土壤的酸碱度pH值以4.5~6.5为宜,"沙土杨梅酸土茶"(广西)、"桑栽厚土扎根牢,茶叶酸土呵呵笑"(浙江)。

知识链接

关于茶园的朝向,各地也有不同的讲究,宋徽宗认为茶树栽培,必须"植产之地,崖必阳,圃必阴""阴阳相济则茶之滋长得其宜"。福建有民谚云:"向阳好种茶,背阳好插杉。"陕西安康地区则认为茶树种在阴坡好:"高山生漆低山麻,阳坡桐子阴坡茶。"1958年,毛泽东在视察舒城县舒茶人民公社时说:"以后山坡上要多多开辟茶园。在山坡上种茶,能地尽其用,提高当地的经济收入,也符合我国的国情。"

种茶一般是在正月、二月进行,浙江瑞安有民谚云:"正月栽茶用手捺,二月栽茶用脚踏,三月栽树用锄头夯也夯不活。"茶苗种植三年以后方可采摘茶青,太早采收将影响以后的收成。一般五年之后大量采摘为宜,"茶树三年破丫五年摘"(浙江),"三年桐子五年茶,十年兴个桦栎扒"(陕西安康)。适当的采摘有益于提高茶叶的收成,若是留着茶叶不采,反而不利于茶树生长,"会采年年采,不会一年光"(陕西),"今年不采,明年不发"(浙江嵊县),"头茶不采,二采不发"(浙江绍兴),浙江绍兴的茶农在采茶还讲究留一手,有益于茶树的生长,"春茶留一丫,夏茶发一把。"

茶树施肥,影响茶树生长与制成茶叶品质颇大,民间有谚语云:"茶树不怕采,只要肥料足"(浙江绍兴),"茶树缺肥芽不旺"(浙江),肥料需用得适当,否则过犹不及,"茶树本是神仙草,只要肥多采不了"(浙江淳安)。施肥有着许多的讲究,如肥料种类的选择、肥料的配合方法、施肥分量与施肥时期等,肥料施用量也因各茶园之土壤性质、茶树品种、树势及制茶种类而异。三峡地区传统的茶园施肥主要是将栏粪,或者是田间地头的杂草树叶以及蒿秆等集中,结合耕作一次性深埋于茶苑周围。

茶园要适当地深翻土壤,才能使茶树苗壮成长。湖北有谚语云:"秋冬茶园挖得深,胜于拿锄挖黄金。"茶园经过一季的采摘后,行间土壤板结,通透性差,不利茶树根系生长。因此,应在秋季进行深翻土壤,改善土壤理化性状,增加土壤蓄水量,提高抗旱能力,有利促进茶树根系的生长发育。

三、茶叶采摘习俗

古往今来,采茶都颇有讲究。宋朝时特别注重采茶嫩度,茶农多采"毛尖"、芽茶以卖高价,叫"争价不争斤"。到了清朝,则讲究老、嫩分类,茶农注重老茶、嫩茶,分采、分放。茶叶须在一芽3~5叶时采摘，采早了芽头小，产量不高；采迟了芽茶变老，降低质量，故茶谚云："前三日早，正三日宝，后三日草。"近十几年来，则全面讲究采茶技术，既讲采摘速度，又讲采摘质量，还要注重保护茶树。各地采茶都以女性为主，妇女心灵手巧，多数能双手同时采茶，技艺高者日采鲜茶上百斤。因地域不同，各产茶区有着丰富多彩的采茶习俗。

宋代闽北等地每逢采茶时节，往往要举行一系列的祭祀活动。当时采茶仅在清晨日出之前，认为茶叶上仍带夜露时采摘，质量最优，"须是清晨，不可见日，晨则夜露未晞，茶芽斯润，见日则为阳气所薄"。人们认为早上露水未干，茶芽肥润；太阳出来后茶芽受阳气所侵，茶内的膏汁内耗，清水洗后叶张颜色不够鲜亮。采茶时，断茶用指甲，而不得用手指，因为手指多温，茶芽受汗气熏渍不鲜洁，指甲可以速断而不揉。为了避免茶芽因阳气和汗水而受损，采茶时，每人身上背一木桶，木桶装有清洁的泉水，茶芽摘下后，就放入木桶内浸泡。

碧螺春是我国传统名茶，茶树多种植在枇杷、杨梅、柑橘等果树之间。每年在春分至谷雨前后，采茶女经过沐浴更衣后，在清晨时分成群结队来到茶园采茶。采摘的嫩叶的背面密生茸毛，茸毛越多，茶叶越嫩，质量也就越优。采摘碧螺要求很高，须是一芽一叶初展，且长不过盈寸，如采摘迟了，芽叶长大了，则制成的茶就形差味淡。采摘回来的鲜茶叶，要选长短一致，大小均匀，除去杂质，还要用湿布盖好，保持湿润。碧螺春茶之所以味道醇厚，养气颐神，据传说，是因为采茶姑娘用会唱歌的嘴把茶树上的嫩芽含下来，姑娘的元气都凝聚在茶叶上。又传说，采茶十分讲究，不仅只采最嫩的，而且采茶姑娘采茶前要到河里洗澡，穿干净的衣服；采茶不用篮子装，而是塞在怀里，这样茶叶就会有着淡淡的乳香。当然，这些只是美丽的传说。

南京钟山之巅产茶，常笼罩在云雾中，其境人迹罕至。山中有白云寺，春日采茶，僧必于云雾朦胧时摘取，茶叶泡于盏内，自分三层，氤氲起云雾之状。若日出雾散时采之便不合适了，故每年所得甚少。看来，采茶习俗的形成是为了确保茶质的优异。

采摘西湖龙井茶十分讲究季节。俗话说："雨前是上品，明前是珍品。"清明前采的茶为上春茶，又称"明前茶"，因其嫩芽初绽，似同莲心，故又称"莲心"，这是龙井茶中的珍品。谷雨前采的茶称二春茶，因茶柄已发一事，其貌似旗，茶芽稍长，形状似枪，称为"旗枪"。

知识链接

清代乾隆皇帝曾在杭州观看茶民采制龙井芽茶,作《观采茶作歌》云:"火前嫩,火后老,唯有骑火品最好。"火前,即明前,古人在寒食节有禁火三日的习俗,从这一天起,三天不生火做饭,故称"寒食",寒食节在清明节前一天。火前茶指的就是明前茶。茶乡有"女采茶,男炒茶"的习俗。妇女心灵手巧,适合采茶。男人身强力壮,宜炒茶。

湖南关于摘茶有着许多讲究,关于采集的谚语有:"雨天有晴叶,晴天有鲜叶。"意思是茶叶在雨天抗长势,应晴天采摘。"三年老不了爷,一个隔夜老了茶。"说的是采摘茶叶要及时,茶叶极容易老。关于采摘的技巧有:"采茶莫乱抓,一枝三四芽","先采头茶留个墩,二茶每枝发一捆","二茶应该留个边,三茶每蔸发一巅","头茶苦,二茶涩,三茶好吃没人摘","头茶无风香十里,晚茶有风十里香"。

在湖北五峰山,村村皆有茶坡,盛产茶叶。当地采茶分三季,春茶采清明、谷雨,夏茶采小满,秋茶采白露。在清明节前后,便进入采茶季节,这时全村男女老少集体出动,在黎明时便开始采摘,直到日落方归。此时,出嫁女、读书娃都要回家"抢茶"。采摘中,三五成群的茶姑和茶妇喊着"穿号子"以活跃气氛,鼓励大家努力采茶。在合作社时期,采摘好的茶叶均由强壮男子背到大队茶场卖钱,再按工分分钱。家庭联产承包制后,各家分得自己的茶山,采摘茶叶时乡邻间相互打"转工"。茶乡妇女于谷雨节清晨采取带露的茶尖,名为"谷雨茶",是招待客人、馈赠亲友的佳品。

产于陕西镇巴县的秦巴雾毫,汤色碧绿鲜美,气味芬芳香郁,又叫"口含茶",因采茶姑娘每采下一片嫩茶尖,都要含在口内用唾液浸泡十余秒钟,然后才取出晾晒杀青,因此得名。相传刘邦被封为汉中王,常到依山傍水的茶镇喝茶议事,喝的就是这种茶。有诗赞曰:"秦巴毛尖胜毛峰,生在巴山云雾中。村姑巧采妙焙制,色绿香高味醇浓。"秦巴雾毫以采摘时间分为明前茶、明茶、雨前茶、雨茶四个档次,采摘时间越早,茶越名贵。

江西是全国闻名的茶叶产地,全省各县都产茶叶,浮梁、武宁、婺源、修水都是历史悠久的名茶产区。江西采茶,一年三次:春茶采于谷雨前后,夏茶采于小满芒种之间,秋茶采于八九月。每到采茶季节,尤其是采春茶时,茶农皆举家出动,起早摸黑地突击采摘。春、夏、秋三季茶叶各有千秋,婺源等地有"春茶甜、夏茶苦、秋茶味道赛过酒"的说法。但由于秋茶产量太低,茶农往往不愿采,因而出现"秋茶虽好无人采"的现象。茶农采茶时爱唱茶歌,有姐妹齐唱,有男女唱和,气氛非常活跃。修水茶农概括的采茶要诀是:"采得快,采得好,留鱼叶不捡脚,老茶嫩茶分采分放,幼龄茶树注重养蓬。"江西茶叶科研部门还总结出采面养底,采大养小,采中养侧,采密养稀等的"采养法",已在全省各茶区普遍推广,习以为俗。

三峡地区的茶农在采茶时有蓄"阳茶蕻子"的习俗,蓄"阳茶蕻子"也叫"蓄顶",做法是将茶树顶部生长最旺盛的茶芽留着不采,只采顶芽以下的侧芽,这样"蓄顶"使得茶树越长越高,以至于后来人们要爬到茶树上采茶,甚至不得不"伐而掇之"。这种采摘习俗与当地人认为与"树是不能断尖的""不能压树头"的习俗有关。(龚永新《三峡民间茶俗杂谈》)

安徽西部在汉代就有茶树的栽培了,产有六安瓜片、霍山黄芽、皖西大黄茶等诸多名茶。皖西地区盛产茶,茶叶生产是重要农事,过了清明节,便到了采茶时节。当地俗谚云:"假忙除夕夜,真忙采茶叶。"形容采茶忙碌的景象。皖西茶乡采茶人多为女性,采茶讲究眼明手快,一个采茶能手一天可采茶达上百斤。"下田会栽秧,上山能采茶。"这是皖西茶乡人评价女性是否能干的一条重要标准。每到采茶季节,茶乡人还要通过亲朋好友从外地雇请一些采茶女工。她们三五成群,结伴而来,带着欢声笑语,走进了茶乡。有些采茶姑娘还和小伙子互对茶歌,在碧绿的茶园里,洋溢着青春活泼的气息。茶歌点缀着多情的春天,也点燃了青年们的爱情。这些采茶歌欢快悠扬,如:

(男)大别山上云雾罩;

(女)茶棵青青是我们的宝;

(男)妹子背箩溪边忙;

(女)哥哥攀爬半山腰;

(男)妹妹呀,你的歌儿唱得好,可别嫩黄牙丢了;

(女)哥哥呀,高山采茶要心细手快,脚跟可要站得牢。

(关传友《皖西地区的茶俗》,《农业考古·茶文化专号》32期)

四、茶叶加工习俗

茶叶制作有着多道复杂的工序,不同的茶叶种类有着不同的加工方法。各地茶农在制作茶叶时,有着独特的工艺和丰富的习俗。

湖南君山银针茶,出产于500里洞庭湖边的君山,是我国久负盛名的茗品之一,唐代时即为贡品,文成公主曾带此茶入藏。制作君山银针完全是手工操作,采摘后的鲜芽要经过拣剔除杂,轻放薄摊。相传古时候君山有18座庙,每个庙里都有一块茶园,庙里的僧人将采摘好的茶芽聚集于香炉山专制,用一根丝线吊一个芽头在无烟的木炭火上烘烤,可谓是"根根茶叶精心制"。随着科学技术的进步,君山银针的制作也逐步进行了革新,从鲜芽分拣到干茶,要经过杀青、摊晾、初烘、初包发酵、复烘摊晾、复包发酵、干燥等七道工序,历时约三天三夜,道道工序都有着严格的操作要领和技术要求,正是精益求精。

产于湖南沅陵县沅水河畔的碣滩茶,茶叶品质优异。传说在1300多年前,唐睿宗的内宫娘娘胡凤娇受诏回朝,由辰州泛舟,顺沅水东流而下,路过碣滩,品尝到此茶,大为赞赏,便带了些回京都,当朝皇帝饮后也赞叹不已。从此,皇帝指令碣滩广辟茶园,官府每年派人监制,把茶的上品作为贡品直送皇宫。碣滩出产的茶叶有毛尖、绿茶两种。每逢阳春三月,茶芽竞吐,先采制毛尖茶,再采制绿茶。毛尖茶鲜叶要求嫩、匀、净、壮,无虫伤叶、紫色叶、雨水叶。制茶分摊青、杀青、揉捻、整形、干燥等五道工序,而对品质起决定作用的是杀青、整形、干燥三道工序,要求将锅洗净,烘焙用无烟木炭作燃料,杀青、揉捻均为手工操作。(《中国民俗大系·湖南民俗》)

湖南人嗜好熏制食品,熏肉、熏鸡、熏鱼、熏笋、熏豆干等都是湘人过年待客的风味佳品。在宁乡一带,还出产一种烟熏茶,这种茶的制作方法与熏肉等有着异曲同工之妙。每年谷雨前后,茶农将肥壮鲜嫩的茶芽采下,将茶芽进行手工揉捻之后,放在竹筛上,用枫球子作燃料,生起烟火,将竹筛置于烟火之上慢慢熏干,即成香味独特的烟熏茶。此茶沏在碗里,有一种带烟的香味,喝起来鲜爽无比。此茶与当地春天多雨的气候有关,相传古时有个老茶农,在谷雨时节采下了许多鲜茶叶,经炒制揉捻后天公不作美,一直都在下雨,眼见这些茶叶就要变质,这位老农灵机一动,将茶叶放到烟火上熏烤,没想到经过烟熏的茶叶有着奇异的芳香,很受顾客的欢迎,被抢购一空。

碧螺春茶被人们誉为"工夫茶""心血茶",其制作要求工艺高、功夫深。须经过"杀青""炒揉"和"搓团焙干"的三道工序,先将嫩芽叶放入150℃的锅内,用双手不停地翻抖上抛,直到嫩叶发出"噼啪"的声音,这称之为"杀青";接着降温热揉,使其条索紧密,卷曲成形,并搓团显毫,使其干燥。烘制碧螺春不用工具,全靠双手在锅中不停地焙弄嫩叶,要做到"干而不焦、脆而不碎、青而不腥、细而不断",全凭炒茶高手掌握好温度。经采、剔、炒等工序，就制成了条索纤细、卷曲成螺的茶叶。

武夷岩茶品质优良，这与茶农的精心制作是分不开的。岩茶制作工艺，兼有红、绿茶制作工艺精化，有着一套独特的工序，即萎凋、凉青、做青、发酵、初炒、初揉、复炒、复揉、初焙、拣梗、复焙等。岩茶萎凋，大多采用场外露天搭棚，将采摘的鲜叶薄摊于竹编的网席上，斜放在搭棚，取阳光温度萎凋，倘若阴天或傍晚采回的青，即需入焙青楼加温萎凋。发酵是在阴暗封闭式的架子间进行，间内要保持一定的温度与湿度，如遇上倒春寒，要在间内放置炭火盆增温，青师可出入探青，其他人一律不得闯进。炒青，炒青锅用木柴火烧，青师将发酵好的青倒入锅内，便用手边拔炒边抖散，按祖辈传下来的规矩，必得"双炒双揉"，这是岩茶制作的一道关键工艺。炒揉结束后，进入焙间初焙，焙过拣梗，拣后置放一段时间，然后复焙，之后将干茶用毛边纸包裹，包后再取文火焙过，经茶师检验合格，才算制作结束。这样的成品茶，口感极佳，清香四溢。（曾震中《武夷岩茶兴盛寻根究源》，《农业考古·茶文化专号》16 期）

江西是产茶大省，关于制茶的习俗也有一套独特的方法，清代《泸溪县志》载："三月谷雨前，采最嫩者一叶一枪，摊干为白毫。谷雨后叶渐粗，号造作青庄、红庄二种。青者用锅烧热，入叶烧之，乘热搓揉，炭火焙干，泡色淡而香，味较胜。红者用篾垫曝太阳中，即搓挪成条，晒干，泡汁深红，可以货卖。"在著名的宁红茶产地之一的武宁县，有首《竹枝词》描述了当时采茶、制茶的情景："女伴相邀涉水涯，提筐先说采新茶。夜来贮得烘笼满，处处当炉制雪芽。"

安徽中南部气候温和湿润，适宜茶树生长，茶叶品种多、质量优。著名的品种有祁红，红茶初制时，分萎凋、揉捻、发酵、烘干四道工序。烘干后的毛茶湿胚约五六成干，即售给茶号。茶号烘焙茶叶，采用竹编烘笼，笼内有活动烘顶，茶置烘顶上，烘两次至全干，即为毛茶。红茶精制，在新中国成立前多在各地茶号进行，分为筛分、拣剔、补火、官堆四道工序。官堆前，将各号茶混合均匀，便可装箱成为精制红茶。手工精制绿茶分火炒、筛分、簸撼、着色、拣剔等工序。火炒，以减低毛茶水分，促使茶叶外表光洁、条紧匀细。筛分，用以整理形状，分类各种花色。簸撼，将茶叶倾覆簸盖簸上，由撼工上下簸撼，使轻浮者于外，质重者仍留盘中。着色，为弥补老嫩不齐，一般用黄粉、蓝靛、滑石粉及蜡脂等，在火炒时掺入。拣剔，即拣去杂物，以弥补簸撼之不足。经过上述工序处理，即可进行匀堆、装箱。（《中国民俗大系·安徽民俗》）

贵州是个多民族的山地内陆省，各民族还保留着较为原始的制茶工艺。如黔西南的布依和苗族茶农，将茶树新梢采回，经杀青、揉捻再理直茶条，用棕榈叶将茶条捆成火炬状的小捆，然后放到太阳下晒干，或挂在灶上使其干燥，最后用红绒线扎成别致的"娘娘茶""把把茶"，因为这样扎好的茶叶形状似毛笔头，故当地人称为"状元笔茶"。靠近云南盘县特区的彝族茶农，将新鲜茶叶炒揉后，捏成团饼状，用棕片挂于灶上炕干，这种茶名为"古茶"。湄潭农家有制作砖茶的方法，其法颇为古旧，先将干茶装入布袋内，袋有一斤装、二斤装两种，再将装满茶叶的布袋放到甑内蒸煮几十分钟，时不时地翻转，待茶叶逐渐疏软，便放入木制机内，上面用木板压紧，等茶叶被压成方块后，再放到太阳下晒干即成。

台湾的地理与气候宜于种茶，新竹县一带产有椪风乌龙茶，此茶被英国女皇赞为"东方美人茶"。此茶茶汤明亮鲜艳，入口味浓厚而圆润，进喉徐徐生津，令人回味无穷。椪风乌龙茶制作时间在每年芒种前后一周，将茶树的一心二叶的嫩芽采下，先放在日光下使之失水萎凋，并借氧化作用让其发酵，再放在室内萎凋，使茶叶继续发酵，如果萎凋适当、发酵正常，茶叶由绿渐呈红褐色，心芽为银白色。待茶叶有熟果香味时便可炒青，使其停止发酵。炒青要用适度高温，先高后低，速度要快，以免炒焦。炒青后经过短时间放置，令其回润，至叶呈黄红色、芽呈白毫为宜。再用手工揉捻，让茶叶卷曲成条，再经干燥，蒸发水分，使茶叶蜷缩，除去臭青味，减少苦涩味，提高甘醇度，让白毫呈现得更为明显。椪风乌龙茶制作过程极为精细，产量不多，售价颇高。（《中国民俗大系·台湾民俗》）

第二节　茶叶经营习俗

茶叶制作好以后，还要经过一系列的环节，才能够获得经济效益。茶叶经营包括起名、贮藏、销售、赠茶等环节。人们在长期的实践中，形成了丰富多样的茶叶经营习俗。

茶叶首先要有一个好名字。茶名要雅致清丽，又要让人容易记住。在商品经济的今天，更要注重茶名，名茶也是一种品牌效益。茶叶易潮，茶叶制作好以后，还要有恰当的贮藏办法，才能使色香味俱全。人们在讲究贮藏的实用性时，也很注重茶叶包装的美观，各地有着丰富的贮藏包装习俗。茶叶销售十分重要，茶叶进入流通市场之后，需要有效的运作办法,方能取得好的效应。茶行、茶商、茶市在茶叶销售中发挥着重要作用。在长期的茶叶贸易中,还形成了独具魅力的茶商文化。

茶叶,是友谊的桥梁。茶农在喜获丰收的时候,往往将家中最好的茶叶赠送给亲朋好友,以示友情。在非产茶区,人们在喜庆年节也有赠茶的习俗。有些赠茶,还可以提高该茶的知名度。尤其是文人墨客在收到好友赠送的茶叶后,往往要写诗感谢,相互酬唱,留下了许多千古传唱的诗篇。人们在吟诵这些诗句的时候,不由得心生对该茶的向往,可以说赠茶也是创造品牌效应的一种办法。

一、茶叶起名习俗

茶叶取名是一项艺术,从茶名就可获知该茶叶的许多特征,比如产地、采摘时间、形状、色彩、香型、味道等等。据《中国茶叶历史资料续辑》载:"宋以后,花样翻新,嘉名鹊起,然揭其要,不外时、地、形、色、气、味六者。"在宋代以后,茶叶的命名主要是从这六个方面来起名。我国历史上许多名茶的名字都极富诗情画意,有些茶名的得来又与名人有关,更是身价百倍;有些茶名则有着优美动人的传说故事,平添趣味。

取茶名要做到古雅别致,既有文化内涵,又不致太过于深奥,让别人可以了解到茶叶的主要特征,要让人耳目一新,且容易记住。因此,取一个好名字,对提高茶叶的品位、名气是至关重要的。

有些名茶的称谓是源于茶的外形,如安徽的六安瓜片,形似瓜子片;湖南君山银针、安化松针形状圆直如针;浙江嵊县的珠茶,宛若珍珠;湖南大庸的龙虾茶,弯曲如虾;浙江临海的蟠毫,状如蟠龙;湖北宜昌的剑毫,形如利剑;安徽、江西等地的眉茶,细小弯曲如眉毛;四川峨眉山出产的竹叶青茶,形似竹叶;安徽岳西翠兰茶,则犹如一朵朵初绽的空谷幽兰。宋代的武夷茶,品质最优者名为"粟粒芽",粟粒,指的是茶芽之细小柔嫩,东坡十分赞赏此茶,赋有诗云:"武夷溪边粟粒芽,前丁后蔡相笼加。"武夷山茶中的其他名品,如白毫、凤尾、龙须等,其称谓均得于茶之形状。也有综合了茶叶的形状、色泽、老嫩来取名字的,如顾渚紫笋,因其芽色紫而形似笋;霍山黄芽,芽叶色泽较黄。

采嫩摘细,是制作名茶的物质基础,茶叶采摘时节的选择,实际上决定着茶叶采摘的形状和老嫩程度,由此影响到各种茶叶的品质。民间有"前三日早,正三日宝,后三日草"的俗语,可见采摘时间与茶叶的优劣息息相关。有不少茶叶便是根据采摘时序来命名的,如社前茶、火前茶、雨前茶等,清代劳大与《瓯江逸志》云:"浙东多茶品,雁宕山称第一。每岁谷雨前三日,采摘芽茶进贡。一枪两旗而白毛者,名曰明茶;谷雨日采者,名雨茶。"一般来说,采摘时节越早的茶叶,芽叶细嫩,外形美观,味美香高。采摘时节较晚的茶叶,叶片初大,色、香、味均稍逊一筹。以采摘时节来给茶叶命名,强调出了茶叶的质优味美,茶叶采摘时节越早,茶叶就越鲜嫩,产量也低,价格自然也就不菲,那些名为明前的茶叶也会引起某些富贵人家的争相购买。

"高山多雾出名茶",天公造就了茶树生长的地方往往是生态环境十分秀丽的地区,如庐山云雾茶,主要茶区在海拔 800 米以上的含鄱口、五老峰、大汉阳峰、小天池、仙人洞等地,这里由于江湖水汽蒸腾而形成云雾,常见云海茫茫,烟云缥缈;九华山区的茶园就分布在峰峦起伏、琼楼仙宇、秀山怪石、烟涛云海、飞瀑流泉、绿树翠竹之间。我国南方的名山,山清水秀,空气湿润,云雾缭绕,这些特点都有益于茶树的生长。许多茶名即取之于名山,如黄山毛峰、庐山云雾、普陀山佛茶、君山银针、齐山瓜片、敬亭绿雪、武夷山大红袍。名山与名茶,可谓是相得益彰,珠联璧合。

武夷岩茶据查有千余种,且千奇百怪,十分有趣,反映了名丛、单丛、类型的各自优势和品质,曾震中在《武夷岩茶兴盛寻根究源》(《农业考古·茶文化专号》16 期)一文中将岩茶定名分为七类:

①以幼芽嫩叶颜色定名;

如正太阳、白鸡冠、白吊兰、水红梅、黄金锭等。

②以叶面形状定名;

如雪梨、铁罗汉、肉桂、瓜子金、金柳条、倒叶柳等。

③以品饮香味定名;

如雪梅、苦瓜、白瑞香、白麝、臭叶香、石乳香等。

④以萌芽时间定名;

如不知春、迎春柳等。

⑤以生长环境定名;

如不见天、半天鹞、岭上梅、水中仙等。

⑥以茶芽象形定名;

如佛手、银毫等。

⑦以茶树高矮定名;

如高脚乌龙、矮脚乌龙。

有些茶叶因有名人品题,而名声大振。清代乾隆皇帝十分嗜茶,他曾六下江南,既体察了民情,又游览了江南的青山秀水,还品尝到了各地的名茶。

知识链接

在民间,流传着许多乾隆与茶的故事。乾隆皇帝将治好太后病的杭州狮峰胡公庙前的18棵龙井茶树封为御茶,令其茶叶年年进贡,专供太后服用。从此,龙井茶作为贡茶名扬四海;乾隆品尝了湖南"君山银针"之后赞誉不绝,令当地每年进贡18斤;在福建崇安,他虽嫌"大红袍"茶名不雅,但在听取茶名来由之后,便欣然为之题匾;在安溪,乾隆品尝了一种茗茶后,将其赐名为"铁观音",从此安溪茶声名大振,至今不衰。这些茶因有皇帝的品题,一下便身价百倍,名扬四海。

有些茶叶以历史上的名人命名,四川邛崃新近创制的"文君绿茶",就是以西汉卓文君的名字取名。有些茶名的来由则与名事有关,如南京的雨花茶。相传在南朝梁武帝时,著名高僧云光法师在南京讲经,讲得极为玄妙,善男信女听得如痴如醉,一时之间天上飘下无数花瓣,落花缤纷如雨,后人称讲经之地为雨花台。南京雨花茶即根据历史上有名的事件和传说,而取名雨花茶。"山不在高,有仙则灵;水不在深,有龙则灵。"当今的社会是一个信息爆炸的社会,可谓是"物不在美,有名则灵",讲究名牌效应。这些以名人或名事取名的茶叶,多少也因沾上点名人的光彩而增色不少,同时也大大丰富了茶叶的文化内涵。

二、茶叶销售习俗

饮茶习气的普及,促进了茶叶的消费与贸易。茶叶的消费,原来一般是自购自饮,到了东晋,在市面上已有煮好的茶汤售卖。唐代开元年间,在许多城市里出现了专门煎茶卖茶的店铺,称为"茗铺",这是大众消费茶叶的一种重要方式,也是后来茶馆的初级阶段。饮茶的大众化和生活化,极大地活跃了茶叶的贸易。唐代大诗人白居易在《琵琶行》中就写下了"商人重利轻别离,前月浮梁买茶去"的诗句。茶叶产地的江淮一带,买卖频繁,以至于"舟车相继"。在唐代,茶叶已从中原流至边疆地域。

在茶叶销售这一环节中,主要有茶行、茶商、茶市等多种经营形式。各地的茶叶销售,各具特色。

在北京的茶行,大部分都是安徽人经营的,安徽人中又以歙县为主。外省外县人极难经营茶行,即使有人开茶店,也要请安徽人帮忙。因为安徽是产茶名区,茶叶数量多,且质量高,尤其是歙县一带的茶园极多。北京的大茶店往往在茶山附近设"坐庄"采办新茶,也有包一角茶山的。小一点的茶店在天津坐庄,更小一点的便向天津茶行批购,因天津是北方几省最大的茶叶集散地。到茶山坐庄的人一要懂得茶叶的优劣,也要随时关注在京的市场行情,周转资金要灵活,还要与茶山的人搞好关系。每当茶庄进新茶时,需先"尝货样",具体做法是,在柜台上摆放许多饭碗,碗中放少许茶叶货样,每碗旁边并放着与碗中相同的茶样于纸上,以资对照与识别。然后在碗中倒入沸水,等茶叶泡开,再由本茶庄懂茶叶的人物一一仔细品尝。

每当茶叶上市时,一些产茶的集镇往往会形成茶市,这茶市多为临时的,地点多在靠近河流的地方,以集镇为中心,向四周偏僻的乡村辐射。茶市有着约定俗成的日子,每到有茶市的日子,茶农便一大早背着装满茶叶的竹篓从四面八方赶来,平日里安静的小镇此时人头攒动,分外热闹,来自各地的茶商云集至此,捅袖捏手,讨价还价。午后,人潮渐退,茶农们背着竹篓赶路回家,只是篓子里换成了一些生活用品。小镇一下就空了,静了。

新中国成立前,在紫阳茶市最为活跃的人物大体有这么几类:一是茶庄老板,一般交易额较大,大批买进,或数万斤,乃至数十万斤,他们都是生意高手,有谋略,也守信誉。二是外地流动茶商,称之为茶客,主要是关中客、汉中客、湖北客和西北客。当时紫阳茶的流通渠道很顺畅,这与外地茶商很有关系。三是茶栈主,他们接待外地茶商食宿,收取住宿费,还为茶商提供收购门面和储存茶的库房。四是茶贩子,他们是小本经营,人员数百,自买自卖,十分辛苦,他们深入到偏僻的茶山,以低廉的价格从茶农那里收购茶叶,再肩挑背扛运下山,或用骡马驮下山,稍加制作,以提高茶叶等级,再运到茶市上来卖。五是茶滚子,这是比茶贩子还要低一级的微末茶商,他们资金很少,必须随买随卖,瞬间获利,如驴打滚,故当地人形象地称之为"茶滚子"。六是牙子客,他们不直接参与买卖,只充当中介人,活跃在茶市的每个角落,紧紧粘住买卖双方,从中撮和,赚点蝇头小利。他们验茶的经验丰富,只需要眼看鼻嗅便大概知道茶叶的好坏。七是拣茶工,多为集镇妇女,一个熟练的拣茶工,每日可拣茶 50 斤左右。茶老板正是靠人工拣择,使茶提高等级,卖个好价钱。此外,茶市还有运茶工、开茶馆的、说书的、杂耍的、开烟馆的、收税的,整个茶市中,可谓是各色人等,南腔北调,应有尽有。(丁文《紫阳问茶》)

江西婺源是产茶大区,在唐代时就已经是一个"绿丛遍山野,户户飘茶香"之地。茶号在婺源的茶叶交易中起着重要作用,婺源设茶号制茶已有300多年的历史,这在全国也是最早的。茶号老板将自己生产的毛茶或采购附近乡里农户的毛茶,精心制作成优质绿茶,再装以锡罐,套上木箱,外用箬皮竹篓包装,销往外地。为了新茶赶行情,抢"利市",茶号在每批茶加工结束拼堆时,都要杀猪饮酒,隆重庆贺,以鼓励茶工们加快速度。茶号的组织形式比较简单,一般设经理、掌号、会计各一人,水客若干人,即可百事俱举。

茶号不仅进行茶叶精加工,更重要的是进行茶叶贸易。婺源茶商早在唐代开始应运而生,明清时婺源人从事茶贸易成为风尚,《通商各关华洋贸易总册》载:"业此项绿茶生意者,系徽州婺源人居多,其茶亦俱由本山所出。"婺源茶商经济力量相当雄厚,规模也颇为宏大,有的甚至远达海外。

婺源茶商在经营中,十分讲究商业信誉,注重商人道德。婺源茶商认识到商人和顾客是互惠互利的双方,商人只有诚实不欺,才能赢得顾客的信任。他们以诚待人,以信接物,以义为利,仁心为质,不以次充优,以假充好,不取不义之财。如茶商朱文炽在珠江经营茶业时,每当出售的新茶过期后,他总是不听市侩的劝阻,在与人交易的契约上注明"陈茶"二字,以示不欺。商人逐利本是天经地义之事,可是不少婺源茶商不仅不取不义之财,反而疏财行义,急公好施。如王锡庚"在广东贷千金回婺贩茶,一路资给难民,至饶州资尽,遇负逋鬻妻者,犹资助慰留"。婺商的这些品行,除了徽商以外,在其他地域性商帮的商业活动中还是不多见的。

婺源的习儒之风极为盛行,茶商大多贾而好儒,耕读传家。婺源茶商在当时推动了商品经济的发展,为资本主义生产关系的萌芽提供了历史前提,推动了文化教育事业的发展,并促进了偏僻乡村的一些陋习旧俗的去除。婺商在经营茶叶的过程中,历经数百年,形成了独具特色、深得世人称道的经营作风和传统。

三、茶叶贮藏包装习俗

茶叶是一种干燥食品,在通常的环境里极易吸潮、变质、陈化。早在宋代,人们就已经注意到这个问题,蔡襄《茶录》云:"茶或经年,则香、色、味皆陈。"随着时间的推移,茶叶的品质会起某种变化,茶质变陈,甚至变味。现代研究表明,茶性易移,主要是茶叶既具有亲水性的化学物质,又具有吸水的物理性状。这样,就使茶叶具有很强的吸湿还潮能力,而吸湿还潮的必然结果,就是使茶叶中的某些化学成分发生不同程度的氧化,这些特性,使得茶叶容易变质,因此,如何贮藏茶叶需要有特别的讲究。人们在注重器具实用性的同时,也还讲究贮藏器具的美观性。

早在唐代,人们对茶叶贮藏过程中的防潮防霉就很重视,从唐代的一些诗文里可窥一斑。白居易《谢李六郎中寄新蜀茶》一诗云:"红纸一封书后信,绿芽千片火前春。"从中可见诗人是用红纸包封茶叶。诗僧齐己《闻道林诸友尝茶因有寄》诗云:"高人爱惜藏岩里,白甄封题寄火前。"可见那些隐士高人往往把名贵的火前茶珍藏在高山岩洞里,寄给远方好友时,再用上等的剡纸包裹。

宋人贮藏茶叶,通常是把茶放到茶焙中复烘,后用箬笼或其他容器收藏。蔡襄《茶录》曰:"故收藏之家,以箬叶封裹入焙中,两三日一次,用火常如人体温。茶不入焙者,宜密封裹,以箬笼盛之置高处,不近湿气。"当时人们认为箬叶与茶性质相近,不致影响茶味,且具有一定的防湿作用,故适合包茶。对于日常饮用的茶叶,宋代一般用木盒、陶罐盛茶,富贵人家则喜用银盒装茶。

元明清时期人们饮用的主要是散条形茶,为了防潮和防止茶叶变色、变味、失香,人们也多用箬叶贮茶,其基本方法是,先将成品茶放入茶焙中焙干,另将新摘之箬叶预焙极燥后待用。然后选择一二十斤重的大瓷瓮,底部及四周衬上一层箬叶,把茶叶放上,在空余处塞满箬叶,再把瓮口封紧。但也有人对此有质疑,认为箬叶过多能坏茶,会夺茶香。另外,还有一些常用的方法,如把贮茶器皿放于桶中,四周用草木灰填紧即可,这种方法操作起来简便易行。有时,人们也在贮茶瓶中掺入一些箬叶,或在瓶底垫上一些箬叶,或在瓶底垫上一层沙子,以吸收湿气,然后将茶瓶倒置起来收藏。也常用瓷或宜兴砂陶制的"茶罂",也有用竹叶编制的篓。这些贮茶之具,既是实用的物器,也是可以玩赏不已的艺术佳品。上述的几种贮茶方法,多用于大量茶叶的长期保存。日常饮用的茶叶则选择较小的容器存放,如锡茶盒、宜兴小瓶、粗磁胆瓶等。人们还重视存放的地点,多将贮存茶叶的容器置于通风良好、位置较高、靠近日常起居饮食之处。

旧时皖西茶乡销售黄大茶多用竹篓包装。外放数层干燥的箬竹叶,内置桑皮纸进行包装。普通篓为长腰形,可装茶叶十斤。因篓编花纹成箱状,名"花箱"装头。二交春茶两箱一连,两连箱以大篾包,包内衬以笋壳编成,俗称为"虎皮"。销售瓜片茶、黄芽茶用白铁圆桶盛装,每桶是十斤或五十斤装,封口焊牢,再贴上标签。现今多用白铁桶或瓦罐,密封置于干燥通风处,忌冷、温及香料、药物等杂处。

知识链接

作为礼品相赠的茶叶,民间还有特殊精致的包装方法,流行于广东、广西的竹壳茶,按竹壳的天然纹路撕成数条,但不撕断,兜底而上,条条相叠成桶状,内装茶叶,然后分段拦腰紧束数匝,形似一串葫芦,全长不足五寸,底部贴大红标签,寓吉庆之意。

随着科学的发展,现代贮茶的技术越来越发达,种类繁多,多运用高科技的手段,传统的贮茶方式渐渐为现代的包装技术所代替。如今,无需以往那么多繁琐的程序,便可保证茶叶长期置放不变色、不变味。在材料的选用方面,茶叶包装多选用避光性能好、阻氧性能强、防潮性能优、保质性能佳的材料。且注重包装的精致美观,茶叶的包装往往风格各异,图案多姿多彩,具有地方特色,集贮藏保鲜、广告宣传、艺术欣赏等功能为一体。有些茶叶的包装,本身就是一件艺术品,极富文化内涵。

第三节　茶叶品饮习俗

几千年的文化积淀,使饮茶这一活动充满了深厚的文化底蕴和生活情趣。在历代茶人的品饮实践中,形成了颇具中国特色的茶艺、茶道、茶俗。茶叶蕴含着丰富的文化内涵,茶被赋予了"廉美和敬"的茶德,被赋予了清静空灵的风格、淡雅平和的个性、超凡脱俗的意境。儒家的中庸思想、佛学的禅学意识、道家的淡泊精神皆在茶中得到体现。

饮茶是人们日常生活中必不可少的活动,因年代、阶层、地域而呈现出不同的特色。文人雅士追求饮茶的审美趣味,劳动人民饮茶有着浓浓的生活气息。饮茶讲究茶叶、水质、茶具、周边环境等客观因素,同时也注重冲泡技术、火候、冲泡时间和次数。

一、茶叶品饮习俗的特色

饮茶,不光是为了满足生理上的需要,也是追求精神世界的审美愉悦。有好茶,还得懂得如何享用好茶。饮茶是一门艺术,除讲究茶叶、茶具、水等,还要讲究火候、技巧,文人雅士们品茗时还十分注重品茗时间、环境、氛围、同饮之人,品饮艺术不仅仅是技艺的展露,也蕴含了深厚的文化内涵。

古人饮茶,其主要目的在于"品",故称之为"品茗",精髓在于品茶的色、香、味、形,解渴是其次,品茶需细心体会,方得茶之真味。李日华撰《紫桃轩杂缀》云:"虎丘气芳而味薄,乍入盅,菁英浮动,鼻端拂拂,如兰初坼,经喉吻亦快然。"品茗是一项高雅活动,需气定神闲,细细啜饮,好茶初入口时味颇淡,接着便满口甘津,齿颊生香,饮后更是茶香缭绕、回味无穷。

茶叶品饮还十分重视茶具,茶具作为品茶的重要工具,不光是一种实用工具,更讲究精美雅致。茶具大致可分为饮茶用具,饮前对茶叶再加工的用具以及辅助性的杂项用具等。各个朝代对茶具的喜爱各有不同,唐人偏爱南方的越窑青瓷和北方的邢窑白瓷,宋人崇尚黑色兔毫茶盏,明清茶人则喜好宜兴紫砂壶和景德镇陶瓷茶具。现代人饮茶的方式多元化,茶叶品种多样,乌龙茶多用紫砂壶冲泡,绿茶宜用玻璃杯冲沏,可观赏茶叶在水中上下沉浮之袅娜状。

知识链接

中国文人受道家思想影响很深,追求"天人合一"的至高境界,"天地有大美而不言",最能体现出大道的是自然,故文人多在自然中体悟玄思,他们借自然风光来抒发自己的感情,与自然情景交融,古代茶人喜欢到大自然中品茶。如白居易《睡后茶兴忆杨同州》一诗云:"信脚绕池行,偶然得幽致。婆娑绿树荫,斑驳青苔地。此处置绳床,傍边洗茶器。"

品茗的高级阶段在于将其升华为一种精神境界上的追求,让心灵进入一个物我两忘、天人合一的至高至美境界。这在古诗当中,多有所见,"烦醒涤尽冲襟爽,暂适萧然物外情"。所有的烦忧,全都抛于九霄云外,心灵得到了净化,达到空澈区明、水月玲珑的纯美境界。

饮茶还非常注重冲泡的次数,通常来说,以第二泡最佳。林语堂在《茶和交友》一文中写道:"严格地说起来,茶在第二泡时为最妙。第一泡譬如一个十二三岁的幼女,第二泡为年龄恰当的十六女郎,而第三泡则已是少妇了。"第一泡茶味淡,如将开未开之花,清香怡人,略带羞涩。二泡茶恰到时机,鲜香味美,令人回味不已。第三泡茶则有些过,香气浓郁,却少一份甘美。

在民间,人们也很注重品饮,长期以来形成了淳朴的品饮习俗,虽然不如古代文人品茗之雅致,倒也颇具趣味。品饮因地域之不同,也有着不同的特色。

江西不仅盛产名茶，而且还讲究饮茶。饮茶讲究择茶、选水、配具、火候、环境与品茶人的素养。清代江西奉新人帅祁祖在其《嗜退山房稿》中有专讲饮茶的《七碗子歌》，强调在品茶中得味、得趣、得神。品茶，不仅品茶叶质量，而且注重品水、品器、品人。泡茶之水，以流动的山溪泉水为上乘。井泉水泡茶，茶叶凝滞于杯之半腰，素有"一过"水、"二过"茶之说。煮水的器具以瓦壶、陶壶为佳，铜壶次之。江西景德镇为天下瓷都，所产瓷器名扬海内外。"景瓷宜陶"，景德镇的瓷器与宜兴的紫砂壶可谓是我国茶具当中的双璧。江西人均喜好用景德镇所产的茶具，尤其喜用青花玲珑茶杯泡茶，可于剔透玲珑处观杯内茶叶舒展变化，未饮茶前，已有朦胧美感，颇有清新古朴的雅趣。

在湖北黄冈地区，当地人沏茶多用泥壶，殷实人家则喜用白瓷壶和细瓷盖碗。盖碗茶既雅致又好喝，麻城人常言："吃粑要吃糖煎粑，喝茶要喝盖碗茶。"用水也比较讲究，最好用泉水，次井水，三河水，并用开水急冲。茶壶以不着地、不着油漆桌面为好。

浙江是著名的茶叶之乡，民间饮茶，喜用泉水，俗谚云"活火茶炉活水煮"，茶叶大都选用雁荡山出产的名茶，如白云茶、毛茶、兜率茶等，统称"云雾茶"。这些茶产于800米以上的常年云雾缭绕的高山上。在冲茶前，要洗刷茶具。多用淡青色茶具，要用泉水冲洗干净，叫"净瓶"或"澡罐"。茶冲泡好后，用碗盖稍盖一会儿，然后用盖把浮在上面的茶叶推开，才用嘴吸取，慢慢品尝。这时，茶汤色泽碧绿明亮，沉在杯底的茶叶舒展开来，如初绽芙蓉之清丽鲜美，又如天上行云之悠然闲适。

江苏人饮茶注重水质，泡茶水必须烧得滚开，因水面中间隆起，俗称"宝塔水"，或称"元宝水"。隔日的开水，叫作"停汤水"，是泡茶的大忌。旧时扬州习俗，利用长江每天10时和16时左右两次涨潮之机，卖水者用独轮车和扁担，从运河运来涨潮江水，以供人泡茶饮用，民间称此为"活水"。以前比较讲究的人家还喜欢蓄雨水泡茶。有的庵观寺庙以大缸接"天落水"，据说用此水泡茶必能广结善缘。饮茶主要用茶杯，讲究的人家饮茶用茶碗，分碗盖、碗、碗碟三部件。江苏宜兴所产的紫砂陶器，素有"泥稀贵、质古朴、器无釉、艺精绝"的盛誉，历来被江苏茶客视为珍品。

民间日常饮茶，还有一些说法和做法。"白天皮包水，晚上水包皮。"这是江南水乡饮茶的日常生活写照，意思是：白天在茶馆里饮茶水，吃在肚里，是皮包水；晚上到浴室里洗个热水澡，人浸在浴池里，是水包皮，叫人神清气爽，延年益寿。"头交水，二交茶"，"头汁苦，二汁补，三汁四汁解罪水"，这是饮茶冲泡方法和品尝时的经验之谈。因茶叶在第一开冲泡时不易马上泡出味来，第二开的茶味最好，味浓而香，而三四泡茶的汤色和滋味也比较充分。"早晨敬你茶三盅,晚上敬你酒四盏。"早晨饮茶,可以帮助明视力、润肌肤、提神气、壮心脑、强筋骨、促进血液循环,降低血脂和血糖浓度。在陕西关中,当地中、老年人喜欢饮早茶,茶叶多为湖茶贡尖或陕青,一般不在家中独饮,却喜三五成群,手持小茶壶,站在屋前,或蹲在树下,边啜饮,边畅谈,被称为"茶壶会"。"饭后一碗茶,饿死郎中的爷"。医生的家人都要被饿死,自然是夸张之词。但是,饭后一杯茶,喝了清清口,宴后一杯茶,有利于醒酒,分解油腻食物,则几乎成了许多人的生活习惯。

二、茶叶馈赠习俗

对于赠茶风俗,在唐人作品中常有记叙,白居易《萧员外寄蜀新茶》云:"蜀茶寄到但惊新,渭水煎来始觉珍。"诗人收到萧员外寄来的新茶,才发现外面已是春光烂漫,他在煎茶的时候更感受到了友人那真挚的友情,正是所谓的奇文共欣赏,好茶同分享。"时新献人"多为特产名茶,极为名贵。曹邺《故人寄茶》有句:"月余不敢费,留伴时书行",只吃了半块,而把另半块珍藏在身边,正是这种情景的写照。

知识链接

如果亲友分居两地,可将茶团、茶饼加封与书信一同寄送。寄递茶叶非常讲究包装,有的要用白绢封裹,糊封泥再盖上三道红印记,唐代诗人卢仝在《走笔谢孟谏议寄新茶》一诗中,写到所收的茶叶:"口云谏议送书信,白绢斜封三道印。开缄宛见谏议面,手阅月团三百片。"

赠茶不仅可以表情谊友爱,在另一方面,对传播茶叶的名气也大有益处。湖北当阳玉泉寺一带,有一种始于唐代的历史名茶,名为玉泉仙人掌茶,这茶名得于大诗人李白。此茶始创于唐代玉泉寺的名僧中孚禅师,禅师是李白的族侄,他听说族叔李白云游金陵,便带上此茶和诗稿求教于李白,李白品尝此茶后,大为赞赏,见此茶拳然重叠,其状如掌,别具风味,又闻产自玉泉山,遂命名为玉泉仙人掌茶,并写下了《答族侄僧中孚赠玉泉仙人掌茶》的诗篇,来感谢族侄的一片好意。这位禅师可谓颇通人情世故,因他将此茶赠予诗仙李白,使得此茶遂身价百倍,名噪一时。

以茶相赠,情浓意更长。送茶的恩谊特深,正是赠茶的意义所在。诗人在收到好友赠送的新茶后,往往要作诗感谢,尤其是宋代,诗人间相互赠茶的风气很盛,留下许多著名篇章,这对提高茶叶名气起了很大作用。如江西修水双井茶的名气,与黄庭坚的大力提倡是分不开的,黄庭坚对家乡的双井茶十分赞赏,多次赠送双井茶与好友苏东坡,他在寄茶与苏东坡时,写下一首《双井茶送子瞻》。

> 人间风月不到处,天上玉堂森宝书。
>
> 想见东坡旧居士,挥毫百斛泻明珠。
>
> 我家江南摘云腴,落硙霏霏雪不如。
>
> 为君唤起黄州梦,独载扁舟向五湖。

在民间,尤其是在产茶区,人们也有着馈赠茶叶的习俗,以表示友情和亲情。在湖北的大别山产茶区,妇女们许愿谢恩时,常带上半斤到一斤的茶叶,用纸或粗布包好,呈到寺庙龛前,供了菩萨后,请和尚、尼姑收去。大别山区的茶凉亭很多,当地人为了行善积德,便送些茶叶给凉亭施茶人,施茶老板接过茶叶,道了谢,便作为凉亭公物以招待过往行人。有些年纪大的妇女,还要在茶叶中拌入晒干的金银花,送到茶凉亭,这金银花茶有着清热解毒的功效,夏天饮用可清火安神。在收茶季节,大人吩咐孩子给亲戚、当地医生、私塾先生送茶叶,有童谣云:"送茶叶,送茶叶,送包茶叶给姐夫,送包茶叶给表伯,姐夫留我玩,表伯留我歇,我不玩,我不歇,我还要给郎中、先生送茶叶。"若有亲朋好友在远方的,乡人会寄上一包茶叶,以寄托深情和思念。

陕南人有以茶叶馈赠亲朋的习俗,来表达敬重之心。未成亲的女婿看望准丈人时,茶叶是万万不能缺的,要不然轻则被斥为没家教,重则有遭退亲的危险。茶叶若质量好味道佳,丈人欣喜之余,还往往邀来左邻右舍共同品尝。凡晚辈孝敬长辈的茶叶,不可马虎草率,无论茶店怎样包装,买回来后一律要用大红纸复包,再用绿绒线捆扎打结,方可成礼,否则会被视为对长辈的不敬或无礼。(《中国民俗大系·陕西民俗》)

江西人走亲访友、年节贺喜带的礼物,被独创性地称为"换茶",意思是用礼物去换一杯茶喝。南昌市有些商场运用茶情招徕顾客,以前凡到李祥泰布庄、同升金店、黄庆仁药栈等,店员热情地给登门的顾客献上一杯香茶,表示欢迎。在产茶区遂川等地,人们走亲串友,也以送茶叶为见面礼。

三、敬茶礼仪

宾客临门,清茶一杯,这是我们中华民族的传统礼仪,客来敬茶特别讲究真诚纯朴,首先是注重茶的质量,有宾客上门,主人家往往将家中最好的茶叶拿出来款待客人。敬茶以沸水为上,"无意冲茶半浮沉",用未开的水冲的茶叶,一定浮在杯面,认为这是无意待客,有不够礼貌之嫌。如果时间仓促,用温水敬茶,或先端凉待客,主人会向客人表示歉意,并立即烧水,重沏热茶。其次讲究敬茶礼节。"客到一杯茶",主人敬茶双手奉送,"请"字当先,切忌捏住碗口。客人接茶,也用双手,口称"多谢",如暂时不喝,放于茶几上,不可随意置于地上。客人为了对主人表示尊敬和感谢,不论是否口渴都得喝点茶。各个地方都有着不同的来客敬茶的习俗。

客家人素有热情好客的美称,在客家地区,家里来了客人,首先要沏上一壶茶,给客人倒上后,再端上几碟备好客的小点心,如冬瓜片、橘饼、花生、红薯片、姜片等,可谓是知礼数。主人要陪坐一旁,不断为客人添茶,此时客人要用双手接茶。在闽西客家人中,有不少人到外面做客时,遇到此情景便以两手指头,轻轻地在茶杯旁嗑击,以示不敢受此大礼之意。主人家人或家族一方遇见主人以茶待客,除了主动热情地与客人打招呼外,还要亲自为客人斟一次茶。否则,便算不知礼了。倘若主人家长辈来倒茶,客人自忖辈分较小,要以双手推挡,并反客为主,敬长者一杯,以示礼节。还有的邻里女友,备上几盘几碟茶果,邀请来客中的女客到家里品茶,叫"喊茶"。

江西有着丰富的来客敬茶的礼仪,赣南客家地区,待客多飨以醇香味美的擂茶;在赣北修水、武宁、铜鼓等县则让客人品尝富有"嚼头"的菊花茶、什锦茶、川芎茶、米泡茶等;在樟树等地则以白糖调水敬客。斟茶忌满,俗话说:"酒要满,茶要浅","姨婆倒茶满盅盅,小姐斟茶大半盅"。斟茶过满,是对客人的不尊重。添茶时,要一手提壶,一手端杯。如果不想喝了,就合上杯盖。在告辞前应将茶喝完,以表示对茶的赞赏。客人如未受到其他礼遇,告辞时应讲"多谢茶"。在贵溪县,客人入座之后,主人随即用粗瓷碗送来半碗白开水,供净口用。接着,端上炸得焦黄的干红薯片,香气扑鼻的花生、豆子,还有各种蔬菜做成的菜干,热气腾腾的甜米馃。茶果上齐后,主人才倒掉碗中的白开水,换上滚烫的茶水正式开始"吃茶"。如果没有茶果款待,只用"白茶"待客,被视为慢待客人。

在鄂东,如果来了客人,主人会赶紧烧水泡茶。客有不同,敬茶的方式也不一样。一般砍柴挑担人路过讨茶喝,冬春季节,主人把灶笼里早已泡好而又煨着的土茶壶拉出来就是。若是来了重要亲友,女主人要立刻烧茶、炒瓜子来招待客人。有瓷壶的,泡在瓷壶里;无瓷壶的,把土壶的现茶倒出来,泡上新茶。用小盘子或小杯子装,同来的有几个人分几份。若是远方来的亲友要吃中饭或歇几天的话,主人就不急着烧茶、炒瓜子,而是喝一般的茶,再去街上买肉买菜。远亲们来了也要吃新鲜茶,炒瓜子嗑,一般是在晚餐后,边喝茶边嗑瓜子,叙旧话家常。若有长住的老年客人,早上起来洗漱后,主人会端上一杯茶,放在客人面前。吃完饭后,又上茶,这是正规矩。端茶时,有的就用吃饭碗喝,讲究些的,要另用茶杯,倒茶时,茶壶嘴对碗对杯,切忌茶壶屁股对着客人面。(《中国民俗大系·湖北民俗》)

饮茶在陕西人的生活中占有着重要地位,客来敬茶是民间习以为常的礼节。大凡客人登门,主人一边招呼客人落座,一边取出洁净的茶杯,撮上茶叶,冲进开水,双手递给客人,然后才坐下陪客人叙谈。尽管客人此时并不口渴,也要轻呷几口,以示对主人的敬意。喝过几口后,殷勤的主人又会将茶水注满,直到客人不再饮时为止。给客人斟茶也有讲究,不能满溢,只能斟至杯容的四分之三,客人一般不以茶敬主人,也不可自斟自饮,否则即为失礼。

安徽徽州人的茶礼非常讲究,有民谚云:"上茶三分等。"有宾客上门,主人家首先端上醇香的热茶。给客人上茶,双手上为敬。茶满八分为敬,饮茶以慢和轻为文雅。有贵宾临门或是遇上喜庆节日,讲究吃"三茶",就是枣栗茶、鸡蛋茶和清茶。大年初一、正月拜年、婚礼、新娘回门都要吃三茶。三茶又叫"利市茶",象征着大吉大利、发财如意。

西南人敬茶讲究"三道茶",每道茶都各有含义。一道茶不饮,只是表示迎客、敬客,二道茶是深谈、畅饮,三道茶上来即表示主人要送客了。在喝茶的整个过程中,体现了人们从茶中体悟到的交友之道。客初至,谈未深,茶尚淡,故仅示敬意而并非真饮;谈既洽,情益笃,茶亦浓,应细细品味,茶之甘甜香浓如同友情之真挚;谈既尽兴,茶亦淡,此时送客,也在情理之中。

另外,在"敬茶待客"过程中,还有着许多基本的原则。例如,"嫩茶待客":在产茶区,茶农们多以上好的茶叶待客,茶农热情好客,平时自己多饮粗茶,客人上门则敬以细茶。闽西客家人家家备茶,有嫩、粗两种。粗茶置于暖壶内冲泡,自饮解渴;嫩茶为待客之用。客来,先递上一杯茶,以小茗壶冲泡,用小杯品茗。"礼遇长者":陕西农村如乡贤长者、至亲老人来家,主家多用烧小罐罐清茶的方式敬奉。因熬小罐罐清茶所用为好茶、细茶,烧大罐罐面茶,则用粗茶、大路茶。"因客制宜":江南饮茶,有在茶叶中另加搭配的习俗。若来客为老年人,加放几朵玳玳花,一是香气浓郁,二是祝福老人及子孙代代富贵。来客若为新婚夫妇,则杯中各放两枚红枣,寓有甜甜美美、早生贵子之意。

招待客人饮茶有着各种礼仪,受到隆重接待的客人,要想尽情体味茶之神韵,领略茶之精髓,还得了解当地的饮茶习俗。在湖北黄冈地区,"东家到西家,进门一杯茶",若不懂这里的乡规,客人不将杯底茶叶渣倒去,主人就会斟了又斟。在山东泰山,人们在走亲串友饮茶时,还要注意,客人不能随便将茶根倒掉,因为只要泼了茶根,主人就不再往杯里倒水了,认为你喝足了。而且倒茶根,特别是喝一杯倒一杯,对主人是不礼貌的,会引起别人的厌烦,说这种人没学问、没家教。

知识链接

福建、广东一带以工夫茶礼客,客人品尝,不可一饮而尽,应拿起茶盏,由远及近,由近再远,先闻其香,然后品尝,否则主人要嗔怪为"不懂规矩"的。到藏民家喝酥油茶时,不能吹着喝,这样会让主人很难堪,因为主人会以为这样做是在意他们家的茶盏里没有酥油只有茶。

四、各类茶会

在民间,有多种形式的茶会,大家聚集在一起,边喝茶边闲聊,谈笑风生,其乐无穷。茶会对加强邻里间的团结友爱起着良好的作用。

在江苏省昆山、吴江一带,流传着吃"阿婆茶"的风俗。在旧时,每当田里农忙结束后,村里家家户户的妇女们都要喊吃茶,今天到这一家,明天到下一户,轮流坐庄,吃茶的人是一些婆婆、婶婶,她们聚在一起喝茶,拉拉家常,说说闲话,有的则坐在一边做针线活。她们所谈论的话题多是些家庭琐事、田里收成,最多的还是儿女婚事。有很多的婚事就是在喝茶时牵线搭桥撮合的。烧茶的炉子是用烂泥、稻草和稀后糊起来的,叫"风炉",用干豆萁炖茶,火势又大又旺,阿婆们往往是边喝茶,边炖茶,这样炖出来的茶十分醇香可口。

阿婆们在喝茶时,还要吃茶点。这些茶点多为她们自制的,如咸菜苋、酥豆、熏豆、酱瓜、菊红糕之类。每年阳春三月时,阿婆们便要去采菜苋,采回来再自己腌,这一腌往往就是几大缸,这苋菜又香又脆,十分鲜嫩可口,自家吃不完,还挑些到小镇上去卖。菊花糕是用香糯米染上食用色素做成,就像是一朵朵盛开的菊花。家境富裕的阿婆做东时,还会准备些蜜枣、核桃、桂圆等高级蜜饯。在新中国成立后,喝阿婆茶这一风气在当地农村还广为盛行,颇有古朴之风。现在年轻人亦时兴吃阿婆茶,一般在晚上,大家在一起相互交谈,唱歌听曲,气氛热烈。

浙江北部湖州地区农村,有"打茶会"的习惯。农闲时,村里妇女们东邀西请,抱着小孩,带上针线,聚集在一起。主人拿出家中最好的茶叶,再加上丰富的作料,不管大人小孩,每人都给沏上一碗,边做针线活,边拉家常边喝茶,气氛十分融洽。每年这样的茶会要举办五六次,妇女们轮流做东。

江南一带,在春节时有喝春茶的习俗,新年到来之际,正是冬尽春来之时,春茶便含有喜迎新春之意。春茶的方式是从大年初一起,平日关系亲密的老茶友们便开始轮流做东,请大伙到家中一块儿喝茶。轮到做东的主人家在请喝茶的当日一早便会派人逐户上门相请茶友,谓之"喊吃茶"。喝春茶的茶叶多为上好绿茶,茶点也很丰盛,在每壶茶中都要放上几瓣橘子,并按橘瓣形状取名"元宝茶",寓意"新年发财"。春茶期间,茶友们每日相聚,日换一家,直到茶友中每一家都轮到后,"春茶"方告结束。

在杭州近郊,每年采新茶时,农家妇女把采来的头水茶,经过精心制作成细茶,全村的家庭主妇,轮流做东请喝茶,叫作喝新茶。这喝新茶是妇女们的节日,男人是没有这个福分喝的。喝新茶都用大碗,茶水要冲泡得酽酽的,这样的茶极清香醇厚,沁人心脾。还佐之以点心,茶点都是农家自制的,品类众多,颇有乡土风味,有糍粑、茄子干、豆角片、冬瓜干、南瓜干、芝麻糕等。妇人们喝茶时有说有笑,比平日都多几分亲热,就是平日里红过脸的妯娌,这时也争先主动敬茶,把心里的话全掏出来,都尽说自己的不是,平日的小恩怨就在茶水中化解了。这新茶有如春风,温暖着茶乡人们纯朴的心,茶山一片温馨,大家尽情享受着丰收的喜悦。

在江西贵溪,正月期间有"传茶会友"的习俗,这是当地妇女们在正月里的一种聚会。每年正月初十以后,男人们在外做客,女人们便由一家发起,邀请平日来往亲密的姐妹和左邻右舍的女宾来家吃茶。吃完一家,次日又换一家,少则一两桌,多则三五桌。妇女们聚在一起,边吃边聊,从村里大事,到家庭隐私,天南地北,无所不谈。往往从下午一点左右开始,至夜方散。(舒惠国《茶叶趣谈》)

在江西安福县一带的妇女们有喝"表嫂茶"的风俗。每年从农历正月十六日开始,妇女们以自然村为单位,每天早餐后,从村头第一家起,一天喝一家,一直喝到村尾的最后一家才收壶停杯。因参与者都是已婚妇女,当地人习惯称上了年纪的女性为"表嫂",故称此茶会为"表嫂茶"。喝茶时自带茶碗,妇女们喜欢在茶碗上系红带,象征着春暖花开,打法不一样,算是各自的记号。碗里装着自产的上等茶叶和姜、芝麻、橘皮之类的"茶点"一起冲泡，茶汤香、甜、咸、辣，风味独特，饮后令人回味无穷。

在我国少数民族地区也有着热闹非凡的茶会习俗。侗族同胞喜喝油茶，在侗乡还举行不同规模的油茶会。大年初一早晨，几户本家族轮流到各家吃油茶，有说有笑，共贺新春，这是小型油茶会，有一二十人参加，以亲朋好友组成。遇上有嫁娶、生小孩、乔迁新居等喜事，主人要请客吃油茶。木匠师傅、芦笙师傅、歌师、戏师从外地干活或授艺归来，带回所得的礼品，即请同寨亲朋乡邻吃油茶，这些是三四十人参加的中型油茶会。各村寨之间举行"月也"文娱集体访问做客活动，比赛结束后，全队人回到本寨举行全寨油茶庆功会。这种会人数多达上百人，是大型的油茶会，热闹非凡，全寨人载歌载舞，通宵达旦。

上海人往往以"茶话会"的形式来自发组织集会，如同学、同事约定，指定好茶馆，备好瓜子、酥豆、花生米等小吃，以饮茶、叙旧或议事为主。茶话会，旧时以团体年会为主组织，自20世纪50年代后，成为机关、企业、团体过年过节或遇庆贺事宜而举行的一种活动。

拓展阅读

奇情异趣的居家饮茶

日常的居家饮茶，也绝非"饮而已矣"，它是一种能够显示民风、表现素养、寄托感情的艺术活动，也是一种雅俗结合的特殊的审美。

日常居家饮用的茶，大多是单一的茶水，但品种、冲泡、煎熬，却因地因人而异。大体说来，江南爱饮绿茶，闽粤爱饮乌龙茶，北方爱饮花茶，乡村爱饮红茶，牧区一般饮砖茶、沱茶。不过，由于在历史的传承习俗中，茶的泡制、饮法有与辛辣型作料、与花香型作料、与食物型作料合饮等多种方法和类型，也在现代生活中继续流行。像长江三角洲地区的熏豆茶，是先将绿茶放入茶碗，再放入三四十粒熏豆一起冲泡，据传始于唐代。湖南的橘皮茶，是将橘皮洗净晒干备用，饮时取少许与茶叶混在一起，以开水冲泡，也可用鲜橘皮冲泡。江西武宁县日常饮用的茶种类繁多，有芝麻豆子茶，是开水泡熟（或生芝麻），再加热黄豆、饮嚼均可。该县还流行川芎茶，即在茶水中加进芎片或芎末，清香开胃，"茗之性寒，芳之性散，皆有明文。土人两物并用，老者寿考康宁，少者强壮自茗，未尝见有毫发之损。"（《武宁县志》）又有历史悠久的菊花茶，是用一种野山菊移栽培植而成的，朵小、色白、无苦味的菊花，每年"立冬"前后摘来,捻去花蒂,以盐拌渍,并有以柑橘皮切成细粒拌入,装入罐中备用,可以终年不坏,以开水冲泡,色碧味香,别有风味。另有莳萝茶,莳萝亦称"土茴香",用其果实泡茶,茶味芳香,有开胃健脾消食作用。而在秦岭地区的略阳、凤县和甘肃、宁夏部分地区还有一种"罐罐茶",是用特制的砂罐在火边煨煮,使茶成黏状浓汁而饮用。所以,"花儿"中这样唱道:

> 十三省家什都找遍,
>
> 找不上菊花碗了,
>
> 清茶熬成牛血了,
>
> 茶叶儿熬成个纸了,
>
> 双手(啦)递茶(者)你不要,
>
> 哪嗒些难为你了?

课堂讨论

1. 和同学讨论茶叶馈赠习俗的文化价值及其在现实生活中的适用性。

2. 除了书中提到的,你还知道哪些民间茶会?

思考练习

1. 简述民间关于茶叶生产的俗语及其含义。

2. 试述婺源茶商的经营习俗。

3. 简要归纳茶叶品饮习俗的特点。

第四章 不同阶层的茶俗

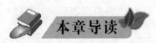 **本章导读**

通过本章的学习，从社会阶层与社会群体的角度把握中国古代茶俗的五个层面。在充分了解不同时代的社会背景与风俗习惯的基础上，掌握中国茶俗在宫廷、文人、僧道、世俗、草莽这五个不同阶层的表现与特质。

学习目标

1. 了解宫廷茶俗的含义与阶级特点；

2. 掌握帝王赠茶的几种形式及其内涵；

3. 掌握以"品"为精神内核的文士阶层茶俗；

4. 了解"茶禅一味"的含义；

5. 熟悉民间岁时茶俗在各地的形态。

中国茶俗兴起于中唐，经社会时代的不断推移与发展，茶已渗透到了社会各阶层。古代封建社会等级界限分明，不同阶层的经济基础与生活方式，往往具有相当程度的不同。各个不同历史时期存在不同的品饮习俗，即使同一历史时期，不同阶层的饮茶习俗也会呈现出不同的形态。不同阶层的茶俗，往往体现出不同人物的思想、情感、风致、行为，也成为不同时期的社会缩影的某些侧面。本章从社会阶层的角度出发，从五个层面，即——宫廷茶俗、文士茶俗、僧道茶俗、世俗茶俗、草莽茶俗展开论述，展现出中国茶文化对不同阶层的需求者，其作用和影响是不一样的，不同阶层的茶俗有着不同的特点。

第一节　宫廷茶俗

　　宫廷茶俗指的是皇宫贵族阶层所享有的茶事活动与茶饮习俗,不仅涉及皇家的修身养性,还赋予了安邦治国、以和君臣教化之道,带有鲜明的阶级特点。自中唐以后,作为宫廷文化的一个载体,饮茶除了成为宫廷日常生活的一部分,还成为宫廷政治生活的组成部分,因此,宫廷茶俗在皇家内廷各种场合中占有重要地位。

一、皇宫茶饮的起始

　　皇宫茶饮的起始源远流长,周成王留下实行"三祭""三茶"礼仪的遗嘱;周武王于公元前1066年伐纣时接受巴蜀之地的贡茶,即为典籍最早的记载。三国时吴王孙皓常赐茶儒士韦曜以茶代酒;西晋惠帝司马衷逃难时把烹茶进饮作为第一件事;隋文帝由原不喝茶到嗜茶成癖,说明饮茶风尚此时已传于帝王豪门之中。

　　皇宫茶饮的成形,当在唐代。唐代中期以后诸帝大多好茶。唐文宗乐于品茗论道,并常以茶赐下,盐铁转运使令狐楚特意进奉"煎茶具度等"。广明元年(公元880年),唐僖宗避难至蜀地,常州刺史王枲驰贡阳羡茶。中唐以后,产茶之州把最好的白茶进贡朝廷,使天子享用,已成定例。而贡茶之事,也关系到官员的仕宦前程,开成三年(公元838年),顾渚贡焙,"以贡不如法,停(湖州)刺史裴充(职)"。这则记载从一个侧面说明皇家对茶事之重视。

　　到了宋代,皇宫茶饮得到进一步发展。宋代制茶工艺有了新的突破,福建建安北苑出产的龙凤茶名冠天下,这种模压成龙形或凤形的专用贡茶又称"龙团凤饼"。此外,"龙团胜雪"茶"每片计工值四万","北苑试新"一銙更高达四十万钱。贡茶的发展与宫廷中的嗜茶风气是分不开的,宋朝徽宗赵佶在位时,不仅爱茶,品茶赋诗,还研究茶学,尤其是对茶叶的评品颇有见地。写了一部洋洋洒洒的《大观茶论》,此书从茶叶的栽培、采制到烹煮、鉴品,从烹茶的水、具、火到品茶的色、香、味,从煮茶之法到藏培之要,从饮茶之妙到事茶之绝,无所不及,一一记述。徽宗荒于政事,却流连于香茗之中,御笔作茶书,古今中外,仅此一家。皇帝倡导茶学,大力提倡人们饮茶,这对当时"茶盛于宋"颇有影响。

元代历史短暂，皇宫茶饮在很大程度上传承了唐宋以来的传统。朝廷中设有专门官廷，掌管内廷茶叶的供需消费；有"常湖等处茶园都提举司，秩正四品，掌常湖二路茶园户二万三千有奇，采摘茶芽，以贡内府"；还有"建宁北苑武夷茶场提领所，提领一员，受宣徽院劄，掌岁贡质茶芽"；等等。（《元史》卷八十七，中华书局1976年，2206页）可见，蒙古族统治者自入主中原后，也受到了茶文化的熏陶。（陈伟明《元代茶文化述略》，载《农业考古》1996年第4期）

到了明代，朱元璋开国后主张与民生息，诏罢团饼，"惟令采芽茶以进"。这种风尚推广于宫廷生活，影响了朝野各界，饮茶成了清节励志精神的反映。相对而言，明代宫廷饮茶方式也就简易多了。

到了清代，皇宫茶饮进入一个黄金时期。从清初开始，专设有御膳茶房，负责管理皇帝、皇妃和皇室人员及其他有关人员日常膳食。御膳茶房下设茶房、清茶房和膳房。茶房的司膳官员有总领3名、承应长4名，另有承应人36名、茶房人17名。清茶房设承应长4名，承应人16名，茶役8名。

知识链接

雍正即位（公元1723年），茶房和膳房总领奉旨授为二等侍卫（武职正四品），茶房人内另授3名三等侍卫（武职正五品），4名蓝翎侍卫（武职正六品）。乾隆二十四年（公元1759年），茶房总领改为尚茶正和尚茶副，尚茶正额定2名，奉旨授为二等侍卫，一名尚茶副授为三等侍卫，下设尚茶6名（其中2名授三等侍卫，4名授这蓝翎侍卫）。清茶房设承应长4名，承应人16名。嘉庆二十五年（公元1820年），寿康宫又增设茶膳房，专掌太后、太妃日常茶膳，并设三等侍卫总领1名、蓝翎侍卫副总领1名，下设笔帖式1名、拜唐阿11名、承应长2名、承应人12名、茶役4名。皇子饮膳也有专门的炊房和茶房，茶房设委署顶戴头目1名、拜唐阿5名、承应人2名。仅仅为了皇帝及皇族的饮茶，设置如此众多的服务人员，给予服务人员如此高的级别待遇，可见清代帝室对饮茶的重视程度。

虽然陆羽认为饮茶是"精行俭德之人"所为，但帝王饮茶却极尽奢华，究极精巧的茶叶，采摘要精细，制作要精当，印模要精美，命名要精巧，包装要精致，运送要精心，帝王所用茶具极为精工，崇金贵银。总之，处处都要体现出"君临天下"的权势。1987年，陕西法门寺出土了一套多为金银或鎏金的唐代宫廷茶器。宋时"长沙茶具，精妙甲天下，每副用白金三百星或五百星。凡茶之具悉备，外则以大缕银合贮之，赵南钟丞相帅潭日,尝以黄金千两为之,以进上方"。清代慈禧太后则喜欢用黄金为托,白玉为盏的茗碗。即使是自然天生、甘清冷冽的清泉,也成了皇宫茶饮重视排场、讲究气势的物品。像唐文宗时有"名山递水"之举,派人到无锡惠山汲取泉水,运至陕西长安帝都,运程远达数千里。明、清两代皇宫饮水,都是用船从玉河运玉泉水至皇宫,同治后改用插黄旗的马车运水。凡清代皇帝出巡,均载运名泉供应,正所谓"鸳浆麟脯皆无用,只载城南水一车"。

中国历代皇帝,大都爱茶,还有不少有好茶之痴,有的嗜茶如命,有的好取茶名,有的专为茶叶著书立说,有的还给进贡名茶之人加官晋爵,茶文化已成为整个宫廷文化的组成部分。

由于帝王的嗜好,对茶叶质量的要求越来越高,而官员们为了邀功求赏,也亲自监督制作,务求精益求精,这在客观上促进了茶叶生产的良性循环。特别是有的茶叶一经帝王品题,就能身价百倍。清末大学者俞樾曾经记叙过:"今杭州龙井茶,苏州洞庭山之碧螺春,皆名闻天下,而在唐时,则皆下品也。"这两种茶叶地位的迅速上升,很大程度上在于皇帝的品题。

二、宫廷茶宴的源起与兴盛

宫廷茶宴源于唐代,唐代宫廷常举办茶宴。宫廷茶宴中最豪华的当属一年一度的"清明宴"。唐朝皇宫在每年清明节这一天,要举行规模盛大的"清明宴",以新制的顾渚贡茶宴请群臣。当时在浙江湖州的顾渚山设有贡茶院,专门制作贡茶供皇宫饮用,规定要在清明节前送到长安。从湖州到长安有一千多里路,必须提早采摘制作才能不误期限。当贡茶到达京城之后,整个皇宫都忙碌起来了。张文规《湖州贡焙新茶》一诗便表现了这一情形:"凤辇寻春半醉归,仙娥进水御帘开。牡丹花笑金钿动,传走吴兴紫笋来。"从诗中可见,这样的茶宴排场盛大,热闹非凡。其仪规大体是由朝廷礼官主持,有仪卫以壮声威,有乐舞以娱宾客,香茶佐以各式点心,出示精美的宫廷茶具,以茶事展现大唐威震四方、富甲天下的气象,显示君王精行俭德、泽被群臣的风范。宫廷的茶宴对唐代茶会之风的兴盛产生了极大的推动作用。

宋代宫廷也常举行茶宴,蔡京《延福宫曲宴记》一文记载,宋徽宗参加了在延福宫举行的曲宴,"宣和二年十月癸巳,如宰执亲王学士曲宴于延福宫,命近侍取茶具,亲手注汤击拂。……饮毕,皆顿首谢。"在这次茶宴中,皇帝亲自注汤、击茶,以表现自己的茶学知识。接着,徽宗把茶分赐诸臣,以示对臣下的殊荣。

茶宴的兴盛在清代。据史载,清代在重华宫举行的茶宴便有60多次。重华宫原是乾隆皇帝登基之前的住所,后来做了皇帝之后才升之为宫。乾隆既好饮茶,又爱作诗,并首倡在重华宫举行茶宴。此宴一般是元旦后三日举行,由乾隆亲点能诗的文武大臣参加。宴时,乾隆升宝座,群臣每二人一几,一边饮茶一边看戏,用的是茶膳房供应的奶茶。还要联句赋诗,据《清朝野史大观》"茶宴"条载,"仿柏梁体,命作联句以记其盛。复当席御制诗二章,命诸臣和之,岁以为常。"《养吉斋从录》也有详细记叙重华宫的茶宴盛况:"列坐左厢,宴用果盒杯茗。……诗成先后进览,不待汇呈。颁赏珍物,叩首祗谢,亲捧而出。赐物以小荷囊为最重,谢时悬之衣襟,昭恩宠也。余人在外和诗,不入宴。"重华宫的茶宴,是极为风雅的宴会,所享的只有"果盒杯茗",饮茶作诗是其主要内容,没有真才实学是不好应付的。写得合圣上心意,则赐以礼物。对于文臣来说,能参加这样的茶宴,是无上的荣耀。

清王朝不仅有专门的茶宴,几乎每宴必须用茶,并且是"茶在酒前""茶在酒上"。康、乾两朝曾举行过四次规模巨大的"千叟宴",多达两三千人,把全国各地65岁以上的老人都请来,席上也要赋诗。在千叟宴中,饮茶也是一项主要内容,开宴时首先要"就位进茶"。试以第四次在皇极殿举行的千叟宴为例,先由茶膳房大臣向乾隆进献红奶茶一碗,等皇帝饮后,侍卫等手执银里椰瓢碗分赐殿内及东西檐下王公大臣等茶(茶碗亦赏给各人),其余赴宴者则不赏茶。被赏茶的王公大臣等接茶后均行一叩礼,以谢赏茶之恩。然后再由尚膳总管开始率人上菜。酒菜人人有份,唯独"赐茶"只有"王公大臣"才能享用,饮茶在这里成了地位、职务和尊崇的象征。

清宫中举办的各种筵宴活动中都有赐茶的环节,以示祥和安泰、上下同庆。如太和殿筵宴、保和殿筵宴、乾清宫家宴、千叟宴、文华殿经筵宴等等。

总之,宫廷茶宴和茶在筵宴中的运用,是传统的"明伦序""表敬意"、利交际的延伸,是一种明君臣、伦理、思想、教化的手段,同时蕴含着祝福、喜庆的寓意。

三、后宫茶饮的形式及功用

唐代时,后宫嫔妃宫女已有饮茶的习惯。她们饮茶十分讲究,不光注重茶叶的质量,茶具的精美,也注重饮茶的乐趣和心境。她们日夜都待在宫里,用一生的时间来等待皇上的宠幸。饮茶对她们而言,便具有消遣娱乐性,有些嫔妃的茶艺十分精湛,有些善于斗茶。有时候举办茶会,大家在一起品茗赋诗,消磨时间。茶叶还具有多种保健的功效,嫔妃们饮茶有着注重美容养生的作用,因此,后宫茶事又有着别具魅力的特点。

唐玄宗时宫廷茶艺已有点茶之法,并有斗茶游戏。《梅妃传》记载:"(开元年间,玄宗)与(梅)妃斗茶,顾诸王戏曰:'此梅精也。吹白玉笛,作《惊鸿舞》,一座光辉。斗茶今又胜我矣。'妃应声曰:'草木之戏,误胜陛下,设使调和四海,烹饮鼎鼐,万乘自有宪法,贱妾何能较胜负也!'"梅妃原是玄宗极宠爱的妃子,色艺双全,聪明伶俐,善吹笛,会跳舞,艺惊四座,又善斗茶,竟胜了万乘之君。梅妃不仅能博得皇上欢心,且能借茶事言及政事,斗茶不过是草木之戏,皇帝今日不幸在此输于梅妃,却能让普天下的百姓都能品尝到美味茶汤。梅妃此话表面上吹捧皇帝,实有婉言规劝之意,希望皇帝能勤于政事,不耽于荒乐。然而这位皇帝日后逐渐荒淫骄奢,最终导致了"安史之乱"。唐玄宗颇具艺术天赋,还曾亲自演出,死后被梨园奉为祖师爷。

在后宫,嫔妃宫女们也喜饮茶,有时候会举办茶会,这种茶会具有自娱自乐的性质。鲍君徽是唐代德宗时期的宫女诗人,工诗能文,与女学士宋昭姊妹五人齐名。她的《东亭茶宴》一诗生动地描写了宫女嫔妃的自娱性茶会情形:

闲朝向晚出帘栊,茗宴东亭四望通。

远眺城池山色里,俯聆弦管水声中。

幽篁引沼新抽翠,芳槿低檐欲吐红。

坐久此中无限兴,更怜团扇起清风。

此次茶宴当在夏季,宫女们在凉亭里举行茶宴,四周风景如画,远可看城郊如黛山色,近听丝竹清音、流水潺潺。幽密的竹林里新发的枝条分外翠绿可爱,屋檐边的木槿花艳美如火,正是一派富丽堂皇的宫廷景象,风光无限。宫女们在此间喝茶、听乐、闲聊、观景、乘凉、散心,可谓良辰、美景、赏心、乐事,四美具矣。鲍君徽另有一首《惜花吟》涉及茶事,内有"红炉煮茗松花香"一句描写宫廷茶事。

> **知识链接**
>
> 五代花蕊夫人《宫词》诗云:"白藤笼插白银花,阁子门当寝殿斜。近被宫中知了事,每来随驾使煎茶。"花蕊夫人貌美如花,工于诗词,颇得皇帝喜爱。她常随驾出行,并照顾皇上的饮食起居,她的重要职责之一就是"煎茶"。

慈禧太后掌握清廷大权40多年,据说她年过七旬,仍然肌肤白皙,容光焕发,可谓养生驻颜有术。慈禧的养生养颜术中饮茶是重要的一项,视饮茶为美容秘诀、养生之术、安神之道。她的饮茶习惯比较奇特,茶具十分精美,富丽堂皇,据《清稗类钞》载,太后"喜以金银花少许入之,甚香"。金银花性寒味甘,具有清热解毒之功效,久服能瘦身减肥降血脂,美容养颜,延缓衰老。慈禧喜欢用金银花泡茶,一是因为她"天天餍甘,餐餐饫肥",饮金银花有助消化,可消腻去积热,另外还可以美容养颜。

慈禧临睡前,还要喝一杯糖茶,以利安神养身,并认为效力很好。她还备有一个装填茶叶的茶枕,据说用茶可以安神明目。

知识链接

民间还有传说,慈禧当年得宠于皇上,也与茶有关。她原是在桐阴深处值日的一般宫女,根本无缘见到龙颜。后以金钱买通了内侍,得以接近咸丰帝。《清代外史》载:"良久,奕唤茶。时侍从均散避他舍,那拉氏乃以茶进。此即得幸之始也。"慈禧因买通内侍,才有机会向皇上进茶,进茶正是她得宠的开始。

四、帝王赠茶的形式及意义

臣僚向皇帝进贡茶叶显示的是一片忠心,皇帝以茶赐臣子,则体现了天子笼络臣下的"恩泽"。帝王赐茶,是神圣高雅的事情。赐茶的对象,有皇亲国戚、文武百官,也有民间布衣,文人墨客。

南朝梁刘孝绰在《谢晋安王饷米等启》中云:"传诏李孟孙宣教旨,垂赐米、酒、瓜、笋、脯、酢、茗八种。"从此文中可见在南朝时就已经有帝王赠茶的礼俗了,晋安王指的是萧纲,刘孝绰为当时著名文人,与萧纲私交很好,志趣颇同,都喜好文学,常在一起写诗酬唱。萧纲赐茶既表明了两人的友情好,也有着君对臣的宠爱之意。

从唐代开始,许多皇帝因嗜好饮茶、喜爱茶道,多以茶赐王孙、臣子、高僧等。大体来说,帝王赠茶有以下几种形式:

第一种形式是宴筵赠茶。唐太宗贞观年间,朝廷常以茶叶赐予公卿大臣"翰林当值春晓困,日赐成象殿茶果"。凡是受茶者,无不欢欣鼓舞,珍爱有加。大臣们若领到这种赐茶,还要上表谢恩。唐代著名诗人刘禹锡、柳宗元等都写过"谢茶表"。

宋代笔记故事中有许多皇帝向臣工赐茶的生动故事,而且赐茶讲究颇多(任国征《从宋朝笔记故事看赐茶文化》,《中华读书报》2012年1月18日,第105版)。宋代文豪欧阳修在《龙茶灵后序》一文说:"茶之品,莫贵于龙凤,谓之团茶。凡二十饼重一斤,其价值金二两,然金可有而茶不可得。每因南郊致斋,中书、枢密院各赐一饼,四人分之,宫人往往缕金花于其上,盖其贵重如此,不敢碾试,仅家藏以为宝,时有佳客,出而传玩尔。"可见,帝王赐茶的量少和在臣属心中之贵重。

第二种形式是殿试赠茶。科举考试对于朝廷及应试子弟来说都是一件大事,在殿试中,皇帝或皇后都会向考官和进士赐茶。唐代诗人元稹在《自述》一诗中,曾描述过延英殿殿试时皇帝向考中进士者赐茶的场面:"延英引对碧衣郎,江砚宣毫各别床。天子下帘亲考试,宫人手里过茶汤。"在唐代,封建统治者十分注重选拔人才,在选举考试中,帝王亲自赐茶,表示了帝王殷切地盼望着能得到栋梁之材。这种殿试赐茶,后来延伸到一般考试。文人们因此称茶为"瑞草"之"魁",又称之为"麒麟草"。

在宋代的科举考试,也有帝王赐茶这一礼节,《广群芳谱·茶谱》引《甲申杂记》载:"宋仁宗朝春试进士于集英殿。后妃御太清楼观之,慈圣光献出饼角子(捣后团茶)赐进士,出七宝茶以赐考试官。"皇帝不光赐茶予考中者,也赐茶予考试官,以示殊荣。

第三种形式是慰问赠茶。皇帝出巡,所过之地,多赐父老以茶叶和织帛,所过寺庙时,也多赐茶与僧人。皇帝在视察国子监时,要对学官、学生赐茶。在招待外国使臣时亦赐茶。可见赐茶已成为一种朝廷的礼节。在赐茶时,还有着等级之分,宋代贡茶品类大增,特别是北苑官焙所出之茶,极尽繁荣之态,建州龙凤茶入贡后的分配,也是依官员而定。还有一种是臣子在京外,皇帝会让人捎带茶叶以示慰问,如宋哲宗曾秘密让人向苏轼赠茶以示问候。

总之,历代皇帝的赠茶制度是一种文化,是一种惯制,也是一种思想,其中有很多值得我们进一步挖掘和探讨的地方。

第二节　文士茶俗

中国古代的文士和茶有着不解之缘,没有古代文士便不可能形成以"品"为主的饮茶艺术,不可能实现从物质享受到精神愉悦的飞跃,也就不可能有中国茶文化的博大精深。文士们提高了饮茶的地位,将这源于民间的饮料提升为至清至雅之物。文士们对饮茶颇有讲究,精益求精,为品茗技艺做出了贡献。文士们饮茶,饮的不光是茶,更是茶蕴含着的哲理诗意。文士们离不开茶,饮茶可激发灵感,促深思,助诗兴。文士们爱茶,在文学作品和绘画中多有表现饮茶的内容。

一、品——茶与文士的精神追求

文人饮茶重"品",啜饮清茗,和归隐田园、幽居山林意境相通,成为文人快意适性、乐天知命的普遍文化行为和精神享受。古人认为品茶是一项高雅活动,并不是有钱有势就能品得茶中真味。作为具有超凡脱俗的高尚情怀的群体、文人墨客和士大夫们有意识地把品茶作为一种能够显示高雅素养、寄托情感、表现自我的一种审美化的生活实践。

品茶在文士的精神生活中具有不可替代的作用,以下从几个方面展开来谈。

首先,茶可助诗。品茶"可以助诗兴而与云山顿色"(朱权语),茶可助诗,这是文人墨客的同感共识,许多诗人在写作过程都有过这种感受。苏东坡极爱饮茶,可谓"茶痴",他文思敏捷,在和好友一起饮完茶后,诗兴大发,写下了《道者院池上作》。

> 下马逢佳客,携壶傍小池。
>
> 清风乱荷叶,细雨出鱼儿。
>
> 井好能冰齿,茶甘不上眉。
>
> 归途更萧瑟,真个解催诗。

微风细雨中,新荷摇曳,鱼儿游跃,四周一片幽雅宁静。品茶的过程是极为空灵清丽的,实不愧为赏心乐事。和心投意合的知己一块喝茶,其乐融融,诗人尽兴而归,心情十分畅快,路上诗兴勃发,妙句不断。诗有茶更清新,茶有诗更高雅,清代女诗人吴藻索性把诗茶融为一体:"临水卷书帷,隔竹支茶灶。幽绿一壶寒,添入诗人料。"此诗可谓别出心裁,清水环绕,竹林幽处,支上冰心玉壶,注入清茶几许,添入诗情几许,清芬氤氲,自是绕梁不散。

其次,以茶睹书。茶香,书也香,故文学之士"独坐书斋日正中,半生三昧试茶功,起看水火自争雄。"(洪希文词)阅一卷古书,饮一杯清茶,实为兴趣盎然之事,若有知音在身边,更是人生一大乐事。南宋著名女词人李清照与其夫赵明诚以饮茶作押、猜典述故以较胜负的故事,素来被传为美谈,据李清照《金石录后序》回忆:

> 余性偶强记,每饭罢,坐归来堂,烹茶,堆积书史,言某事在某书某卷第几页第几行,以中否角胜负,以饮茶先后。中即举杯大笑,至茶倾覆怀中,反不得饮而起。

其三,以茶助画。从出土文物和博物馆收藏品来看,初唐时已有表现茶事的绘画,对研究饮茶习俗有很高的价值。品茗能使画家"啜罢神清淡无寐,尘器身世便云霞"，饮茶可以激发创作灵感。明代著名书画家文徵明，就有真切的体会："寒灯新茗月同煎"，"浅瓯吹雪试新茶"。从其诗文中可见他品茗时那份自得其乐的闲情雅致。他的传世名作《品茶图》，就因与友人品尝新茶而萌动了创作的欲望。他在署款时写道："嘉靖辛卯，山中茶事方盛，陆子傅过访，遂汲泉煮而品之，真一段佳话也。"正是由于与好友煮茶品茗，促膝清谈，极一时之雅兴，才有此风流蕴藉的雅作流传于世。文人在欣赏绘画时也要茶助兴："弹琴阅古画，煮茗仍有期"（梅尧臣）；"看画烹茶每醉饱，还家闭门空寂历"（张耒）。

其四，以茶助书、琴、棋、画。茶是文士作书法时的绝佳辅助，"正是欲书三五偈，煮茶香述竹林西"（释得祥）；以茶助琴："煮茗对清话，弄琴知好音"（洪适），"桑苎家传旧有经，弹琴喜傍武夷君。轻涛松下烹溪月，含露梅边煮岭云"（陆廷灿）。以茶助棋弈："入夜茶瓯苦上眉，眼花推落石床棋"（谢翱），"煮茗月才上，观棋兴未央"（吴则所）。品茗成为融诸各种雅事的综合性文化活动，这些充满艺术审美性的雅事，和茶的内质是相通的，都谐于品鉴和审美，企望优雅和风致，融入感悟和心智。

现当代文坛，有不少作家喜欢饮茶，饮茶有助于文思流畅、灵感涌现。著名女作家冰心是福州人，从小就养成了饮用福州茉莉花茶的习惯，她的很多诗文都是在饮茉莉花茶时从笔端"流淌"出来的。她对茉莉花茶情有独钟："一杯橙黄色的、明亮的茉莉花茶，茶香和花香融合在一起，给人带来了春天的气息。啜饮过后，有一种不可言喻的鲜爽愉快的感受，健脑而清神，促使文思流畅。"

现代文人不少对茶文化研究也颇有造诣，著名历史剧作家姚雪垠嗜好绿茶，认为花茶虽香，但花香夺去了茶叶本来的清香。他饮茶时重视品味，饮茶助文思，他就是在茶香氤氲中勤奋笔耕，孜孜不倦。在《酒烟茶与文思》一文中他讲述到他的写作过程，其中茶叶的清香怡人、提神醒脑的作用功不可没：

> 每天早晨，我在两三点钟便要起床，洗漱之后，首先将杯子里外洗净，浓浓地泡杯龙井，我照例先沏上半杯，然后收拾写字台和文房四宝。等写字台和文房四宝整理完毕，再将杯子沏满，便安心地坐下去，摊好稿子或小说的口述录音提纲本。这时，家人都在梦乡，书斋寂静，楼外无声，孤灯白发，心清如水，创作兴趣最好，自觉文思如涓涓春泉。

二、雅——茶与文士的社交娱乐

以茶相伴，是文人的雅趣。唐代大诗人白居易一生与诗、酒、茶为友，晚年嗜茶更甚，自称"竟日何所为，或饮一瓯茗，或吟两句诗"（《首夏病间》）。白居易的茶艺精湛，鉴茗、品水、看火、择器均高人一筹："琴里知闻唯渌水，茶中故旧是蒙山"，"醉对数丛红芍药，渴尝一碗绿昌明"，"酒渴春深一碗茶，每夜坐禅观水月"，从诗中可见他酷爱饮茶，且精研茶艺，对茶叶的鉴赏力高，讲究饮茶的境界。

"风流文物属苏仙"，这是黄庭坚赞美苏东坡的诗句。苏东坡风流儒雅，才华横溢，有如神仙般飘逸脱俗，他在品茗时，也是"胸中有万卷书，笔下无一点尘俗气"（黄庭坚《跋东坡乐府》）。虽然苏东坡生性聪慧，只因秉性正直，仕途坎坷，屡遭贬谪，所受的磨难比起白居易多得多，但在他的茶诗中，皆工巧中有自然，平淡中有奇特，情景交融，寄托遥远。他并不因仕途上的打击而意志消沉，即使是居于乡里，也能与乡邻和睦共处，一块饮茶，说家常，论古今，话桑麻，在宁静闲适的田园生活中返璞归真，体现出了平淡自然的生活态度。如这一首《次韵完夫再赠之什某已卜居毗陵与完夫有庐里之约》。

> 柳絮飞时笋箨斑，风流二老对开关。
> 雪芽为我求阳羡，乳水君应饷惠山。
> 竹簟凉风眠昼永，玉堂制草落人间。
> 应容缓急烦闾里，桑柘聊同十亩闲。

文人茶饮对环境、氛围、意境、情趣的追求，体现在许多文人著作当中。如明代著名书画家、文学家徐文长描绘了一幅品茗的理想环境："茶，宜精舍、云林、竹灶、幽人雅士，寒宵兀坐，松月下，花鸟间，清白石，绿鲜苍苔，素手汲泉，红妆扫雪，船头吹火，竹里飘烟。"茶，在文人雅士眼中，乃至洁至雅之物，徐文长的这段文字，列举了许多宜茶之境，无一不体现出"清""静""净"的意境：窗明几净的房屋，品性高洁的友人，明照松林，秉烛夜谈。清丽女子，汲泉扫雪，船泊江上，边饮边行，竹影婆娑，悠然自得。此境此景，可谓深得品茗奥妙。

文人饮茶还十分注重品饮人员，明代诗人高濂曰："煎茶非浪漫，要须人品与茶相得。故其法往往传于高流隐逸、有烟霞泉石磊块胸次者。"与高层次、高品位而又通茗事者款谈，才是其乐无穷（《茶寮》）。到明代时，连饮茶人员的多少和人品、品饮的时间和地点也都非常讲究。所谓"独饮曰神，二客曰胜，三四曰趣，五六曰泛，七八曰施"（张源《茶录》）。

清代"扬州八怪"之一的郑板桥，因得罪豪绅，被罢县令，他就"最爱晚凉佳客至，一壶新茗泡松萝"。即使在他以绘画为生之时,也是"一盏雨前茶,一方端砚石,一张宣州纸,几笔折枝花",啜茗凝神,涂抹画作。他曾在画跋中,写出心中珍藏着的一块净土:

> 三间茅屋,十里春风,窗里幽兰,窗外修竹,此是何等雅趣,而安享之人不知也,憧憧懂懂,绝不知乐在何处。唯劳苦贫病之人,忽得十日五日之暇,闭柴扉,扫竹径,对芳兰,啜苦茗,时有微风细雨,润泽于疏篱仄径之间。俗客不来,良朋辄至,亦怡然自适,为此日之难得也。凡吾画兰画竹画石,用以慰天下之劳人,非以供天下之安享人也。

郑板桥生活贫困,却能苦中作乐,自得其乐。他饮茶注重的是那份怡然自得的情趣,虽居陋室,却有清风徐来,兰香袭人,这种雅趣,不是哪种富贵人家所能体会到的。若有闲暇,对着碧竹幽兰,细细品茗,微风细雨,便引诗情至碧霄。往来的都是志同道合的好友,促膝长谈,实为人生美事。作者虽自称不是安享之人,却颇得饮茶之真味,饮茶,重的就是这份内心的平和、自在和悠然。

"洁性不可污,为饮涤尘烦。"这是唐代诗人韦应物《喜园中茶生》的开头两句。在诗人看来,无论是人的洁性,还是茶的洁性,都是不可污染的,饮茶可一洗红尘烦忧,让人神清气爽,百忧全解。茶也能洗尽心中不平事,宋徽宗《大观茶论·序》曰:"然茶之为物……聚山川之灵性,洗胸中之积滞,致清和之精气,则非老幼所得而知,至其冲澹、简洁、高尚、雅静之韵致,亦不宜为骚乱之时代所好尚也。"中国传统文人有着一股狂狷之气,在世人眼中,有些文士的表现不啻为离经叛道,这是因为他们生性清高孤傲,不肯苟同于流俗。奇才怪杰多爱茶,爱的是茶之品性高洁清雅,饮茶能使人涤尽尘烦,达到空澈区明、宁静淡泊的境界。

明代"吴中四才子"之一的唐伯虎,才气惊人,擅长绘画,兼善书法,且能诗文。自幼天资聪敏,熟读四书、五经,并博览史籍,16岁秀才考试得第一名,轰动了整个苏州城。然而他仕途坎坷,晚境凄凉,终生不得志。他嗜爱饮茶,曾不惜倾囊买舟,前往洞庭湖,用翠峰"悟道泉"之水煮东山茶,开怀畅饮。"自与湖山有宿缘,倾囊则可买吴船。纶巾布服怀茶饼,卧煮东山悟道泉。"唐伯虎曾绘有《事茗图》,画的是翠峰上云雾缭绕,飞瀑奔流,巨石嶙峋,参天古松旁,一间精雅茅室,室中有人正煮茗烹茶,室外有应邀前来品茗的老翁正杖策前来。画面左侧,题诗写道:"日长何所事,茗碗自赉持。料得南窗下,清风满鬓丝。"诗情画意,流露出孤芳自赏、超凡脱俗之意。

另一位明代怪才徐文才,自谓为"几间东倒西歪屋,一个南腔北调人"。他重视人品与茶品的关系,曾数次手抄以此为内容的《煎茶七类》。唐代卢仝诗句有:"柴门反关无俗客,纱帽笼头自煎吃",他翻用在自己诗中,"对之堪七碗,纱帽正笼头",意思是像卢仝一样独坐连饮。自煎独饮是他的嗜好,透出的却是难以言明的孤傲悲凉。

清代蒲松龄可谓是一位鬼才,他才华横溢,号称"累代书香",一生刻苦好学,却屡试不第,一生不得志。他对狐仙鬼怪的故事十分感兴趣,现实的严酷让他认识到社会的黑暗,他将自己满腹才气和悲愤寄托于《聊斋志异》的创作中。为了搜集到更多的奇闻逸事,他亲自在村口大路旁的老树下摆起茶摊,供行人解渴歇脚,他立下一个规矩,凡是路人能讲出一个故事,茶钱就分文不收。于是有很多路人大谈异事怪闻,也有不少路人没什么故事,就胡乱编造一个。对此,蒲松龄都一一笑纳,茶钱照例一个不收。来自天南地北的行人,就在路旁的茶摊边喝茶边讲故事,蒲松龄因此攒集到许多故事素材。

知识链接

> 蒲松龄以茶换故事之事通过许多行人传播而声闻遐迩,于是又有许多人虽不曾喝过蒲松龄一口茶,却纷纷将自己的珍闻捎寄给他。他伏案疾书,再加上自己的丰富想象和生活经验,终于完成了旷世奇书《聊斋志异》,此书的故事来源非常广泛,其中很大一部分源自于作者设置茶摊时搜集来的故事。

费振钟在《江南士风与江苏文学》一书中写道:"明清文人为自己设置了一个自适性情的自由天地,然后在其中品味山水自然、草木虫鱼,品味美食、茶事,以及品味世俗人情,等等,以此清闲遣兴,作为疏离社会政治生活的一种'寄寓'。"品茶不仅是品茶之鲜味,也是品社会人生。品茗体现着一种生活态度,一种精神追求。清茶味虽淡,却蕴含无数哲思。俗人饮茶以解渴,闲人饮茶消时辰,高僧饮茶得禅机,文人饮茶兴诗意,狂人饮茶标清高。在茶香氤氲中,自有清风徐来,花瓣拂袖。在纷纷扰扰的红尘中,茶乃一方净土,令人颇生绝尘之想。酒是浓烈奔放的,把人们引向热闹的外部世界。茶是清丽内敛的,把人们指向静默的内心世界。奇才怪杰喜饮酒,饮酒使人心醉神迷,豪气万千。奇才怪杰亦爱茶,品茗自有悠然淡泊心境,有一段隽永之趣,有一股清傲之气。

三、韵——茶与文人的艺术创作

中国文士重视品茶,也懂得赏雅。他们不仅在品茗中获得极大的精神愉悦,也善于将这种自在适意的心情表现出来。在诗词、散文、小说、绘画等各项艺术中,都有茶的俏丽身影。文士们将饮茶视为雅事，自然爱在诗词书画中表现难以言说的饮茶清兴。这些优秀的茶诗、茶画是我国艺术宝库里璀璨的明珠。

唐代士大夫阶层饮茶成癖，如大诗人白居易"尽日一餐茶两碗"，兵部员外郎李约"竟日持茶器不倦"，连朝官办公也有一定的饮茶时间，甚至出现了以物换茶，以诗换茶的佳话。唐代是诗歌的辉煌时代，当茶道大行之时，以茶入诗也成为一种时尚。据现存的唐诗统计，其中有关咏茶之诗和有关茶事之诗达500多首，元稹《茶》一诗云：

茶

香叶，嫩芽。

慕诗客，爱僧家。

碾雕白玉，罗织红纱。

铫煎黄蕊色，碗转曲尘花。

夜后邀陪明月，晨前命对朝霞。

洗尽古今人不倦，将至醉后岂堪夸。

此诗文字排列类如埃及的金字塔，是一种诗体，名为"宝塔诗"。诗中写茶是诗人、僧人所爱之物。茶引发了诗人极高的兴致，夜间品茗，有明月当空，晨起清茶一杯，朝霞满天。诗人终日以茶为伴，茶促文思、助诗兴、察古今，又可解酒，饮后使人精神焕发，茶叶，实在是诗人的良友。

宋代许多著名文人，都有着饮茶的爱好，他们写有大量的茶诗茶词，据后人统计，宋代茶诗茶词总共有千余首，这是留给后人的一笔宝贵财富。许多著名的诗人、词人都留下了脍炙人口的茶诗、茶词，北宋初年的王禹偁、林逋，中期的梅尧臣、欧阳修、王安石、苏东坡，后期的黄庭坚，南宋的陆游、范成大、杨万里等人都有大量的咏茶作品。

被誉为"一代之胜"的宋词是宋代文学的代表，文人雅士们也利用词这种体裁来表现茶事。茶词的出现，是宋代的一大特色。据费著《岁华纪丽谱》载，"妓以新词送茶，自宋公祁始。盖临邛周之纯善为歌，尝作茶词授妓首度之以奉公，后因之。"可见茶词开始是作为歌妓在佐茶时所唱的歌词，是宋人宴饮生活的一项娱乐，由二八清丽歌女，手持红牙板，唱着婉约的茶词，以佐人们品茗清兴，确实是赏心悦目的雅事。黄庭坚写有多篇茶词，他是北宋江西诗派的代表人物，和苏东坡并称为"苏黄"，诗词俱佳。黄庭坚生在茶乡，长在茶乡，并终身爱茶。特别是他中年因病止酒，越加爱茶，更精于茶道："煮茗当酒倾"，比茶作"故人"。在40岁时他曾手书以戒酒为内容的《发愿文》一篇："今日对佛发大誓，愿从今日尽未来也。不复淫欲、饮酒、食肉。设宴为之，当堕地狱，为一切众生代受头苦。"从此以后20年基本上做到了以茶代酒，被传为佳话。其《满庭芳》一词云：

北苑龙团，江南鹰爪，万里名动京关。

碾深罗细，琼蕊冷生烟。

一种风流气味，如甘露不染尘凡。

纤纤捧，冰瓷莹玉，金缕鹧鸪斑。

相如方病酒，银瓶壁眼，

波怒涛翻，为扶起樽前，碎玉颓山。

饮罢风生两腋，醒魂到明月轮边。

归来晚，文君未寝，相对小窗前。

这首词上半阕写北苑龙凤团茶的"风流气味"，名动天下，如甘露般洁莹。下半阕写的是司马相如酒病，需以茶醒，饮下清茶，顿觉神清氛，两腋生风，晚归再与文君小窗相聚。这首词写得风流俊雅，运用典故，将茶之神韵衬托得极为巧妙。

元曲是元代文学的代表，而茶曲也是这一时期最有创造性的。乔吉的散曲《卖花声·香茶》用朴实的文字写出了香茶的风韵："细研片脑梅花粉。新剥珍珠豆蔻仁。依方修合凤团春。醉魂清爽。舌尖香嫩。这孩儿那些风韵。"香茶用梅花粉、珍珠、豆蔻与茶配合成，茶味鲜香滑嫩，醇厚绵长，令人回味不已。此曲颇为活泼欢快，语言质朴平实。

知识链接

在古代小说中，也多有表现茶事，《金瓶梅词话》有一回专写茶事，名为《吴月娘扫雪烹茶》，故事是说一个大雪纷飞的冬日，西门庆与正室夫人吴月娘言归于好后，潘金莲等人凑钱为他俩摆宴赏雪，以示庆贺。小说中写道："西门庆把眼观看帘外，那雪如寻绵扯絮，乱舞梨花，下的大了，端的好雪。"这时候吴月娘心情极好，顿生雅兴，"吴月娘见雪下在粉壁间太湖石上甚厚，下席来，教小玉拿着茶罐，亲自扫雪，烹江南凤团雀舌与众人吃。正是：白玉壶中翻碧波，紫金杯内喷清香。"

纵观中国绘画史，以茶入画不乏其人。这些茶画内容丰富，有许多上乘佳作。从出土文物和博物馆藏品来看，有关茶事的绘画初唐已有。这些茶画，是研究中国古代茶史的珍贵资料，既可了解当时茶事的器皿、茶艺、风俗，又可欣赏到文人悠然自得的雅兴。

宋徽宗赵佶嗜茶成癖，他在绘画上的造诣很高，有《文会图》，现收藏在台北故宫博物院。此画描绘了文人会集的盛大场面。在一个豪华庭院中，设一巨榻，榻上有各种丰盛的菜肴、果品、杯盏等，九文士围坐其旁，神志各异，潇洒自如，或评论，或举杯，或凝坐。四名侍者分待茶酒，茶在左，酒在右，古代以左为贵，看来茶的地位还在酒之上。侍者们有的端捧杯盘，往来其间，有的在炭火桌边忙于温酒、备茶。《文会图》所描绘的茶、酒合宴，反映了宋代将茶、酒、花、香、琴、馔相融合的情景，氛围颇为雅洁幽静，人物神态逼真，生动地再现了那个茶风炽盛的场景。

在明代山水画中，颇多"茶画"，著名的如沈周的《桂花书屋》、文徵明的《惠山茶会图》、唐寅的《事茗图》，都是茶画中的极品，在中国绘画史上占有一席之地。明代文人追求天人合一，热爱山水，崇尚自然，因政治斗争之激烈，他们往往隐居山林，不问世事，放情茶事而忘忧，藉笔墨以自命清高。他们的茶画描绘了江南山水美景和明代茶人怡然天趣的生活，画中有诗，诗中有画，反映了明代文人雅士以茶述怀栖身物外的心态。

文徵明诗、文、画无一不精，人称"四绝"全才，晚年声望极高。他嗜好饮茶，对茶事也颇有研究，著有《龙茶录考》，并对蔡襄的《茶录》进行过系统的考述。他创作了不少茶画，传世的有《惠山茶会图》《品茶图》《煎茶图》《茶事图》《陆羽烹茶图》《汲泉煮品图》《松下品茗图》《煮茗图》《茶具十咏图》等。其中以《惠山茶会图》为代表作，此画描绘的是茶会举行前的场景。这是一场由文人举行的茶会，地点在无锡惠山，松树坚苍，山石峥嵘。画面人物共有七人，三仆四主，山房内竹炉已架好，侍童在烹茶，正忙着布置茶具，亭榭内茶人正端坐待茶。有两位主人围井栏坐于井亭之中；一人观水静坐，一人展卷阅读，还有两位于曲径通幽处交谈。整个画面极尽幽静闲雅之美，观赏这幅名画，仿佛清风徐来，颇生淡泊宁静之志。从画中可领略到明代文士茶会的雅兴情趣，可见明代文士崇尚清韵、追求意境的茶艺风貌。

第三节　僧道茶俗

茶作为饮料，对神经具有兴奋、醒脑的功能，对经络气血又有升清降浊、疏通开导的作用，所以被人们引入精神文化活动，并与佛、道二教发生了密切联系。道教很早对茶的养生保健功效有了认识,他们将茶当成长生不老的仙丹妙药,茶是道士修炼时的重要辅助手段。茶与佛教关系极为密切,在寺院文化中占有突出的地位。茶对禅宗而言,既是养生用具,又是得悟途径,更是体道法门。

此外,我们也要知道,道士、僧人虽是方外人士、出家之人,但他们与社会各阶层有着复杂多样的关系,许多著名的僧侣道士,其实都是儒、道、佛兼修的,茶在这三教中也有不少相通之处。从某种意义上说,茶也成为沟通儒、道、佛三家的媒介。

一、道家茶俗的养生观念

从大量文献记载来看,最早对茶的精神功能引起重视的还是道家。老庄思想对中国人的人格以及观物方式无不有重大影响,道家的自然风,一直是中国人精神生活及观念的源头。庄子曰:"朴素而天下莫能与之争美",只有朴素之美、恬淡无际之美,才堪称最美。道无所不在,茶道只是"自然"大道的一部分。茶的天然性质,决定了人们从发现它,到利用它、享用它,都受到道家"自然无为"思想的影响。

老庄的信徒们又从自然之道中求得长生不死的"仙道",茶文化正是在这一点上,与道教发生了原始的结合。两晋南北朝的许多传说,往往把饮茶与神仙故事结合起来。《宋录》载,有昙济道人以茶茗待客。著名道士陶弘景曾作《杂录》,说茶能轻身换骨,所以传说中的神仙丹丘子、黄山君都饮茶。由于饮茶有所谓"得道成仙"的神奇功能,是修炼时的重要辅助手段,故《天台记》中说:"丹丘出大茗,服之羽化。"皎然的《饮茶歌送郑容》有诗句:"丹丘羽人轻玉食,采茶饮之生两翼。"

唐代道士之中,喜啜茗者不乏其人。开元年间,道士申元之深得唐玄宗宠幸,玄宗曾命宫嫔赵云容为申侍茶、药。唐肃宗赐给道士张志和奴、婢各一名,志和将他们配为夫妻,取名渔僮、樵青,"使苏兰薪桂,竹里煎茶"(《南部新书》)。李商隐的《即目》诗生动地描绘了道士用茶伴棋的情景:"小鼎煎茶面曲江,白须道士竹间棋。"温庭筠的《西陵道士茶歌》,描述了西陵道士煎茶和饮茶的情景,更是传神传情。

　　乳窦溅溅通石脉,绿尘愁草春江色。

　　洞花入井水味香,山月当人松影直。

　　仙翁白扇霜乌翎,拂坛夜读黄庭经。

　　疏香皓齿有余味,更觉鹤心通杳冥。

此诗以形象生动的文字描绘了西陵道士品茗的场景,犹如一幅浓淡相宜的山水水墨画。暮春时节,深山幽谷,芳草萋萋,落红无数,飘散涧中,使得煎茶的泉水都有种落

83

寞的花香。西陵道士来到坛上,手摇着白羽扇,饮着绿如春江水的茶汤,念诵着《黄庭经》。山月当空,松影挺立,一片空澈区明。茶叶的香味萦留心间,令人颇生绝尘之想,他更感到心灵深处已经和仙境相通。

唐代著名道家茶人首推女道士李治(又名李季兰),她与陆羽交情深厚,德宗朝时与陆羽、皎然在苕溪组织诗会。有论者认为:"完全有理由说,是这一僧、一道、一儒家隐士共同创造了唐代茶道的格局"(王玲《中国茶文化》,中国书店 1992 年,119 页)。道士们还以茶待客,大历年间,淄州刺史王园等登泰山,"时真君道士卜皓然,万岁道士郭紫徽,各携茶、果相候于回马岭"(《道家金石略·岱岳观碑》)。萧祐游石堂观,享受了"碧瓯浮花酌春茗,嚼瓜啜茗身清凉"(《游石堂观》)的美好礼遇,给他留下了难忘的印象。

后来,茶叶在道士手中使用得更为频繁。如宋代文学家、史学家欧阳修曾将名贵的龙团茶赠送给"颍阳道士青霞客"(《送龙茶与许道人》)。元代著名散曲家张养浩游泰山时,在道观里品茗,留下了"鼎铛百沸失膏火,风水万里忘萍逢"(《过长春宫》)的诗句。明代朱权晚年兼修释老,他沉湎于茶道之中,主要是为了"探虚玄而参造化,清心神而出尘表。"道教精神无异一道灵光洞照幽邃,将生命于自然中点化提升,饮茶有助于习道之人达到虚静玄远的境界。道教淡泊超逸的心志,与茶的自然属性极其吻合,品茗与道教相结合,便有了虚静恬淡的特性。

二、僧人与寺院茶

茶与佛很早就结下姻缘,据《庐山志》记载,在东汉时,庐山僧侣劈岩削谷,取诸崖壁间栽种茶树,焙制茶叶。南北朝时南方寺院饮茶已很普遍,唐代陆羽曾在寺院学习烹茶术七八年之久,所撰《茶经》记载的"煎茶法"即源于丛林佛教僧众聚居之所。随着禅宗兴盛于北方,禅僧饮茶,从而也推动了北方饮茶。据封演《封氏见闻记》载:"开元中,泰山灵岩寺有降魔师大兴禅教。学禅务于不寐,又不夕食,皆许其饮茶。人自怀挟,到处煮饮,从此转相仿效,遂成风俗。"

这位降魔师属于禅宗北派的弟子。北派禅宗六世祖神秀与南派大师慧能虽同为禅宗五祖弘忍的得意弟子,但与南派提倡顿悟自性不同,开创渐修之说,使禅宗有所谓"南顿北渐"之分。降魔禅师遵奉神秀遗教到灵岩寺弘扬佛法,他实行循序渐进的坐禅方法,使僧众不吃晚餐,并延迟睡眠时间,几年内"学者云集"(《五灯会元》)。渐修禅悟,饮茶提神成了重要辅助手段。

明代乐纯《雪庵清史》开列了居士每日必须做的事,其中"清课"有:"焚香、煮茗、习静、寻僧、奉佛、参禅、说法、作佛事、翻经、忏悔、放生"等。煮茗名列第二位,而把奉佛、参禅都移到煮茗后,可见僧侣对茶的重视程度。

知识链接

> 　　饮茶能延年益寿,祛病除疾,唐代寺院多有记载。唐大中三年,东都有一僧侣年长 120 岁,宣宗问他服什么药如此长寿? 此僧称:"臣少也贱,素不知药,性本好茶,至处唯茶是求,或出亦日遇百余碗,如常日亦不下四五十碗。"于是,宣宗特意赐茶 50 斤,命居保寿寺,将其饮茶之所命名为茶寮。(钱易《南部新书》)

僧人也是肉胎凡身,再放旷的僧人坐禅久了也要打瞌睡的。由于饮茶具有清心寡欲、养气颐神、明目聪耳、沁人心脾的功能,茶最早也是作为健身养生的必备之物。茶的养生功能为僧众信服,僧人和道士对茶叶功效的理解,颇有相通之处。

茶与寺院关系极为密切,历史上许多名茶往往出自禅林寺院。在我国南方,几乎每个寺庙都有自己的茶园,而众寺僧都善采制、品饮。住持往往召集大批僧尼开垦山区,广植茶树。而一般寺院的四周都环境优异,因而适宜茶树的栽种。故历代寺院都名茶辈出,像南京栖霞寺、苏州虎丘寺、福州鼓山寺、泉州清源寺、武夷天心观、衡山南岳寺、庐山招贤寺等,历史上都出产名茶,名噪一时。著名的佛教寺院普陀寺,即拥有普陀山的茶地,僧侣从事茶树种植并积累了丰富的种茶、采茶与制茶经验,据传,直至康熙、雍正年间,普陀佛茶才开始少量供应朝山香客。九华山佛茶大约是在唐时开始培育出来的。四川雅安蒙山生产的"蒙山茶",相传最初是汉代甘路寺普慧禅师所培育,因其品质绝佳,长期被奉为"贡品",又被人们称为"仙茶"。著名的乌龙茶,即武夷岩茶的前身,也是由福建武夷山当地的僧人所培育种植,此茶在宋元以后亦以武夷寺僧人制作最为精致,由于僧人技艺高超,又把不同时节采摘的茶叶,用不同的工艺分别制成"寿星眉""莲子心"和"风味龙须"三种名茶,使其享有盛誉,经久不衰。"名山有名寺,名寺有名茶",我国历代僧侣在制作名茶上做出了重大的贡献。

公元 8 世纪中叶,马祖道一率先在江西倡行"农禅结合"的习禅生活方式,鼓励门徒自给自足。其弟子百丈怀海在江西奉新百丈山创《百丈清规》,并把世俗的生产方式移入佛门。约 9 世纪中叶,由于新型的禅林经济普遍得到发展,寺院栽茶、制茶就是在这种自力更生、经济独立的背景下大规模地兴起。

可以说，寺院之中整天离不开茶，饮茶成了禅寺的制度之一，成了僧众的重大生活内容。并逐渐形成了一套肃穆庄重的饮茶礼仪。寺院中专设"茶堂"，供寺徒们辩说佛理，招待施主佛友，品饮清茶。寺院法堂的左上角设有"茶鼓"，按时敲击召集僧众饮茶。林逋有诗云："春烟寺院敲茶鼓，夕照楼台卓酒旗。"正描绘出茶鼓声下寺院幽寂苍远的意境。禅僧坐禅时，每焚完一枝香就要饮茶，以便提神集思。寺院有"茶头"，专事烧水煮茶，献茶待客。有的寺院门前还有"施茶僧"，为游人惠施茶水。佛教寺院的茶，称为"寺院茶"。供奉佛、菩萨、祖师时，这道茶称为"奠茶"。在寺院一年一度的挂单时，要按照"戒腊"（即受戒）的年限先后饮茶，这道茶称作"戒腊茶"。平素住持请全寺上下僧众吃茶，称作"普茶"。尤其是佛教节日，或朝廷钦赐丈衣、锡杖时，往往都举行盛大的茶仪。

从元代德辉禅师《敕修百丈清规》起，寺院中还把民间的祭祀活动和自己的佛事活动相互沟通起来，不仅每年在诸佛、菩萨的忌日做道场，举行祭祀仪式，而且将祭祖与祭灶这两种民间自古以来就形成的风俗也列入寺院的祭祀活动。在这两项独特的祭祀中，寺院也万万离不开茶叶。

此外，还有一些茶叶与礼关联的活动，流行于青海河湟地区汉、藏、土族的"祭山神"风俗，同时要在山侧支茶锅，为诵经者、参加者献茶。西藏喇嘛教僧侣在吃饭前，总要先熬制一锅酥油茶，以便在开饭时与食物一起吃。于是，到寺院礼佛的人，都必须熬茶，并于僧侣喝茶时布施，故藏、蒙古等族人到喇嘛教寺院礼佛布施，被俗称为"熬茶"或"熬广茶"。

三、"茶禅一味"

养生、得悟、体道这三重境界，对禅宗来说，几乎是同时发生的，它悄悄地自然而然地但却是真正地使两个分别独立的东西达到了合一，从而使中国文化传统出现了一项崭新的内容——茶禅一味。

佛教僧众坐禅饮茶的文字可追溯到晋代，《晋书·艺术传》记载，敦煌人单道开在后赵都城邺城（今河北临漳）昭德寺修行，除"日服镇守药"外，"时复饮茶苏一二升而已"。到了宋代，饮茶更成了禅寺的"和尚家风"。《五灯会元》卷九资福如宝禅师条下载："问：如何是和尚家风？师曰：饭后三碗茶。"仰山慧寂禅师语录，有偈语曰："滔滔不持戒，兀兀不坐禅，酽茶两三碗，意在镢头边。"既不持戒，又不坐禅，为什么喝那三碗两盏酽茶呢？仿佛三碗茶下去，只要在静默中仔细回味齿颊间茶叶留下的馥郁浓香，就可以体味出淡泊自然、自觉自悟的禅意。宋代黄庭坚对禅学颇有研究，常与禅师来往，共同品茗，一起参禅，有好茶时还不忘与禅师一块分享，其《寄新茶与南禅师》一诗云：

> 筠焙熟茶香，能医病眼花。
>
> 因甘野夫食，聊寄法王家。
>
> 石钵收云液，铜瓶煮露华。
>
> 一瓯资舌本，我欲问三车。

黄庭坚将新茶赠予禅师，禅师也很喜欢喝茶，喝茶能让人心定气闲，茶能明目，清心寡欲，引人走进静默的世界，黄庭坚最后说，喝下这一瓯好茶后，不仅享受到了茶的清美甘醇，同时也可以领略到精微的禅理。

"和尚家风"的实行，把佛家清规、饮茶谈经与佛学哲理、人生观念都融为一体。正是在这种背景下，"茶禅一味"之说应运而生，意指禅味与茶味是同一种兴味，品茶成了参禅的前奏，参禅又成了品茶的目的，二位一体，水乳交融。这一禅林法语，又与"吃茶去"的佛家机锋语有着内在的联系。"吃茶去"出自唐代名僧从谂，由于从谂禅师常住赵州观音寺，人称"赵州古佛"。赵州主张"任道随缘，不涉言路。"学人问："如何是赵州一句？"他说："老僧半句也无。"关于"吃茶去"这一公案，《五灯会元》卷四有较详细的记载：

一人新到赵州禅院，赵州从谂禅师问："曾到此间么？"答："曾到。"师曰："吃茶去！"又问一僧，答曰："不曾到。"师又曰："吃茶去！"后院主问："为什么到也云'吃茶去'，不曾到也云'吃茶去'？"师唤院主，院主应诺，师仍云："吃茶去！"

赵州三称"吃茶去"，意在消除学人的妄想分别，所谓"佛法但平常，莫作奇特想。"据说，一落入妄想分别，就与本性不相应了。

禅宗常讲"平常心"，何谓"平常心"呢？即"遇茶吃茶，遇饭吃饭"（《祖堂集》卷十一），平常自然，这是参禅的第一步。禅宗又讲"自悟"，何谓"自悟"？即不假外力，不落理路，全凭自家，若是忽地心花开发，便打通一片新天地。"唯是平常心，方能得清净心境，唯是有清净心境，方可自悟禅机"（葛兆光《佛影道踪》）。

禅宗强调明心见性，也就是对本性真心的自悟。所以，在禅宗历代祖师眼中，任何事物都是与道相通的，正所谓："一切圆通一切性，一法遍含一切性，一月普现一切水，一切水月一月摄"（《永嘉大师禅宗集》）。"青青翠竹尽是法身，郁郁黄花无非般若"（《景德传灯录》）。"吃茶去"三字，应当是"直指人心，见心成佛"的"悟道"方式之一。

而由"吃茶去"引申开去的"茶禅一味",实在是一种智慧的境界,是将日常生活中最常见的东西——茶,与禅宗最高境界的追求——开悟(或顿悟)结合起来,创立了一种新的大众乐于接受的禅修理念。

后来,丛林中多沿用赵州的方法打念头,除妄想。例如,杨歧方会禅师,一而云"更不再勘,且坐吃茶";再而云:"败将不斩,且坐吃茶";三而云:"拄杖不在,且坐吃茶。"又如,僧问雪峰义存禅师:"古人道,不将语默对,未审将甚么对?"义存答:"吃茶去。"清代康熙年间,著名法师祖珍和尚为僧徒开讲说:"此是死人做的,不是活人做的。白云怎么说了,你若不会,则你俱是真死人也,立在这里更有什么用处,各各归寮吃茶去"(《石堂偈语》)。

总之,饮茶不仅可以止渴解睡,还是引导进入空灵虚境的手段。无怪乎,原中国佛教协会主席赵朴初为《茶与中国文化展示周》题诗曰:"七碗爱至味,一壶得真趣。空持千百偈,不如吃茶去。"著名书法家启功先生也题诗:"赵州法语吃茶去,三字千金百世夸。"

"茶禅一味"的省悟方法,还传到了东瀛,并为海外谙熟其中真味。南宋乾道年间日僧荣西来华,返日本后便将中国禅寺的饮茶方法传给日本僧人,并著《吃茶养生记》。他将饮茶与修禅结合起来,在饮茶过程中体味清虚淡远的禅意。日僧珠光访华,就学于著名的克勤禅师,珠光学成回国,克勤书"茶禅一味"相赠,今藏日本奈良大德市中。日本泽庵宗彭曰:"茶意即禅意,舍禅意即无茶意。不知禅味,亦即不知茶味"(《茶禅同一味》)。

总之,"茶禅一味"源于中国茶文化,其精髓是茶与禅的相通,都重在清远、冲和、幽静的意境,饮茶有助于参禅时的冥思、省悟,并体味出澄心静虑和超凡脱俗的意韵。

四、"径山茶宴"及其在日本的传播

宋代,不少敕建的禅寺遇有朝廷钦赐袈裟、锡杖之类的庆典或祈祷会时,往往举行盛大的茶宴款待宾客,参加者多为寺院高僧及当地知名的文人学士。当时,"径山茶宴"以其兼具山园风味与禅林高韵而闻名中外。

径山位于浙江余杭,属天目山脉。这里重峦叠嶂,流水潺潺,古木参天。唐太宗贞观年间,僧人法钦偶遇过此山,爱其秀丽奇拔,流连不已,后在此创建寺院。唐太宗诏至阙下,赐他为"国一禅师"。法钦在寺院旁种下几株茶树,采叶以供佛,不久茶林便蔓延山谷,鲜芳殊异。径山寺自此香火不绝,僧侣上千,并以山明、水秀、茶佳闻名于

世,享有"三千楼阁五峰岩"之称。宋政和七年,徽宗赐寺名为"径山能仁禅寺"。清高宗乾隆时,又定名为"径山兴圣万寿禅寺"。因此,自宋代起,径山寺遂有"江南禅林之冠"的誉称。

径山是著名茶区,寺院里饮茶之风极盛。僧侣们常在宏伟的殿宇楼阁之下,聚会研经,并汲山中清泉,煎水烹茗。每年春季寺内经常举行茶宴,以品新茶。招待贵宾时,自然也要举行茶宴。径山茶宴,有一套固定和较为讲究的仪式。佛徒们围坐一起,按照程序和教仪,依次献茶、闻香、观色、尝味、瀹茶、叙谊。先由住持法师亲自调沏香茗供佛,以表敬意。尔后命近侍——奉献给赴宴者品饮,这便是献茶。僧客接茶后,先打开碗盖闻香,再举碗观色,接着才是细细品尝。一旦茶过三巡,便开始评品茶色、茶香,称赞主人品行。然后,论佛诵经,谈事叙谊。

元明清各代,常有仰慕径山茶宴的禅韵逸志之人到径山游览进香。如明代王洪、王畿、王澍、王沂等,曾在径山松源楼聚会品茗,并作联句:"高灯春雨坐僧楼,共话茶杯意更幽。万丈龙潭飞瀑列,五峰鹤树湿云收。碑含御制侵茗碧,径起昙花拂暑秋。还拟凌霄好风月,海门东望大江流。"山堂夜坐,汲泉瀹茗,芳香四溢,意畅心清,这也是对"径山茶宴"的生动写照。

知识链接

南宋时,日本佛教高僧圣一禅师,曾于公元1235年来径山结庐憩息,研究佛学,并学径山茶的碾饮之法,之后他将此法和茶具传到了日本。公元1259年,南浦昭明和尚来中国,拜径山虚堂和尚为师。"南浦昭明由宋归国,把茶台子、茶道具一式,带到崇福寺"(据《续视听草》与《本朝高僧传》)。日本僧人也把径山茶宴的精神带去了,并逐渐发展成为日本的"茶道"。

第四节　世俗茶俗

世俗茶俗,即民间茶俗,是指源于民间、一直根植于民间,与老百姓日常生活息息相关的传承性的茶饮习俗。相对于前三节所论述的贵族化、文人化的宫廷茶俗、文士茶俗,世俗茶俗是平民化的、大众化的茶饮习俗。本节将从日常家居饮茶、民间迎客茶、民间"吃茶"古俗、民间岁时茶俗四个方面来加以讨论。

一、家居饮茶风俗

出门七件事,柴米油盐酱醋茶,茶在日常居家中,已是生活中的一部分。家居饮茶有着淳朴随意的特点,不讲究茶叶好坏,也不注重沏茶器皿的名贵,要的就是那份轻松惬意、舒心自在。生活虽然俭朴,却有着知足常乐的平淡,居家过日,讲究的就是平淡二字,平淡即是美,平淡即是真,平淡之中蕴含大智慧。民间日常饮茶所蕴含的,是乐而不乱,给人以冷静、透明、沉思、自省的享受。

安徽盛产茶叶,各地都有饮茶的爱好。芜湖有句俗语:"一日三朝,朝朝腹(福)满。"芜湖人往往是早、中、晚三遍茶,清晨开门第一件事就是到老虎灶冲开水,老虎灶是芜湖人对水炉的俗称,有些老人还特地把装有茶叶的小陶壶捧到老虎灶上泡"头开",然后到街上买些烧饼、油条、臭干子等小吃,回家吃早点、过茶瘾,这叫"以茶代餐"。沿江安庆一带农村,多用陶瓦罐在土灶中煨茶取用,过节时或有客人来时则烧炭火或干柴棒煮茶喝。在徽州,人们有"朝可不食,不可不饮"的说法,徽州人可称懂茶好茶,尤其是男子日饮不断,每日又分朝茶、午茶、夜茶。朝茶讲究细品,清晨洗漱完毕,手持清茶一杯,闲步信步,细品慢饮;午茶讲究酽浓,用以清食健胃;夜茶讲究舒心舒意,消除一日疲劳。

在江西各地城镇及产茶地区,人们早起都有饮茶的习惯,早晨家庭主妇第一件事就是煮茶汤,沏上一大壶茶,供家人随饮随倒,冬天还用暖桶包裹茶壶以保温。宜黄县城生活宽裕的人家多以茶叶泡好浓茶,俗称"茶娘",喝时掺入开水;家境贫寒的则用老茶叶制作的"老婆茶"泡茶。民国以前,崇义县乡村农家饮茶多用粗茶,俗名"石壁茶",也有饮用自己种制之茶者。赣南客家地区及赣东、赣中部分地方,暑天多制擂茶饮用。上饶地区饮茶之风较盛,家庭饮茶有早茶、午茶、晚茶和工时茶等数种。早晨起来后,先泡茶一碗,端给老人喝,然后全家人吃早茶,茶后再吃饭。农民出工前,吃一碗茶再去上工。午饭后再吃茶,谓之"晚茶"。晚茶一般人家不吃,旧时唯富贵人家在临睡前吃果点下茶,谓之"晚茶"。"工时茶"是指雇请工匠做事的家庭,除三餐饮食外,工间还要招待两次茶点,故有"三餐两茶"的说法。

河北人大多爱饮花茶,尤其喜好茉莉花茶,也有饮绿茶的,喝红茶的较少。流行的名品主要有西湖龙井、黄山毛峰、信阳毛尖、贵州都匀毛尖等。夏季来临时,一些单位发放防暑用品时,茶叶是必不可少的。旧时河北人习惯沏茶,即先把茶叶放入壶内,再把沸水冲入壶内盖上壶盖，闷几分钟后再倒出一茶碗，意思是使茶水浓度一样，然后才开始饮用。如今，也有不少人开始用开水泡茶，认为这样更为科学。

山东泰山人饮茶的习俗由来已久，据陆羽《茶经》中说："茶之为饮，发乎神农，闻于鲁周公。"泰山一带本来不产茶，所饮之茶都是从南方运来的。近几年，泰山脚下从南方引进栽培树，产茶称"泰山茶"，质量味道稍差。泰山周围的群众爱喝的茶有珠兰茶、茉莉花茶、干烘大茶（俗称"莱芜干烘"，大部分山区、农村的群众都喜欢喝）。过去生活困难，老百姓还饮用一些自己制作的花茶，如桑叶茶、枣花茶、石榴花茶、槐角茶、梨茶、金花茶等。泰山人饮茶，比饮酒还文明、雅致。特别是嗜茶之人，对茶具很有讲究，茶具要美观大方，最喜爱用宜兴紫砂茶具，也爱用泥子壶、碗，还有将泥子壶用豆子撑破后，再用小铜锔子锔起来，壶上的小锔子的制作精工细致，美观别致。烧开水也很有讲究，必须是煮沸的开水，最好是山泉水。用的柴火也不同，常饮茶的人对用什么样的柴烧的开水能喝出来，最好用木柴。倒茶时必须闷到一定程度，而且要少倒、勤倒，当地有谚语云："茶要浅，酒要满，饭要饱。"不能将茶壶倒空了，倒茶最忌讳的是将茶壶倒空后再冲入开水，当地人认为茶叶是个怪，再好的茶，再新的茶，哪怕第一壶才饮，若倒空了，再加水冲泡，那第二泡就变得色淡味薄了。倒完茶水后，壶嘴不能对着客人，否则被视为不礼貌。（《中国民俗大系·山东民俗》）

客家人因受制于闷热湿蒸的特殊地理气候条件，对茶有着特别的爱好，在客家地区，人们一早起来，便有喝茶的习惯，家庭主妇早晨一起来，便是打扫卫生，做饭，烧水沏茶。客家有童谣唱道："勤俭姑娘，鸡鸣起床。梳头洗面，先煮茶汤。灶头锅尾，光光张张。煮好早饭，刚刚天亮。"客家妇女历来勤劳肯干，她们从早到晚忙碌着，把家里打扫得亮亮堂堂的，也能下田干活，里外都是一把好手。客家人一天的生活从喝茶开始，当地人管喝茶叫"食茶"，清茶入腹，神清气爽，精神百倍。家境好些的，在烧好开水后，用细茶叶沏上一壶清香的茶水，以供家人饮用，家境贫寒些的，则用"老茶婆"（一种用老茶叶制作的粗茶）泡茶。现在随着生活水平的提高，客家地区的城镇居民到茶楼、茶馆里"吃早茶"的风气越来越盛，一边饮用早茶，佐以精美点心，一边闲聊，正是一天好时光的开始。（曾维才《客家人与茶》，《农业考古·茶文化专号》1991 年第 2 期）

江苏南通人多在自己家里喝早茶，用锡或铜质水壶（南通俗称"铫子"），盛天水（俗称淡水），在草炉上烧得"泼急泼滚"，同时洗净茶具，放入茶叶，用铫子中的沸水冲泡,待其"出色"后饮用。早茶泡好以后,去附近点心店买几块"缸爿"(斜角)、"草鞋底"(脂油烧饼)、油条、馒头或大肉包子,边喝茶边进早餐,怡然自得,其乐陶陶。(张自强、杨向春《品幽尝绿话茶经——江苏南通饮茶习俗研究》)

二、民间迎客茶

我们中华民族历来有热情好客的美德,在我国许多地区,都有着客来敬茶、以茶敬客的礼节,有朋自远方来,主人定会捧出一杯热气腾腾的香茶,茶叶是联系友谊的桥梁,老朋友在一起喝喝茶,叙叙旧,其乐融融。

客家人常年居住在深山老林里,客人较少,每逢有客人到来,不管是谁家的客人,客家人都会把他当作自己家的客人,热情地接待。不管什么时候,也不管走进哪一家,主人都会马上取出"茶米",泡一杯香气扑鼻的浓茶敬上。客家人称茶叶为"茶米",可见他们把茶与米等同看待。来客进门先敬茶,品尝一番后才开始拉家常或谈正经事,正如客家人常说的那样:"喝上两杯再说。"

湖南汨罗、淮阴人十分好客,当客人来了,主家就忙着备茶,一盅接一盅地敬茶,直到客人喝饱为止。如果你上他们家里做客,质朴的主妇首先端上一碗酽酽的红糖冲茶,喝完此茶之后满口香甜,主妇随即又送上一杯姜盐豆子茶,因为茶里面有姜、盐、黄豆、芝麻、茶叶、开水等六物,又名六合茶。这里的每户农家都备有大瓦罐和研磨老姜的姜钵,此茶的制法是:先将清水注入瓦罐,在柴火灶的火灰中烧开,将老姜在姜钵的背棱上来回摩擦,制成姜渣和姜汁,接着把茶叶放进瓦罐里泡开,然后将盐、姜渣、姜汁倒入罐内,混匀,倒入茶杯,再抓上一把炒熟的黄豆和芝麻撒入杯中,即成香喷喷的姜盐豆子茶。主客之间边喝茶边聊天,茶水渐渐地少了,杯底是一层被水泡胀了的炒黄豆,软软的,黄黄的,颇有些馋人。而不懂得"行情"的客人,却难以吃到豆子。因为主妇好像存心不让你吃豆子似的,又往你的杯子里满满地斟上一碗姜盐豆子茶。客人要想吃豆子,就得将茶从头喝起。如果你肚子胀鼓鼓的,向主人申明茶已快"饱"了,热情的主妇就会指着桌上的瓦罐笑着说"人家景阳冈三碗不过冈,我们这里是不吃三罐不算客。"当然,客人真的不能"领教"时,主妇也就不"勉为其难"了。

湖南临湘人敬茶的等级分明,一般客人来了用泡茶或川芎茶、山椒茶、芝麻豆子茶等,节日喜庆时,则敬红糖红枣茶或胖米茶,尊贵客人则必用红糖或甜酒冲蛋以资茶饮。敬茶还有季节之别,炎热天气敬"拗茶"(冷茶),凉爽天气则敬热茶。平江人厚重淳朴,热情好客,待客敬茶分三部分:当客人来了,主家定会把家里的佐茶食品一一摆到桌上,一般都是农家自制的小吃,有红薯片、潮板栗、香干、豆子等。第一步先敬酒,一般是上等谷酒,每人敬上一盅。第二步是煮上一大碗面条,每人发一双筷子,这是以面条代茶,等面条吃完了,第三步才是真正的茶,他们喝的是熏茶,当地人认为这种熏茶比外地的绿茶更有劲、有味。平江人敬茶的"三部曲",有着醇厚的酒香、浓郁的面香和清芬的茶香,更有那浓浓的乡土气息,让人心里暖洋洋的。

知识链接

　　云南彝族同胞爱饮茶,尤其是成年男子喝茶成瘾。过去所喝的茶,多是自种、自采、自制的茶叶,现已大多从集市上购买。彝族人大多喜欢喝烤茶,制法是:先把适量的茶叶放入小沙罐,用微火烤黄,加入开水,此茶苦中带香,回味无穷。凡有客人到,都要招待烤茶。在有的地方,主人烤好茶倒出的第一杯茶,要先敬给客人,但这只是一种礼貌,客人要表示感谢,但是不能接过来喝,要等主人喝了第一杯后,方能接过来喝。

　　在江西修水县,茶乡的人们特别好客,不论生客、熟客,主家总是热情相迎、将客人请到屋里,把最好的座位让给客人,客人坐下后,通常是由家庭里的长者陪坐聊天。家庭主妇则忙着生火烧水。主妇用炎钳架好木柴,然后用竹制的吹火筒将火吹旺。之后,再将悬挂在房梁上的推筒钩松开,将茶壶恰到好处地挪到火苗上。这几个动作被戏称为:"铁将军挂帅,祝(竹)小姐助阵,梁上君子帮忙,闹翻一城兵。"接着是洗碗,一般是洗8个碗,俗话说"要喝满盘茶"。如果客人多于8人,就要按实际人数洗碗。主妇将洗好的碗,摆在圆形的茶盘上,再开始拈碗,这道程序是,主妇把事先准备好的泡茶作料分拣到茶碗里。这些作料是:茶叶、菊花、芝麻、豆子、花生米、萝卜丁、姜丝、茶芎、花椒、食盐等,称之为"十样锦"。菊花、萝卜、生姜、茶芎产于秋末冬初。每逢这个季节,主妇们要腌制好一年的作料。拈碗这个动作看来简单,做起来就不是那么容易了。8个茶碗,每碗10个动作,这就是80个动作。这80个动作被称为"点尽曹营将,数清魏国兵。"泡茶的时候,主妇猛地高高举起茶壶,逐碗地冲泡,再用筷子在碗中旋动,这时,芝麻和菊花浮到水面,其他作料沉于碗底。这碗五彩缤纷的茶就是当地著名的"菊花茶",上茶的时候是"先宾后主",先敬客人中的长者,最后一碗才是自己的。客人接到茶之后,要稍停片刻,不能马上就喝。

喝茶的时候,要先用嘴将浮在水面上的芝麻和菊花吹到一旁,然后再慢慢喝。当客人喝完了水,就剩下作料,吃作料的时候要用巴掌对碗口一拍,那沉在碗底的作料立刻就被吸到碗口,然后顺势倒入口中。这作料极富营养,具有药用价值,可称为"十全大补汤"。(罗时万《中国宁红茶文化》)

江西民众热情好客,来客除敬茶水之外,还要以茶点招待。乡村民户茶点多是自产自制,有花生、豆子、薯片干、葵花子、南瓜子、炒米泡、玉米花、蚕豆等;山区农民还有板栗、毛栗子、杨梅干等;赣东、赣中等地有冻米糖、罐心糖;赣南客家人则有薯片干及黄黏米馃等;贵溪县还有油炸红薯片及各种蔬菜做成的菜干和甜米馃。修水县奉乡的晒糖果最具特色,有糖葫子、糖刀豆、糖山椒、糖木瓜、柚子花、糖瓜茎,多数刻有各种造型的花纹,色艳形美、味道甘甜,多用于接待贵客。城镇居民主要以糖果、饼干、瓜子、花生及四时水果招待客人,茶点盛装有的用瓷碟,四至六碟不等,有的用五格、七格、九格盘,寓意五子登科、九子团圆。

热情的主人总希望客人喝茶能尽兴,客人若是不想再喝了,各地也有着不同的表达方式。在江苏吴江市江村,进门后主人马上会端来一壶热气腾腾的香茶,抓出一把干青豆放在茶中,这就是当地有名的"青豆茶"。上人家家里做客,不喝茶是不礼貌的,但只要你动了茶水,好客的主人就会马上添满。如果你不想再喝了,就把青豆连同茶叶全部吃掉,主人就知道你不想再喝了。在侗族家喝茶时,主人给每人一根筷子,当你不想再喝时,就把筷子架到茶碗上,就不会再给你斟下一碗。在哈萨克族,当你不想再喝时,用手在茶碗上盖一下,主人见到即明其意。如果壶里没有茶了,主人便会将茶壶盖翻转放在茶壶上,这时,你就不要再喝了。蒙古族也如此。

三、民间"吃茶"古俗

在民间茶俗之中,往往称喝茶为"吃茶",即使是清茶一杯也称之为"吃茶"。当然,也有注重茶味浓郁、厚实,以土特产与茶相杂而制作的风味茶,一般是泡茶、泡食,不"吃"这茶是饮不了的。这是一种古风的遗存。人们在古时生食各种树叶,把茶叶当成生食的一种。后来才渐渐发展为煮茶、烹茶的。

晋代郭璞《尔雅》一书"槚,苦茶",注云:"树小如栀子,冬生,叶可煮羹饮。"可见在晋代,人们是用茶树鲜叶或干叶烹煮成羹汤而食用,就像喝蔬菜汤一样。唐代杨华《膳夫经手录》载:"茶,古不闻食之,近晋、宋以降,吴人采其叶煮,是为茗粥。至开元、天宝之间,稍稍有茶,至德、大历遂多,建中以后盛矣。"可见从晋宋至唐,吴人将茶树鲜叶烹煮成"茗粥"食用。唐宋时是将茶叶蒸碾焙干研末,冲泡后的茶汤浓如豆羹,需要"一吃而光"。我国大多数地区"吃茶"之风终于明代,因为明太祖朱元璋罢造龙团凤饼茶,"唯令采茶芽以进"。但是,吃茶在局部地区仍有传承。

《清稗类钞》记载:"湘人于茶,不唯饮其汁,辄并茶叶而咀嚼之。人家有客至,必烹茶,若就壶斟之以奉客,为不敬。客去,启茶碗之盖,中无所有,盖茶叶已入腹矣。"在清代就有笑话湖南人这种食茶的风气,说一湖南人到京做客,主人端上盖碗茶,等客人离去,主人揭盖一看,茶叶全不见了。主人愕然,叹曰:"湖南人竟然连茶叶也吃?"

至今,在湖南一些地区,仍有连茶叶一起咀嚼咽下的习惯。毛泽东是湖南人,终生嗜好茶叶,并且茶瘾较重,冲泡的茶水特别浓。他不仅饮茶水,还将茶叶全部吃掉。一杯茶一般喝过二三开后,他就用手捞出杯中的茶叶,放进嘴里咀嚼后咽进肚里。有时遇到重大问题需要做出决策时,他的茶瘾更重,只喝一开就连茶叶吃掉。一天不管换几次茶叶,都要全部捞进嘴里吃掉。看他津津有味的样子,还真是一种难得的享受。毛泽东饮茶吃茶叶的节俭习惯,是青少年时期在家乡农村养成的,也是乡风民俗在他身上的体现。

知识链接

在湖南常德地区的桃花源一带,人们喝的擂茶具有原始生食茶的遗风,其做法是:用生姜、生米、生茶叶为原料,擂碎后冲入清凉的山泉水,再加以调匀,即可食用。此茶香糯可口,呈黄白奶状,又名"三生茶"。

在我国茶叶主产区之一的江西,也都将饮茶称之为"吃茶",连山歌中都唱道:"茶叶下山出江西,吃碗青茶赛过鸡。"近代学者胡朴安曾在《中华全国风俗志》中说:"然萍(萍乡)饮茶,与他地不同,其敬客皆进以新泡之茶,饮毕,复并茶叶嚼食。苦力人食茶更甚,用大碗泡茶,每次用茶叶半两,饮时并叶吞食下咽。此种饮食习惯,恐他地未之有也。"学者杨荫深似乎受胡朴安影响,在《事实掌故丛谈》中说:"饮茶中饮茶汁,自古以来,该没有将茶叶也吃进去的,唯有现今江西萍乡人,却正如此。"至今,不少萍乡人还保留着这种吃茶的习惯,有的甚至茶汁还未饮完便先捞几根茶叶塞入嘴里嚼食,茶饮完时杯中便一无所有。

在赣西北地区的修水、铜鼓、武宁、宜丰、安福等县流行喝菊花茶,人们通常把开水泡茶叶叫作"喝茶水",称茶中加有菊花、黄豆、芝麻等"有嚼头"的茶料为"喝茶"。菊花茶配料丰富,所泡之茶,要做到"上不见水,下不见底",茶料下得愈多,愈显主人对来客之尊敬。喝茶的时候,将茶叶与配料一同吃进肚里。茶刚泡上,要趁热吃,因黄豆、芝麻、菊花都浮在水面,此时吃下,可获满口香味。如时间长了,茶料泡软沉入碗底,吃至将尽时,须晃动茶碗,将水和茶料一并吃下,吃完后如不够,可以再泡。茶吃完,如主人未及时收茶碗,应自行将茶碗送回茶盘。

在江浙一带农村,乡民们爱喝香茶,不管如何繁忙,有客来就以"香茶"待客。香茶内有晒干的胡萝卜干、青豆加橘子皮或橙子皮、炒熟的芝麻和新鲜的黑豆腐干,再加少许绿茶。此茶香醇浓郁、滋味鲜美,品尝着香茶真是一种赏心乐事,这种香茶色彩斑斓,层次分明,一片片碧绿的茶叶舒展自如,红色的橘子皮、淡黄色的胡萝卜干、圆滚滚的青豆,在茶汤上还飘荡着白色、黑色的芝麻。客人细啜慢饮,连喝带吃,先要把作料吃掉,然后再慢慢地喝茶,否则好客的主人会马上给您添上作料,作料一定要吃掉,不能吐掉,不吃完或把作料吐掉是有失礼貌的。每逢佳节喜庆,沏泡的香茶作料就更讲究了,这时,晒干的胡萝卜干换成了烧熟的青竹笋,再加上糖浸橘皮芝麻,洒上一些糖桂花,喝起来,甜滋滋、香喷喷,甘美清怡,冲泡至第二、第三回时,香味越来越浓郁,饮后满口余香,回味绵长。

在浙江省一些地方还时兴咸茶,此茶先是用瓦罐专煮的沸水冲绿茶,然后用竹筷夹着盐腌过的橙子皮或橘子皮拌野芝麻放入茶汤中,再加些熏豆、笋干之类的作料(共有十五种之多),少顷便可趁热品尝。当地农家人爱以此茶待客,尤其是在北风萧萧的冬夜,大家一起围着火炉,边吃边谈,边吃边冲,乡土气息甚浓,顿消一天疲劳,正如俗话所说"橙子芝麻茶,吃了讲胡话"。这里的农家,除了人人都爱饮咸茶之外,还有许多丰富的茶俗,民间流传有"打茶会""亲家婆茶"等七八种宴茶、品茶、评茶的乡土习惯。

香茶和咸茶都是"吃茶"的古风遗存,加了丰富的作料,连同茶叶一起吃下,味道醇香爽口,且营养价值高。

在民间,不仅有着将茶汤连同茶叶一起吃掉的各种茶饮,也有着姿态万千的茶叶制作的各种茶食。茶叶蛋风行全国各地,是人们百吃不厌的食品。广东一带流行的"肉骨茶",是用茶叶与排骨,加上当归、川芎、丁香、八角、北芪、果皮、罗汉果、淮山药等多种具有保健作用的药材慢火熬制而成。天津人每到新茶上市时,便用新龙井、碧螺春茶来炒鸡蛋或烩虾仁。美国尼克松总统初次访华时，周恩来总理曾用茶宴请贵宾，其中有一道菜就是龙井虾仁，以西湖龙井茶叶配以内河虾仁精制而成的。苏州名菜"碧螺银鱼"，是用鲜灵嫩绿的碧螺春与形似玉簪、通体无鳞的太湖银鱼同烹而成，形美味香，鲜滑可口。"茉莉武昌鱼"，是用清香鲜爽的茉莉花茶与武昌鱼同蒸而成，茶叶能将鱼腥尽除，更衬出武昌鱼之鲜美无比。

四、民间岁时茶俗

我国地域幅员辽阔，气候相差悬殊。一年四季，有着不同的茶俗。随着季节的变化，人们茶饮中的搭配之物也各不同，茶俗在长期的积淀中变得情趣横生。湖北黄冈有民谚云："谷雨茶叶祛暑药，炎天六月人人喝。"夏季来临，各地有各自的饮茶风俗，人们用各种植物泡茶，谓之能消暑解渴。

在我国客家人聚居地，人们喜欢喝擂茶，擂茶配料丰富，随着季节的变化，配料也各有不同。在江西赣南，制作擂茶的茶叶一般都选择老叶，老叶味浓，能提神醒脑，夏饮解暑不怕热，冬饮添暖不畏寒，健胃健脾，爽口洁齿。擂茶有着诸多优点，可以健脾、祛寒、暖胃，有时因配料的不同及分量的加减而产生的功能也不同，加入菊花、金银花等配料可以增加凉性，达到清热解毒的效果。加入薄荷叶则可提高去湿热的功效，加入陈皮、肉桂等可提高温性，有助于祛寒。在福建将乐地区也有喝擂茶的习惯，一天要喝两次擂茶，人们下班后第一件事就是喝擂茶。将乐的擂茶的原料有茶叶、芝麻、花生米、橘子皮和甘草，在夏天时还加入金银花和淡竹叶，冬季则加入陈皮等。

浙江民间流行着各种茶饮，在秋末时人们到野外采野菊花及黄花，晒干后备用，春天时泡之于瓦壶，喝下可防治感冒。金银花藤加上茶叶泡于瓦壶，等茶水凉了后再饮用，可防疾病。人们还将制酱用的豆坯泡水喝，谓之"豆坯茶"，趁热喝下去，可治喉头发痛。人们还喜欢饮用苦丁茶，苦丁是山区一种杂木的叶子，采摘后将鲜叶晒成半干，再入锅里炒青，揉捻成团，放到竹筐里闷上一夜，再打散烘至黑色为佳，再将苦丁叶剪成小片，晒干以备用。泡时放入锅中煮开，再盛入瓦壶，其味略带苦涩，却极为清爽可口，苦丁茶性凉，能防暑解渴、去湿热烦滞。若是喉咙、牙齿、眼睛火痛，泡上一杯浓酽的苦丁茶喝下去，虽味极苦，却有奇效。其他如"六月雪"茶，也有防暑之功。

据田汝成《西湖游览志余》记载：在立夏之日，家家户户煮新茶，再配以各色水果点心，送给亲朋好友，此谓"七家茶"。有钱人家则颇为奢华，水果雕刻得很精美，果盘也装饰得富丽堂皇,茶叶中还加入许多花草,如茉莉、林檎、蔷薇、桂蕊、丁檀、苏杏,再用贵重的哥、汝瓷瓯盛着茶汤,可见十分讲究。如今在江南一些茶乡,每逢新茶上市,茶农则以新茶祭祀祖先,还将新茶和糕团馈赠亲友乡邻,此亦俗称"七家茶"。

在浙江等地,有"吃伏茶"的习俗,在夏至后的一个月的时间,相当于阳历七月中旬到八月下旬,俗称"三伏天",天气酷热闷湿,容易中暑。用竹叶、槟榔、荷叶、六一散之类的中药,煎煮代茶,俗称为"伏茶",实际上就是解暑药剂。不仅家家户户自行煎吃,有一些商店门口或者路亭中也摆有大茶缸,免费供应伏茶给过路行人解渴。

每当酷夏之际,浙江德清人都喜欢喝十景全花茶,其配料除茶叶外还有冰片、甘草、金银花等,经温火煎熬后,汤色红黑,味道甘洌,饮后神清气爽。此茶是种掺有中药的保健茶,为夏天消暑解热、清凉解毒的好饮料。

至今在江苏等地区,立夏之日要用隔年木炭烧水煮茶,茶叶要从左邻右舍相互求取,这也称为"七家茶",据说喝了这"七家茶",夏无酷热,身体结实,不容易长痱子。立夏日家家户户还要以茶叶煮蛋,谓之"立夏蛋",认为"立夏吃只蛋,力气多一万"。立夏吃茶叶蛋,夏天不中暑。为了消暑,江苏各地还有饮大麦茶、金银花茶、竹叶茶、蚕豆壳茶的习惯。大麦茶是将大麦仁炒至焦糊,再煮水当茶饮用,其味微苦,清香怡人。连云港人夏季还爱饮用石花茶、山里红茶,以及槐铛茶。

江西各地,也有饮"立夏茶"的习俗,据清乾隆《南昌县志》载:"立夏之日,妇女聚七家茶,相约欢饮,曰'立夏茶',谓是日不饮茗,则一夏苦昼眠也。"这里的"七家茶"指的是七家妇女相聚共饮茶,民间传说喝了这立夏茶,便能安然度过酷暑。民国《昭萍志略》曾有《立夏茶词》,描述了这一风俗。

> 城中女儿无一事,四夏昼长愁午睡。
>
> 家家买茶作茶会,一家茶会七家聚。
>
> 风吹壁上织作筐,女儿数钱一日忙。
>
> 煮茶须及立夏日,寒具薄持杂藜粟。
>
> 君不见村女长夏踏纺车,一生不煮立夏茶。

皖中皖南地区居民在夏季时多饮用菊花茶、麦冬凉茶、葛粉汤等降温。六安一带流传着《饮茶诀》:"姜茶能治痢,糖茶能和胃。菊花可明目,烫茶伤五内。饭后茶消食,酒后茶解醉。午茶长精神,晚茶难入睡。空腹饮茶心里慌,隔夜剩茶伤脾胃。过量饮茶人黄瘦,谈茶慢饮保年岁。"

知识链接

岭南在历史上是潮湿瘴疠之地,岭南先民为了适应环境,采集了一些清热解毒、消暑祛湿的草药,经过一些具有中医药知识的人长期实践配制,创造出了各式各样的凉茶。凉茶深受广东、香港及东南亚华侨的喜爱,不论盛夏隆冬,凉茶四时可饮。

青草茶是台湾人喜爱的夏季饮品,青草茶由有药效的青草配制,饮之能止渴生津、消暑解热、祛风降火。青草茶的品类很多,有菊花茶、五色茶、百草茶、洛神花茶、苦茶等。制作青草茶的植物多至四五十种,配方也各有不同。常用的有薄荷、车前草、丝草、马鞭草、一枝香、倒地麻等,使用最多的是凤尾草。青草茶还有很好的保健功效,对防治感冒、肝炎、糖尿病、高血压等都有作用,深受宝岛人民的欢迎。

盛夏之时,不仅茶的配搭讲究,连饮茶的场所也有时令特色。今人翁偶虹的《北京话旧》,就记载了旧中国北京平民茶食的季令性茶棚,这种季节性茶棚,把饮茶和避暑结合在一起,把饮茶与果腹也结合在一起,使我们可以感受到民间时令饮茶的诸般气氛。

第五节　草莽茶俗

茶俗是一种综合的多层次的文化组合,其中既有采用广泛、人员众多的习俗,也有仅仅适用于某一情况、某些人员的做法。在民间,还有各种奇特的茶俗,人们以茶调解纠纷,以茶壶茶碗大摆茶阵,有些团体以茶命名,原本洁净清芬的茶叶被抹上了一层神秘奇趣的色彩。

一、调解纠纷"吃讲茶"

"吃讲茶"是一种古老淳朴的民俗遗风。由于司法中的不负责与腐败,以及法律诉讼的高成本,遇上人际间的麻烦事,如遗产继承、债务纠纷、婚姻失和、权益侵占、人格侮辱等。当事人为了息事宁人,又为了讨个公道,常常会请乡里有名望的人士裁决相互之间大大小小的纠纷,双方的陈述选择在当地的茶馆中进行,请裁决人根据事理和社会公德标准,从中劝说调停,以求得问题的和平解决。这种民间调解的方式,称为"吃讲茶"。

吃讲茶的程序是:茶馆事先为双方安排好座位,桌上放两把壶嘴相对的茶壶,表示将要在此"吃讲茶"。也有的是,当双方的知情人和裁决人坐好后,由茶博士为每一茶客沏一碗茶,给裁决人特泡一壶。然后,双方边饮茶边向参与的茶客介绍事情的前因后果,申诉各自的理由,并提出自己的处理意见。在此基础上,让所有茶客发表意见,或相互争论,或评判是非,或分析开导。最后,由裁决人做出结论,谁有理谁没理,并合议出妥善解决问题的具体办法。吃讲茶时,选择裁决人非常重要。一般说来,裁决人都是地方上有名望、辈分大,主持正义,办事公道,有一定威信和号召力的人。裁决人也以解决了乡里的纠纷而感到荣耀。

在我国许多地方,旧时都有着吃讲茶的习俗,因地域的不同吃讲茶又有着不同的特色。在陕西南部,旧社会时,"天下衙门朝南开,有理无钱莫进来",民间有了纠纷,不愿到衙门告状,当事人双方便相约吃讲茶,邀请德高望重、明白事理的人共同到茶馆讲理评判,由调解人做出仲裁。当双方起身握手言和后,茶馆堂倌见状要上前把当事人饮用过的两把茶壶的壶嘴相交,以示纠纷已圆满解决,茶钱则由输方支付。今天的人民法院秉公执法,但有些乡民怕起诉麻烦,仍愿意到茶馆调解纠纷。

在江苏,人们有了纠纷时常到茶馆去解决,光绪《罗店镇志》载:"俗遇不平事,则往茶肆争论是非曲直,以凭旁人听断,理屈者则令出茶钱以为罚,谓之吃讲茶。"这也反映出了江南水乡的民众把茶馆这一公共空间视为裁决是非的场所,著名学者费孝通在《江村经济——中国农民的生活》中谈道:"茶馆在镇里,它聚集了从各村来的人。在茶馆里谈生意,商议婚姻大事,调解纠纷等等。所谓'调解纠纷',实际上就是'吃讲茶'。"吃讲茶开始时,双方茶壶嘴相对,一旦矛盾消解,则壶嘴相交,表示修好。吃讲茶也有规矩,即理亏一方付茶钱。如实泡30壶,可能要付50至100壶的茶钱。

旧时上海滩上的茶馆,时兴"吃讲茶",有的是因为生意上产生了纠纷,有的则是帮派之间的矛盾,"白相人"之间产生了口角、纠纷或冲突,也常采用"吃讲茶"的方式来解决。"白相人"指的是旧时上海都市社会中对于那些长期没有正当职业、终日以浮浪游荡、捣乱生事为生的地痞流氓人物的称呼。上海的"吃讲茶"的具体做法是选好一家茶馆,当事双方各坐一边,调解人坐在中间,准备好红茶和绿茶各一杯。谈判内容主要是一方向另一方赔礼道歉,或者赔偿损失等。如果调解成功,调解人便将红茶、绿茶混合倒入茶杯中。双方一饮而尽,一切矛盾就算解决了,以往事情不再追究。如果调解不成功,双方则将茶泼在地上,翻脸不认人,开始大打出手,砍砍杀杀,把整个茶馆砸得七零八落、杯盘狼藉。茶楼老板害怕损失,常在室内醒目之处,悬挂上写有"奉谕严禁讲茶"的木牌,但事实上根本禁不住。旧时上海滩上白相人极猖獗,流氓地痞随处可见,因此吃讲茶之风常有发生。由于经常有地方势力甚至流氓无赖把持吃讲茶,纠纷常常不能公正的解决。最不堪者,吃讲茶成为恶势力和流氓欺压良善、鱼肉乡里的手段。

新中国成立后初期,老虎灶茶馆依然时兴"吃讲茶",来这里吃讲茶者,多半是些鸡毛蒜皮的事情,如修雨伞两者之间抢生意,或有借钱不还的,或亲戚之间闹不愉快的,朋友之间有了口角的。这些事情说大不大,上法院似乎太郑重其事了,而且穷人也打不起官司。说小也不小,关系闹僵了也不好办。因此小市民还是愿意到老虎灶"吃讲茶"。随着人民政府秉公办案,各街道和村镇都有调解组织,茶馆不再出现吃讲茶的镜头。(蓝翔《上海老虎灶寻踪》,《农业考古·茶文化专号》10期)

二、"斗茶"的后世嬗变

斗茶原是一种赛茶活动,最初在宫廷、豪门权贵、文人雅士之间流行,是极具审美趣味的雅事。到宋元时期,斗茶在民间也开始盛行起来,成为一种赌博形式。由于民间斗茶成风,肩挑茶贩应运而生,或沿街叫卖,或就地烹茗,供众斗试,品评优劣,一试输赢。

元代赵孟頫曾画过一幅表现茗战场面的《斗茗图》,形象生动地表现了当时的斗茶情景:画面上四个人物,每人身边放着一副盛着茶具的担子,其中一位脚穿草鞋,袒胸露臂,正手持茶杯,向人夸耀着自己的茶品;其身后有一人提杯提壶,正将茶水注入杯中;旁立两人,正全神贯注地凝视着斗茶的场面。到了清代,斗茶形式又有了新的发展,对茶具的设置,品饮的方法,均十分讲究。

斗茶在民间产生了嬗变,帮会盛行的"茶碗阵",就是融汇了古代"斗茶"习俗的民间集团的非语言交际方式的秘密语。早在1912年商务印书馆出版的、日本学者平山周撰写的《中国秘密社会史》一书,就辑有近代民间秘密社会隐语、"茶碗阵"及"符徽"等的形制定则。该书还对茶碗阵做出了解释：

茶碗阵者，于饮茶之际，互相斗法。甲乙相对时，甲先布一阵，令乙破之。能破者为好汉，不能破者为怯弱。

20世纪30年代初，中国学者萧一山先生至英国伦敦不列颠博物馆抄录带回了丰富的有关天地会的史料文献，其中包括"茶阵"的形制定则，编撰成《近代秘密社会史料》，1935年由北平研究院史学研究会印行。英国的波尔夫人于香港、广州购得许多晚清粤人手抄天地会文件，也有一些茶阵之类的材料。朱琳编著的《洪门志》，在第十一章"暗号"第二节"茶碗阵"条下，列举有44种不同的茶碗阵阵法，1993年出版的王纯五著《洪门·青帮·袍哥——中国旧时民间黑社会习俗》，载有41种茶阵。

帮会的茶碗阵，即"茶阵斗法"，反映了该秘密组织的信仰、本位观念，兼具斗智游戏的特点，充满了神秘而又庄严的色彩。一个完整的"茶碗阵"，应包括图像、阵式定制（又可分为"布阵""破阵"）及饮茶诗（又称"谣诀"），是用非语言直语的方式，以象征手法暗传帮会内部信息（如访友、求援、争斗、和解、斗法、明志等）的秘密符号，其"茶阵"结构的变化，也含有特定语义。

三合会、哥老会、天地会习用的茶碗阵，均大同小异。这种虽相类似，又各有差别情况的出现，是因为其流行于该秘密集团的不同群落或不同时期所产生的，是集团内部交际思想的一种特定语义。

洪门的《饮茶总诗》是以"青莲心茶"四字为首字的藏头诗，以"青"谐"清"之音。因为洪门中人称茶为"青莲"，茶馆称为"青莲窑子"。这首总诗，乃是茶阵所体现的思想主旨。

（清）朝天下转明朝，

（莲）盟结拜把兵招。

（心）中要把清朝灭，

（茶）出奸臣定不饶。

"洪门"即天地会，是清代民间的秘密帮会，以反清复明为宗旨，还曾大力协助过太平天国起义和辛亥革命斗争，有民族的进步意义。辛亥革命后，洪门演变为红帮，与清代成立的青帮变为黑社会的组织，堕落为反动势力的爪牙。

各个帮派很重视茶馆的作用，为了方便联络，有的茶馆就是他们自己开设的，堂倌也多为黑道上的人物，这种茶馆，用帮派话来说，叫"立码头"。20世纪30年代，上海著名的青帮头子季云卿是个很有势力的头面人物,他不仅独当一面,甚至一些外国人也要求助于他。

知识链接

　　1928 年,英国驻上海领事馆的一位外交官丢了一份重要文件,连警察也无法破案,于是他便求救于季云卿门下。年已花甲的季云卿对此十分重视,为了这宗失窃案亲自坐船到了汉口。他一上岸便直抵江边的"得意楼"大茶馆,进馆后便在房座小厅中,挑了个面窗向江的座位坐下。这个"得意楼"乃是汉口青帮头子杨某开设的帮会秘密联络点,季云卿一坐定,便倒满一杯茶,然后将茶壶的嘴对着杯子,这是青帮中会友求助的格局。堂倌一看,便知道是自家人的大人物光临,他二话没说,便领着季云卿到老板家里相见。由于英国外交官的那份文件就是杨氏门徒偷去的,季云卿亲自出马,杨某人自然要赏光,于是季云卿不费吹灰之力便找到了这份重要文件。这件使警方头痛的案件,却靠着帮派之间的茶阵迎刃而解。

(匡达人《旧社会帮会在茶馆的活动》)

三、民间帮会的"茶阵"

三合会的"茶碗阵"

三合会本为天地会的分支,其茶碗阵的布阵方式与天地会大致相同,但饮茶诗较缺。例如:

单鞭阵　一只装满的茶碗,一只茶壶排列。意思为向其他同志求救,能救之者即饮其茶,不能救者则弃碗中之茶再另倒茶而饮。

争斗阵　一只茶壶旁并列三碗茶。如果壶口对茶碗,即献茶者请与之争斗之意,对方若不应所请,则可取中央一碗饮之。

刘秀过关阵　一只茶壶旁,并列三碗茶,还有一碗茶另放。受茶人需饮距离自己身体最近的一碗,并将其余茶碗整齐排列为一列,口称:"刘关张血誓,不可不作一列"。如果原本即为一列置之,乃是求援之意。若无意应之而拒绝,即依前式饮尽其茶就可以了。

四忠臣阵　壶侧四茶碗并列横排。此阵只用于求援时布之,若为寄托妻子而允诺之，即取左边第一只茶碗饮下；若为借钱而允其请，则取第二只茶碗饮下；若为援救兄弟生命之故，则取第三只茶碗饮下；若为救兄弟之危难之故，则取第四只茶碗饮下。假如不能或不欲应其所求，即变更茶碗排列位置，尔后饮之。

反清阵　无壶，一只有茶之碗，四只无茶之碗。饮法为，弃之中央有茶碗不顾，而于其余四空碗中任意一只，注茶而饮之。

七神女降下阵　无壶，七只茶碗排列。左端的茶碗用以表示利己之意，不可饮，其余各碗可任意取饮。

哥老会的"茶碗阵"

哥老会的茶碗阵比三合会的较为简略，且多数只有茶碗，而无茶壶。"四平八稳阵""仁义阵""五梅花阵"等诸阵式，均属哥老会的普通吃茶式。其他有代表性的阵式还有：

一龙阵　孤置茶碗一只。其义如该阵式谣诀所云："一朵莲花在盘中，端记莲花洗牙膏，一口吞下大清国，吐出青烟万丈虹。"

双龙阵　两只茶碗并列。谣诀云："双龙戏水喜洋洋，好比韩信访张良，今日兄弟来相会，暂把此茶作商量。"

桃园阵　三只茶碗，上一下二。谣诀云："三仙原来明望家，英雄到处好逍遥；昔日桃园三结义，乌牛白马祭天地。"

宝剑阵　七只茶碗，五只成一直行列，中腰左右各置一只。谣诀云："七星宝剑摆当中，钱面无情逞英雄；传斩英雄千千万，不妨洪门半毫分。"

梅花阵　八只茶碗，组合若二相接之梅花图形。谣诀云："梅花朵朵重重开，古人传来二度梅；昔日良玉重台别，拜相登台观奇才。"

梁山阵　二十四只茶碗，上排三只并列，次五只并列，下"八"字形两边各列八只，总体状似梁山泊之忠义堂前点兵、议事，故名。谣诀云："头顶梁山忠根本，才捆木杨是豪强，三八二十四分得清，可算湖海一能人，脚踏瓦岗充英雄，仁义大哥振威风。"

天地会的"茶碗阵"

天地会所传茶碗阵最为完备，而且排列图式、形制定则的文字说明及谣诀都比较详细。天地会内部秘语秘事，现举几例：

攻破紫金城茶　三杯茶,有筷子一对置于茶面上,可用手拈起筷子,说道:"提枪夺马",便饮。谣诀云:"手执军器往城边,三人奋力上阵前,杀灭清兵开国转,保主登基万千年。"

绝清茶　此茶两杯,上承烟筒一枝。先将烟筒执起,然后拈茶便是。谣诀云:"两塘有水养清龙,手执清龙两头通。清龙无水清龙绝,调转乾坤扶明龙。"

梅花郎茶　茶五杯,中心一杯万不可饮,从外顺手拈来,诵谣诀即可以饮。谣诀云:"梅花吐蕊在桌中,五虎大将会英雄。三姓桃园还有号,要尔常山赵子龙。"一云:"十月梅花开,四方兄弟来。复明从此日,请主坐龙台。"

五祖茶　茶五杯摆作一列,另有一壶。切不可即饮,需先注回壶中,重新斟过再饮。谣诀云:"五人结拜在高溪,五杯茶来兄弟齐。五人分别开各省,五祖祈茶来发誓,五行天下顺明归。"

七星会旗茶　茶七杯,烟筒一枝,壶两只。两壶中间将烟筒置桌上,烟筒右侧茶一杯,其余六杯置左侧。饮法为,先将烟筒右边一杯茶倒回壶中,重新斟过再饮。谣诀云:"一枝大旗七粒星,四九三七正分明。洪宗写来无加减,义气兄弟莫绝情。"

龙泉宝剑茶　茶八杯,摆成宝剑样。若有想饮者,将剑头个杯反转,说道:"反清复明"。谣诀云:"龙泉宝剑插头中,利害成名扫胡毛。义人争夺含珠宝,做剑二人是姑嫂。"又作茶七杯,乃无剑柄上一杯,谣诀云:"七星剑镇木杨城,照尽花亭结义兵。姑嫂生来洪姓管,锦绣乾坤复大明。"

此外,还有忠奸茶、深州失散茶、桃园结义茶、天日茶、会仙姬茶、带嫂入城茶、插草结义茶、欺贫重富茶、明主出身茶等多种名目,还有一些已佚茶名,仅留摆法和谣诀的茶阵,有待人们去破译。

产于今杭州西湖一带的龙井茶,具有"色绿、香郁、味甘、形美"的特点,该茶之所以位列极品,传说与嗜茶成癖、吟诵茶诗天下闻名的乾隆皇帝有密切关系。

相传,乾隆皇帝到杭州狮峰游玩时,只见胡公庙前秀丽的狮峰山,清澈的龙井流水,山坡上长着十多棵碧绿的茶树。他非常高兴,就学着村姑们采茶的样子采起茶来。刚采了满满一把,因听禀报说太后病了,随手就把茶叶往衣袋里一放,便启程赶回京城了。其实,太后没有多大的病,只是山珍海味吃多了,一时肝火上升,双眼红肿,胃口不适。她闻见乾隆口袋里的茶叶清香宜人,就叫宫女泡了一杯。太后接过茶杯,红肿的双眼被热气腾腾的茶香一熏,感到十分舒适。轻轻啜了一口,清香满口;啜了二口,满嘴生津;啜了三口,神清气爽。一连喝了三杯,就像灵丹妙药,龙井茶竟把太后的病给治好了。乾隆皇帝高兴无比,立即传旨,将杭州狮峰胡公庙前的18棵龙井茶树封为御茶,其茶叶年年进贡,专供太后服用。从此,龙井茶作为贡茶名扬四海。

课堂讨论

1. 结合课本中的例子,讨论文士茶俗到底是一种"雅"文化还是"俗"文化,雅、俗之间有什么样的关系。

2. 谈谈你对"茶禅一味"的理解。

3. 民间岁时茶俗有哪些特点?除课本中介绍的以外,你还知道更多的岁时茶俗吗?

思考练习

1. 帝王赠茶有哪几种形式?分别有何意义?

2. 试述文士饮茶中"品"的内涵及其审美意味。

3. 道观茶俗与寺院茶俗有哪些异同?

4. 什么叫"吃讲茶"?

5. 试述斗茶的民间嬗变。

第五章　茶俗的文化表现

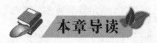 **本章导读**

　　通过本章的学习,了解日常生活中茶俗的文化表现及其"小传统"特点;了解日常生活茶俗文化的多样性及其浓郁的地方色彩;了解人生礼仪中茶俗文化所承载的心意信仰习俗;学习古代茶馆茶俗文化的不同形态及其当代意义;学习饮茶技艺的茶俗文化。

学习目标

　　1. 熟悉日常生活茶俗文化的象征意义;

　　2. 了解心意信仰茶俗在人生礼仪中所发挥的作用;

　　3. 了解民间施茶会的性质;

　　4. 掌握茶与婚姻习俗的关系;

　　5. 掌握唐、宋、明、清历代茶艺的流变。

　　民俗学研究从理论上常将社会文化分为两个层次:一个是"大传统",主要代表上层精英的文化理念、生活方式、道德伦理和思想传统,更多地体现自上而下的、理性的文化秩序;另一个是"小传统",是指由乡民社区所代表的底层草根文化传统,体现的是乡土的、具有自发性的社会生活,作为自生自发的民间秩序,常与实用理性相连。这两大传统在历史的具体情形中,常常发生千丝万缕的关系。(钟敬文《民俗学原理》,上海文艺出版社,1998 年,1 - 2)

　　在第四章里,我们按社会阶层划分,着重描述了宫廷茶俗、文士茶俗等为代表的"大传统"。本章则重点关注"小传统",即日常生活中斑斓多彩的茶俗文化,分别从日常生活、人生礼仪、古代茶馆、饮茶技艺等四个方面展开论述。

第一节　日常生活茶俗文化

日常生活中处处离不开茶,人们以茶庆祝喜庆年节,以茶祈求平安,家中有喜事时,人们往往相聚在一起饮茶庆祝。逢年过节,也有着丰富的茶俗。茶是洁净的象征,因此与民间心意信仰关系紧密,遭遇不幸时,人们也往往以茶祛秽气、祈平安。

一、喜庆茶俗

茶叶代表着和睦友爱,人们往往以茶来表礼节,中国是礼仪之邦,子孙要孝敬长辈,兄弟要亲同手足,夫妻要相敬如宾。茶叶是人际关系的润滑剂,是增进亲情友情的桥梁。在民间,有着许多以茶表礼节的民俗,家中逢有喜事时,主人家往往邀请亲朋好友一起喝茶庆祝。

敬老是客家的优良传统,每当有族人进入花甲之年,乡亲们都习惯在老人生日那天为他祝寿。寿者的子女也乐意为父母办酒席做寿,宴请亲朋好友和乡亲。在翌日,主家邀请乡亲们一块吃擂茶,以示对寿者祝贺的答谢,这一风俗称为做寿答礼茶,一般从 60 岁开始每年一次,有的逢 5 逢 10 还要大办一场,也有才 50 岁就做寿的。只要有设宴,翌日均要设擂茶答谢。

四川宜宾有"娘家父母大寿,女儿要回家烧茶"的习俗,当娘家的父母 50 或 60 大寿时,已出嫁的女儿要在婆家准备好摆茶用的茶食糖果,再背回娘家来。做寿那一天,女儿要亲自泡好茶,摆上茶食糖果招待客人,以示对父母的孝敬,这种习俗称之为"烧茶"。女儿烧的茶越好,摆的茶食糖果花样越多,父母的脸上就越有光,会得到亲友乡邻的交口称赞,这说明女儿很能干,有出息,父母也不枉养女儿一场。

瑶家老人做寿时要煮"寿茶",第一碗茶为糖茶,里面放一只鸡蛋,在喝的时候要说:"托老人家的寿,托老人家的福。"在向老人祝寿时,也祈望着自己也能像这位老人一样健康长寿、多子多福。第二三碗茶与一般油茶制法相同。鸡蛋一般在第三碗或第四碗时再吃,如有不懂先吃了,主人会在端第二碗茶时,再添上一只鸡蛋。

小孩出生是一件大喜事,意味着这个家族后继有人、添丁又添福。在民间,小孩出生之后,也有着丰富的茶礼。在江西修水等地,女子嫁后生了男孩,丈夫要到岳父家报喜。岳母即送给女婿一红布包，包里裹着的是她在头年亲自采摘的四季宁红茶，这一礼物称之为"祝弥"，祝愿孩子年年如茶般健康成长。瑶家小孩满月时，不论是男孩还是女孩都要"煮茶"，亲戚好友家中的女人们要过去喝油茶，以庆贺家中喜添人口，也寄托了父母盼望孩子幸福成长的美好愿望。

在广东惠东县客家地区，人们喜欢食用咸茶，咸茶的主要原料是爆米花，配料有红豆、黄豆、乌豆、花生、麻油、香芋、茶叶等，制法是先将爆米花和豆类煮熟，再放入少许胡椒粉、碎茶叶，将味道调好即成。客家人除了用咸茶来招待客人外，还在喜庆的日子里食用咸茶。按照习俗，谁家媳妇生了孩子，第三天早上，主人家便要煮上一桶咸茶，宴请亲友乡邻，这称为"三朝茶"；孩子满月时，要煮"满月茶"；建新屋上梁，要煮"上梁茶"；住进新屋，要煮"新居茶"；男女婚事议定后，姑娘的母亲第一次到男方家里，男方要请"亲家茶"等，可谓事事都离不开茶。

在贵州黔东南州的侗族盛行喝豆茶，其主要原料是炒米花、黄豆、苞谷、青茶叶等。豆茶分为清豆茶、红豆茶、白豆茶三种。清豆茶一般在节日里饮用，其原料由主办村寨负担或大家一块凑份，将凑拢来的原料放在大铁锅里清煮，再由煮茶的老者分舀给参加茶会的乡亲们。红豆茶是在办婚礼时饮用，先用猪肉熬汤，加入炒米花、苞谷、黄豆和茶叶，由新郎新娘将熬好的豆茶共同敬献给客人。白豆茶则是在办丧事时饮用，用牛肉熬汤，加入同样的原料一起煮成，由丧者的子女敬献给吊唁的客人饮用。凡是饮了白豆茶的客人，都要在饮完之后放一些钱在碗底回赠给主人，作为答谢，称为"茶礼钱"。

知识链接

民间素有"尊师重教"的传统，旧时南昌家长送学生入私塾，要备上一份拜师礼，其中之一是一包茶叶，意思是恭维塾师高雅芳香，并求塾师多多费神。在江西，弟子去拜访老师，饮茶也有特殊的礼节，民国《安义县志》载："师位西南，东北南，弟子西面茶。"

在江西婺源民间，有着丰富的茶礼节。"寿礼茶"，即寿诞时赠送的礼品上面，一定要放一枝茶叶，红色配以绿色，既显示生意盎然，又寓含多福多寿。"洗儿茶"，小孩出生后，第一次沐浴时，要用茶叶煎水来洗。"茶叶枕"，用粗茶填充的枕头，枕着松软，还有清心明目的作用，据说，老年人用了可以防治头晕眼花。

在福建宁化客家,新屋落成后,即可择取吉日良时,作灶,过火,迁居。作灶应按家中主妇的生庚去选择日子时辰,开工时要杀鸡、点香烛。做好新灶后,要煎一锅擂茶,请邻居们吃"新灶茶",在当地,拆开旧灶重筑灶也要煎新灶茶。来喝茶的邻妇,送来粉干、粉皮、猪油之类,主人家可接一半,回奉一半。

二、年节茶俗

在闽西、粤东的客家地区,在年关来临或正月出门有"送茶料"的习俗。所谓"茶料",即为佐茶之料,主要由糖姜片、橘饼、冬瓜条、陈皮、兰花根等,用毛边纸包好,然后再贴一小块红纸以示新春之喜。亲戚中有长者,必送"茶料",村里的长辈也应该备好一份"茶料"送去。朋友之间也会相互赠送"茶料"。人们在正月里走亲访友,也要备好"茶料"。

四川宜宾有"过年过节先摆茶"的风俗,不管经济条件如何,每到过年时,家家户户都要请客吃饭,饭前都要先摆茶来吃。穷人家的茶,多用粗陶碗装,摆的茶食糖果是用红苕糖做的。有钱人的茶,则用细瓷碗装,摆的茶食糖果是用饴糖(酒米熬的糖)做的。吃过茶后才摆上碟子下酒菜,酒吃过了才上主菜,菜一般是九大碗。吃完饭后,还要给客人端水洗脸洗手,再递上一杯茶。这不是讲究什么排场,而是当地别具一格的待客风情。

在皖西地区,以茶代礼的风俗极为普遍。过春节时,常以"元宝茶"敬客。所谓"元宝茶",其实就是在茶杯里放两枚橄榄或金橘,以示新春吉祥如意。"谷雨"那天,皖西茶乡的村民,都要互敬新茶一杯,这是一年采茶开始,含有竞赛的意味。旧时小孩去私塾蒙馆,要请私塾先生吃"启蒙茶"。年轻人当学徒,要请师傅喝"拜师茶",吃拜师酒。

在江西的许多地方,讲究大年初一要吃青果茶。清代正德《建昌府志》里便有记载:"人最重年,亲族里邻咸衣冠交贺,稍疏者注籍投刺,至易市肆以青果递茶为敬。"所谓的"青果茶",是在茶中加入一只青果,俗称檀香橄榄,在品茗时更显淡雅清香,初上口时有点涩,过后就满口生津,回味无穷。寓意一年之中都清静平安,回味甘甜。昔时赣南一带农历朔望日早晨天一放亮,各家在门外向东方点香烛,有的再摆上供桌,放三个斋盘(糖、饼、果子),斟三杯水酒或清茶,祀者虔诚地行跪拜磕头礼,礼毕鸣炮。

在茶乡婺源,新年之始茶商、茶农家庭成员最先入口的必定是茶。农历正月初一"初一朝",全家早起,盥洗完毕后,家长领着家人向"祖容"拜年,接着是晚辈向长辈拜年。拜年后,全家团坐,由主妇泡好清茶,为每人斟上清茶一盅,再佐以果盒内糕点食之,然后是吃茶叶蛋、长寿面等。

江苏常熟、苏州等地,正月初一时,茶馆为招徕生意,照常开业。茶客进门,也用橄榄茶招待,而且不增收茶资。因为,茶馆业有个不成文的规矩,茶客在这一日到哪家茶馆去饮了橄榄茶,那么,这一年就都会上那家茶馆去饮茶,成为这家茶馆的常客。所以,正月初一这一天,每家茶馆都用橄榄茶招待茶客,希望顾客多多上门,新的一年里生意兴隆。

鄂东一带人在正月拜年时沏"元宵茶"待客,元宵茶的制法颇为奇特,先将芫荽(香菜)叶切碎,伴以炒熟碾碎的绿豆(或黄豆、饭豆)、芝麻,再加入食盐,腌上数日,饮用时将其冲入沸水,此茶鲜香味美,颇有嚼头。

浙江德清县人民在新年来临之时,有喝新春茶的习俗。从正月初一到初三,客人到来,主人都会敬上一碗新春茶。此茶又称四连汤,是在瓷碗内放几粒红枣、莲子,冲入白糖水,喝起来香甜可口。新春茶实际上是一种无茶之茶,借以祝愿客人在新的一年里日子过得甜甜美美,事事顺意。

福建福安种茶历史悠久,年节茶俗颇为有趣。在当地有一句俗话:"年头三盅茶,官府药材无交家。"意思是年头喝下三杯茶,那么这一年事事顺心,官司和疾病都不会找上门来。可见人们把喝茶当成一种祈福的活动,茶叶具有保平安的象征意义。在福安,人们在过年过节或喜庆日子里,都习惯用"糖茶"待客,春节叫"做年茶",初一出门叫"出行茶",结婚叫"新妇茶"。糖茶是由冰糖、红枣、瓜糖、花生仁和少许茶叶冲泡而成,每杯放一把用银匙搅拌,在献茶时要神情庄严,双手捧敬。"糖"者甜甜蜜蜜,"茶"者清清静静,喝下一杯糖茶,定能平安喜乐,吉祥如意。

福安人在其他节日也有着有趣的茶俗。新娘的娘家在婚后三年内,每逢农历七夕乞巧节,须送女婿家白枣、状元糕、蜜茶糕、花生、葡萄、黄豆和橄榄等七样糕点,供出嫁女儿乞巧之需,此谓"七夕茶"。福安人中秋节有吃茶泡的习俗,民间有首歌谣唱道:"行中秋,旅中秋,骸绷乌溜溜,出门三下搿,茶泡拿里收,收来收来做中秋。"说的是古代中秋晚上,妇女出游,先是去看知县的夫人,福安人称作"看奶奶"。"奶奶"盛装打扮,端坐于后堂,让妇女们列队参见,发给来见者茶泡,这茶泡原来是以茶配糕点,但因人数众多,要泡那么多茶,分那么多糕点,不好应酬,后来便将发茶泡改成发两块中秋饼了。此俗延续到民国初期。福安人外出赏月时也不忘携带茶泡,遇上亲朋好友,便可互相赠送。(郭旻《福安茶俗趣谈》,《福建茶叶》2000 年 S1 期)

知识链接

广东揭西客家人到正月十五元宵节,家家户户都煮上 15 样擂茶,这叫"菜茶"。青年妇女、小姑娘最有兴趣,她们一大早就到菜园里采来 15 样青菜,其中一定要有葱(据说吃了日后会聪明)、蒜(吃了会计算)、蕌(吃了就会有窍门)。到了晚上,她们结伴游巷串门,玩上几个时辰,再回家煮擂茶共同分享,预示新年大吉、平安顺利。

三、心意信仰茶俗

茶叶在人们心目中是圣洁清芬的,能驱除污秽,因此,人们往往以茶求平安、避邪气、驱晦气、祈福佑。在我们的日常生活中,有着丰富多彩的平安茶俗。

民间认为茶叶是能起巫术作用的辟邪物,人们在砌房造屋、立柱上梁时,均有洒撒米粒、茶叶的风俗。走夜路怕遇邪的人,在口中含着茶叶,可以大胆地往前走。住在河附近的人家,夏季闻到河中有腥气,认为有水鬼作祟,向河中撒去茶叶和米,便可平安无事。海上作业的船遇到兴风作浪的鱼,船上的人会立刻向海中撒去茶叶和米。放焰口的和尚,一边念着经文,一边用手弹出茶叶和米以驱邪鬼。

婴儿刚出生时身体还十分单薄,容易受各种病痛邪气的影响。人们认为茶叶乃洁净之物,茶叶有驱邪解禳的神奇作用,为了让婴儿茁壮成长,免除各种灾害,就形成了各种茶俗。婴儿离开母体后三天,许多地方有"洗三"的风俗。江苏如东"洗三"时洗头的一定是茶叶水,并且要绿茶。民间认为,茶叶洗头后,小孩长大的头皮会是青色的,少生头屑,而且有平肝的作用。浙江湖州地区,则是孩儿满月剃头用茶汤来洗,称为"茶浴开石",意为长命富贵,早开智慧。德清县这一风俗又稍有不同,城镇和农村考究点的人家,孩儿满月剃头请剃头师傅到家里,婆婆要敬上一杯清茶。茶凉后,剃头师傅要给剃满月头的孩子脸上抹上茶水,然后小心谨慎地剃头。这个习俗称为"茶浴开面",喻示长命百岁,天真活泼。另外,四川的川东、川西一带,有"烧茶"的风俗。孩子满周岁时,亲友前来祝贺,要举行抓周、设抓周宴、办满岁酒等各种活动,还有"周岁更加饰物冠服,谓之'烧茶'"(《合江县志·礼俗》)。届时,女家的父母亲戚要给孩子送来衣服、帽子等物品,男家则设酒席款待众亲朋好友。

在鄂东,茶在人们生活中占有重要地位,有着奇特的茶礼禁忌。"讨口彩"的禁忌在茶俗茶礼中有所表现,当地人称上药铺叫"抓药",吃药叫"吃好茶",煎药叫"煎茶"，药罐称"茶罐"，以茶代药，有免灾解禳的心理作用，吃"茶"下去，病便会立刻痊愈。旧时坐茶馆，坐法很有讲究。三人一桌，空位叫"关门坐"，最为老板忌讳；六人占一桌，忌讳两边各坐二人，另两边各坐一人，这种坐法状如乌龟。忌茶梗在茶水中直立，认为这是人体的不祥之兆，应该尽量避免，所以冲泡茶水时应注意是否有茶梗直立。店小二抹桌时只能从外向里朝己方抹，不能朝客座抹，否则茶客会认为是要赶人走。

在江西婺源，有"避邪茶"。购买的金银首饰收藏时，要用红纸包着，内放一撮干茶，据说可以避邪魔。在江西的许多地方，有给小孩挂百家锁的习俗，百家锁是一种祈求孩童吉祥如意、健康成长的挂件。据胡朴安《中华全国风俗志》载："赣省风俗，每遇小孩初生，为父母者必有种种迷信手续，如凑百家锁一事，尤为全赣之通行品。其法以白米七粒、红茶七叶，以红纸裹之，总计二三百包，散给亲友。收回时须各备钱数百文或数十文不等，将集成之钱，购一银锁（正面镌"百家宝锁"，反面镌"长命富贵"），系于小孩颈上，即谓之百家锁，谓佩之可以保延寿命云云。"用白米和茶叶凑购百家锁，可得百家福佑，白米谓之一生吃喝不愁，红茶则寓意茁壮成长、平安快乐。

在江苏南通，民间在砌房造屋、立柱上梁、开掘墓地、谢土安神时，都有着撒米粒、茶叶的风俗。从前人们崇尚迷信，有时碰上一些晦气之事，如飞鸟拉屎掉在身上，认为是不祥之兆，要倒大霉，往往要讨七家之茶叶混合冲泡，这样才可逢凶化吉。江苏吴江风俗，小孩上学第一天，要喝下三小杯掺糖的"状元茶"，喝完后头也不回径直往学校走，寓意学有所成。江阴的走亲戚，所备礼品中必有一包是茶叶。

在浙江一带，旧式住房常有青蛇出现，民间视其为家蛇，其出现预兆居家不安。遇此先用茶叶、米撒在蛇身上，以煞蛇威。然后，点燃香烛，供以福礼，祭祀青龙菩萨，以图吉祥。

福建福安人在砌厨灶时，在灶桥底下必须埋下一个陶制番茄状的小陶瓮。瓮中装着茶叶、谷、麦、豆、芝麻、竹钉和钱币七样东西，称为"七宝瓮"。民间谓之家有"七宝瓮"，将来生活定能顺心顺意，以此瓮作为日后添丁添财、五谷丰登的象征。

福建太姥山有一株名叫"绿雪芽"的始祖茶，相传是由尧帝所封的太姥娘娘所栽。绿雪芽茶具有神奇疗效，能医百病，太姥娘娘用绿雪芽茶救治过不少人命，当地人都十分感激她。她于农历七月七日羽化升天，每年这个日子，据说在传声谷呼唤她，她就会驾着五色龙马降临望仙桥。直到今日，清明节、七夕夜，人们用红漆木盘盛着绿雪芽茶，虔诚地供在她的石墓神龛上。每逢清明节，外舅总要送一包"绿雪芽"（俗称白茶芯)至甥家,其母则视若神明,将其搁在灶龛上。民间盛传此茶能避邪压惊,孩子受了惊,就用绿雪芽与银戒指泡茶,喝下此茶,便能平安无事(谢瑞元《绿雪飘香》,《福建画报》1991年2期)。

在少数民族同胞眼中,茶叶也是有灵性的圣物,他们也有着以茶求平安的风俗。茶在西藏不仅作为饮料存在,还有更广泛的用途,更高的社会地位。茶叶被当作圣物,与经书、珠宝一道,装进每一尊新塑成的佛像体内,并经活佛主持开光,这尊佛像才有灵气。藏民家的"央岗"(积福箱)里,收藏着此家历代得到的神圣物品,其中最重要的一件就是茶叶。

湖北长阳的土家人视茶为灵物,认为茶有茶神,忌讳将茶泼于地上,否则就会玷污茶神。抓茶叶时必须洗手,名曰"净手",这也是对神灵的尊敬,兼有防止弄脏茶叶的习俗。泡的茶倒在杯中,如有茶果出现,土家人认为这是当日家里必有客来的预兆。茶不仅用于款待客人,还用于侍奉神灵。敬神灵的茶要用专制的小土罐泡煮,这小罐叫"敬茶罐儿"。土家人以茶为礼,给人贺喜去,叫作"吃茶"去,给人送的礼物称为"茶礼",饭前的小吃叫"吃茶"。

四、民间茶亭

在旧时,许多码头渡口、路边桥头,都设有免费供应茶水的地方,就是在偏僻的山区,有水源处如泉水边、水井旁,总有碗瓢放于一边,以方便行人饮水,这种习俗流传至今,遗风未改。在南方山区要道上,往往建有茶凉亭,以供过往行人歇息放担,内有免费茶水供应。来茶亭喝茶的人,来自社会各个阶层,但主要是中下层,特别是出卖劳动力为生的平民百姓,他们当然不可能是品茗,只是为了消暑解渴。当他们到茶亭歇脚时,大汗淋漓,喉干舌燥,喝上一碗茶顿时会感到神清气爽,精神倍增。

茶凉亭的修建,或由宗族捐地捐款,或乡绅儒士出面集资,捐基址建亭,是义务性服务的公众慈善事业。茶凉亭的执行人,一般由公众挑选,他们有的吃住都在茶亭里,由捐资人提供费用。茶亭的执行人要为人正派,热心为公众服务,他们一般被人们称为茶老板。他们除砍柴挑水烧茶外,如遇婚丧大事,或结婚抬轿者经过,或抬尸体经过,主人都要施礼。过路人发了急病或有特殊情况,茶老板一家也往往尽职责予以帮助。

早在五代之时,江西婺源有一位方姓阿婆,为人慈善,她在赣浙边界浙岭的路亭设摊供茶,经年不辍,凡是穷儒肩夫不取分文。她死后葬于岭上,人们为了感谢她的恩德,堆石为冢,称此墓为"方婆冢",并常有人来上香。明代许仕叔《题浙岭堆婆石》诗云:"乃知一饮一滴水,恩至永远不可磨。"方婆这种热心肠一直感动着后人,也影响着后人,有的乡亲仿效方婆也在路亭摆摊供茶,并挂起"方婆遗风"的茶帘旗。南宋时,婺源路亭兼茶亭较为普遍,而且都是免费的,相传这与理学集大成者朱熹的提倡有关。

知识链接

　　朱熹祖籍婺源,有一年他回乡扫墓,见城东石壁下有一泉水,过往行人均免费饮泉解渴,这与外地"饮水投钱"的习惯相反。朱熹对此颇为赞赏,欣然题写"廉泉"二字。因他在家乡影响大,所以路亭免费供茶越发兴盛,费用由村族支付或积善人家出资,称为"方便茶"或"大路茶"。

　　"五里凉亭,十里茶亭"。在长亭接短亭的山乡,山亭、路亭、桥亭或店亭,都有人设缸烧茶,供过往客人歇凉解渴,茶水分文不收。这些茶亭的建筑,有的简易原始,有的富丽堂皇,有的古色古香,烧茶的用具是茶灶,舀茶用的是一个斜面小竹筒,装有长长的竹柄,盛茶用的是小茶瓯,也有的用冬瓜缸盛装,外以热火灰煨着保温。烧茶的水,有的是山泉水,有的是溪水,有的是井水。茶叶则多是村姑自采自制的绿茶,具有"颜色碧而天然,口味醇而浓郁,水叶清而润厚"的特色。一般离村子较远而又偏僻的地方茶亭,都住着一家人,男的耕地种田,女的在亭中烧茶做针线。这种古朴的乡风,在婺源一直流传下来。江仲俞《方婆遗风,代有传人》一文中有记载,新中国成立后在婺源的浙源乡有座修葺一新的高山茶亭,茶亭虽已几易其主,但几十年来常年供茶,不取水费。

　　在江西各地,还有季节性的茶亭,一般是每年农历五月至九月这段暑热的日子。伏天施茶之风在新中国成立前遍及全省各地,人们还把施茶与做善事,修来生,积阴德联系在一起,清代同治的《广丰县志》记载道:"又有施茶饮于凉亭要路,以祈福利者,至伏尽乃至。"可见这种施茶往往是盛夏时进行,并且带有一定的祈福性质。泰和县水槎桥溪村的"适可亭",每逢盛夏都有人施茶,历年不辍。宁都县施茶之风更甚,每至夏秋季节,群众用细茶叶、茵陈、山楂枝叶或夏枯草泡好的茶水,用木桶装着,内置竹勺,放在风雨亭中或路旁林荫处,供行人解渴。据统计,1982 年该县尚有义务供茶点176 处,群众义务供茶世代相传,父子祖孙相及,数十年不辍。(余悦《江西茶俗的民生显象和特质》,《农业考古》1997 年 2 期)

　　在皖西,旧时农村或山区的主要通道,三五十里的独店,都设有茶棚或茶亭,以供过往行人歇脚饮茶解乏,一般供应的都是价格较为低廉的黄大茶或茶末。今天,在我国许多地方,仍有茶亭的遗风,给人方便的淳朴民风流传至今,有些茶亭仍然在发挥其作用。如在南京栖霞寺后,有一水泥红柱四角亭,是供游客歇脚解渴之用。

五、民间施茶会

在民间,还有一种慈善性质的茶会,又称为"施茶会"。是社会上的一种群众性组织,一般以街道、乡镇和村落为单位,它的会员都是自愿参加的。通常由乐善好施、家境殷实的几户人家自愿组成,以后逐步扩大会员。会员需出钱、出柴、烧茶、供茶,这些全都是义务性质的。施茶会有季节性,一般是从入夏开始,在行人必经之地的街头茶亭、路亭设茶缸,旁边有杯碗,免费供行人饮用,直到秋后天气转凉为止。有的会员负责募集和管理资金,有的负责购买柴火,并要雇人来烧茶。施茶会的收付账目均要公开,请众人监督。直到现在,有些城乡仍有此俗,有的是由居委会或老人会自愿组成。

在浙江温州的永嘉县岩头镇南北各有一个建于南宋年间的古凉亭,每年的端午节至重阳节期间,当地村民们义务在凉亭里烧水泡茶免费供路人饮用。不管再忙再累,村民们仍把轮流烧水供茶的"接待日"看作是家中的一件大事。有的人抄下"值日"日期压在玻璃板下,有的外出村民干脆抄下来随手携带,从未有人忘记供茶这一义务。轮到烧茶的村民,凌晨五点就来凉亭烧茶,自备茶叶,有的还带来白糖用以泡茶。一位老红军在此逗留饮茶之后,欣然题词:"文明凉亭文明茶,义务供茶育文明。"

江西各地普遍有着施茶的风俗,民间有茶亭会,以方便行人饮茶。茶亭会是专为茶亭施茶而设田收租或众人集资供茶的民间公益组织,石城县称之为"饮和会"。新中国成立前,石城县有 14 处饮和会,该县最早有文字记载的茶亭会始自清乾隆年间。至 1951 年土地改革后,茶亭会田产消失,集资中断,乡间部分茶亭改由私人献茶。

土家地区是茶叶的集中产区,茶文化非常丰富,土家人心地善良,有以茶为善的习俗。有些人家在门前的大路上放一缸茶,让过路行人自由取用,当地有句俗语:"施得三年茶,不生娃来也生娃。"

在许多寺庙,有着免费施茶的习俗,佛教主张一心为善,死后才能成佛,施茶这种简单易行的结善缘方式被僧人们所普遍接受。在寺庙里,僧人对待来往的施主、香客、行人均奉施茶水,上等客人往往请入一僻静茶室喝茶,对过往游人也提供免费茶水。在寺庙里,专门设有"茶堂",作为以茶礼宾的场所,配有"茶头"僧,专事烧水煮茶,有"施茶"僧专为游人、香客免费供应茶水。

在旧时,还有种庙会施茶,关于庙会,朱越利有一个较为完整的解释:"庙会是我国传统的民众节日形式之一。它是由宗教节日的宗教活动引起并包括这些内容在内的在寺庙内或其附近举行酬神、娱神、求神、娱乐、游治、集市等活动的群众集会。"在庙会期间，热闹非凡，人头攒动，一些方便香客的设施也应运而生，这里面也包括提供茶水的茶棚。茶棚主要设在进出庙会的道路两旁及庙会所在地，多由慈善组织设立。为过往行人施茶水，提供食宿。建茶棚及施茶的经费，主要采取集资的方式。在定下进香参加庙会的日期后，各进香组织便会派专人分别到各商号、财主、达官贵人的家中送帖子，谁获得的喜帖多，谁就感到有荣耀。各家商号、财主等根据所得的喜帖的多少，决定赞助多少钱财。茶棚一般都较为简陋，在门边设灶台，灶上置放茶壶等，旁边放一些食物。个别茶棚把灶搭在棚外，其上置长嘴高柄的大茶汤壶，供应开水。

旧时河北各地在庙会期间，一些善男信女在寺庙附近或沿途路口道边设茶水摊，供赶庙会和敬神上香的人喝水解渴，不收茶钱，为的是行善积德。在邢台市内丘县扁鹊庙会和隆尧县尧山庙会的茶棚习俗，已成为庙会期间较远各县香客的临时食宿之地。(《中国民俗大系·河北民俗》)

第二节　人生礼仪茶俗文化

唐代兴起的"茶礼"历经宋元明清直到现当代，从萌芽、演变到发展，几乎成为婚俗的代名词。千百年来，我国人民在恋爱、定亲、嫁娶诸方面，始终把茶叶当作媒介物和吉祥美满的灵物。

旧时，从订婚到完婚的各个阶段皆以茶命名。女方接受男方聘礼，叫"下茶"或"定茶"，有的叫"受茶"或"吃茶"。江浙一带，把整个婚姻的礼仪统称为"三茶六礼"。"三茶"指的是订婚时的"下茶"，结婚时的"定茶"，同房时的"合茶"。

一、茶在婚恋关系中的符号功能

对于青年男女来说，茶在日常生活中有增进双方交往的功能，人们以茶为媒，以茶传情，喝茶是一种特殊的情感交流方式，暗含着爱情的信号。在封建社会，青年男女交往的机会不多。他们往往借难得一次的喝茶机会，趁机表白对对方的爱慕。

元代张雨《竹枝词》云："临湖门外是侬家，郎若闲时来吃茶。"清代郑板桥手书的

《竹枝词》这样写道:"溢江江口是奴家,郎若闲时来吃茶。黄土筑墙茅盖屋,门前一树紫荆花。"这两首《竹枝词》语言清丽质朴,含蓄婉转地表达了少女借喝茶来约心上人的淳朴民情。

在四川,至今还流传着这样一首男女对唱的民歌,哥唱:"妹儿采茶在山腰,青苔闪了妹儿腰;有心拦腰扶一把,怎奈隔着河一条。"妹唱:"这山采茶望那山,讨得嫩叶做毛尖。哥哥不嫌味道苦,垂阳门下把船拴。"在这首民歌中,男子大胆地表达对妹的怜惜与爱意,而妹对哥也有心,借喝茶来约他见面。男子的表白质朴奔放,女子的对唱则娇羞清婉。新采的茶叶芳香中有微苦,新发的爱情青涩却饱含甜美。一刚一柔,刚中带柔。苦中有甜,甜中有苦。这茶歌犹如一杯香茶,令人回味无穷,悠远绵长。茶为情之媒,茶为爱之桥,喝茶成了少男少女感情交流的纽带。

在湘西的古丈县,单身汉若想讨得女人欢心,必须每天吃晚饭时端个装满香茶的大海碗到村头的大树底下去。如果有哪位女人夺去该男子的大海碗里的香茶喝,就表明她对此人有意了。

古丈土家族、苗族有着"扛碗茶"的风俗,在一天忙碌的劳作后,村民们端着装满了茶水的大海碗,习惯地聚在村里的某一处,青年男女趁着这时间,互相交流感情,这种爱的表达方式直接淳朴。如果男女双方有意就相互交碗,并要很快地将茶喝完。第一次交碗过后,有情人会约好一个地方,说好不见不散,互相喂喝,到了这个程度,表示爱情已经成熟。这种以茶为媒、以茶联姻的故事很多,成就了许多你情我愿的恩爱夫妻。

江南水乡杭嘉一带,年轻姑娘出嫁前,家里会备些好茶,若是姑娘有看中的小伙子,女方会以最好的茶相待,这叫"毛脚女婿茶"。一旦男女双方中意,爱情关系确定下来后,在举行定亲仪式时,除聘金外,还要互赠茶壶,并用红纸包上茶花,分赠给各自的亲朋好友,这叫"订婚茶"。女方还得给男方带回一包茶和一袋米,"茶代水,米代土",表示女方日后嫁到男家后,能够服当地"水土",生活平安健康。

知识链接

旧时在汉族的很多地区,少女到别人家做客,是不能随便喝茶的,因为一喝茶,就意味着她愿意做这家的媳妇了。正如俗语所说:"吃了谁家的茶就是谁家的人","女儿出门做客,不能轻易吃茶。"至今在浙江绍兴等地,未婚姑娘在订婚之前,一般不会喝任何一位普通男子递来的茶水。

在云南西双版纳景洪的傣族村寨里，人们爱吃茶叶泡饭，这种泡饭还有一种特殊的作用。每当寨子里过节亲人聚会时，寨中的少女们总是习惯在客人中寻找自己中意的小伙子，找到意中人后，她们就会端上一碗茶泡饭送给他吃，这是一种向小伙子示爱的风俗。爱唱歌的傣族姑娘会用歌来向小伙子试探，歌词为：

阿哥哟，

妹家没有鱼和虾，

只有干锅炒山花，

除了清水煮野菜，

还有淡饭拌粗茶，

如果阿哥看得起，

闭上眼睛吃掉它。

如果嫌弃阿妹丑，

把它倒到楼底下。

不会唱歌的姑娘则会用许多好听的话来劝小伙子把这碗茶泡饭吃掉。在傣语里茶水泡饭叫"毫梭腊"，和"跟妹谈心"谐音。若是接受了她的茶泡饭，就表明有意和她交心。如果小伙子不吃姑娘送的茶泡饭，姑娘便知道阿哥无意，会自觉地离开；若是吃了的话，姑娘会在夜里把小伙子带到她家里去谈情说爱（《云南傣族的饮茶风俗》，《农业考古·茶文化专号》第 26 期）。

二、茶在民间婚俗中的象征意义

旧中国传统盛行包办婚姻，青年男女没有恋爱的自主权，到男大当婚、女大当嫁的时候，男方家长都兴请媒人向物色好的女方家"提亲"（又叫"说亲"）。新中国成立后，在我国广大农村的青年男女已有了自由恋爱的机会，若是郎有情、妹有意，仍要请一位媒人前往女家提亲，如果少了这道程序，则会被村民邻居议论，被认为降低了姑娘家的身价。俗话说："天上无云不下雨，地上无媒不成姻。"茶叶，在整个婚恋过程中，起到了和媒人相同的作用，正所谓"风流茶说媒"，提亲订婚都离不开茶，茶可以说是相当于半个"月老"。

民间有一家女儿不吃两家茶的风俗，意思是好女儿是不收两家聘礼的，吃茶成了订婚的依据。明代冯梦龙《醒世恒言》中，有一则《陈多寿生死夫妻》的故事，说的是柳氏嫌贫爱富，硬逼着女儿退掉陈家的聘礼，另外许配一富贵人家，可是女儿死活不许，她说："现在从没见过好人家女子吃了两家茶。"《红楼梦》第二十五回，王熙凤送给林黛玉暹罗时,她半真半假地笑着说:"你既吃了我们家的茶,怎么还不给我们家作媳妇儿?"顿时黛玉满脸通红,羞得说不出话来。小说体现出了茶在婚恋中的重要作用。

在江西南康相亲叫"看妹崽子",男女双方见面,女的若相中男的,即捧上冰糖茶,男的接了茶也表示同意,就要将"红包"放在茶盘内,作为"见面礼",尔后双方父母议定聘礼、嫁妆。

知识链接

在湖南浏阳等地,也有以茶订婚的风俗,由媒人约好日子,引小伙子到女家见面。如若女家相中,便端茶给男子喝;男子若认可,喝完茶就在杯中放茶钱,茶钱必须为双数。男子若不愿意,喝完后便将茶杯倒置桌上,略付些茶钱即可。

在我国北方农村某些地方,定亲仪式上男方以茶代币行聘,称之为"行小茶礼",女方收礼称之为"接茶",在结婚前,还得行备有龙凤喜饼、衣物器皿的"大茶礼"。在婚姻自主、自由恋爱的现代社会,"订婚"已经失去原有的意义,但在不少地方,仍保留着新女婿上门要送茶礼的遗风。

在湖北黄陂、孝感等地,男女双方缔结婚姻的时候,男方备办的各项礼品中,必须要有茶和盐。因茶产于山上,盐来自海中,名之曰"山茗海沙",用方言读来,即与"山盟海誓"谐音。

在安徽贵池地区,青年男女订婚相亲之日要举行"传茶礼"。此日,亲朋好友都要准备好佐茶果品,用大红木盆装好,传送至相亲的人家,而相亲的人家则把各家送来的礼物摆在桌上,款待各自的亲家,人们称此为"传茶",有传宗接代之意。

在一些少数民族的婚礼习俗中,茶叶也是必不可少的聘礼。在拉祜族,当父母知道儿女已经有了心上人的时候,就会赶紧请媒人去说媒(有的是男到女家去求婚,而拉祜西都是女到男家去求婚)。媒人提亲,都要走三趟,过三关:第一趟,先带茶叶、烟草各一包,酒一瓶;第二趟,须带酒20碗,绿布一块,烟叶两把,烧茶用的土罐两只;第三趟,须带土布一块,绿布一尺,一箩大约40斤的谷子。从这些礼品中,一方可以了解到求婚的另一方的家庭情况及其能力:茶叶香不香,烟叶辣不辣,布织得好不好,是决定是否定亲的重要因素。如今,有些聘礼已经不再送了,但是茶是不能缺的。用拉祜族人的话来说:"没有茶,就不能算作结婚。"

在云南,提亲时男家一般都请媒人携带两包茶和两包糖前往女家,讲究的人家还喜欢用红纸包装，或者在纸包外用红线捆扎。茶多为较细嫩的晒青，数量多为两斤。糖一般是水果糖、饼干或红糖，这象征着人生的结合有苦有甜，先苦后甜，夫妻双方生活难免会有些磕磕碰碰，然经历风雨后，更能白头到老，幸福美满，茶叶之四季常青又代表着小伙子对姑娘的爱情天长地久。女家基本了解男家的情况后，若是有这方面的意思，或是愿意多做些了解，或先"处处看"，以便多了解小伙子的为人，女家就会收下"说亲礼"。因"说亲礼"以茶为主，因此有不少地方把"说亲礼"叫作"说亲茶"。

在云南，有些地方把这一环节称之为"过礼茶"，男家去女方家过礼必须选择阴历的双日子，由男方父母、姑母和媒人等携带着聘礼去女家，在聘礼中，茶叶是必不可少的。待男家客人入座后，便由姑娘出来向公婆等客人问候，并分别向客人们敬献上一杯"烤茶"（有的地方是敬"甜茶"，即在茶汤中加核桃仁和糖）。在过去包办婚姻的年代里，由姑娘家敬茶的用意很多，主要是借这个机会让公婆等客人观察一下姑娘的身材、容貌、体态和举止动作，看其是否有生理和身体上的缺陷。敬茶后，婆婆就要以"压茶瓯"的名义把事先用红纸包好的钱放进茶盘当作答礼，有时候则直接将红包递给姑娘。

德昂族的未婚男女，多是自由恋爱。双方经过相互了解，建立了恋爱关系并愿意缔结婚约时，男女便要告知父母。他们的"告"是以茶来相告，别具情趣。办法是：小伙子趁父母熟睡之际，将事先准备好的"择偶茶"置于母亲常用的筒帕里。当母亲醒来发现筒帕里的茶叶时，便知道该为儿子提亲了。这时，做母亲的便与父亲商量，并委托同氏族和异氏族的亲戚各一人，作为提亲人。提亲人上女方家提亲时，只需在筒帕里装上一包茶即可。到了女方家后，也不需要用言语来表述，先将茶放到供盘上，双手递到主人面前，主人便知道是来提亲的。女方父母经过媒人三次说合，认为男方确有诚意，便收下茶叶，以示同意。否则，即表示拒绝。男方父母知道女方家长应允婚事之后，便请媒人再次携带茶叶一斤，另加酒肉若干斤，赴女方家宴请女方父母和老人、舅舅等。在宴席中，先由男方亲戚向女方父母赠送茶叶一包，接着再由他们陪同男方以茶认亲，最后由双方亲戚以茶议定订婚礼物。

在西藏，人们历来把茶看作是珍贵的礼品，《西藏图考》一书曰："西藏婚姻……得以茶叶、衣服、牛羊肉若干为聘焉。"可见藏民把茶也视作聘礼中重要的物品。我国西北的一些少数民族，如回族、东乡族、保安族盛行着一种送茶包的习俗，即男方相中女方后，便请媒人到女家去说亲，如果征得了女方的同意，男方就准备一包茯茶，连同其他礼品，一起请媒人送至女方家中。

三、各地与茶相关的婚俗

在福建福安一带的畲族，在新娘过门前还有亲家嫂向前来接亲的亲家伯敬"宝塔茶"的风俗，她们像耍杂技一样，将五大碗茶叠成三层——碗作底，中间三碗，顶上再压一碗。饮茶时，亲家伯要用牙咬住"宝塔"顶端的一碗茶，随手夹住中间的三碗，连同底层一碗分别递给四位轿夫，他自己当面一口饮干咬着的那碗热茶。要是茶水一滴不漏，显示出功夫到家，便会赢得满堂喝彩，溅了或倒了，就会遭到亲家嫂们的奚落。进行"宝塔茶"这一仪式十分有趣，使得整个婚礼洋溢着喜庆热闹的气氛。

在湖北英山，新娘的嫁妆中有茶壶茶杯、红枣、花生、桂圆、瓜子、茶叶，寓意"早生贵子，叶叶相投，和睦长久"。夫妻入洞房后，要闭门喝"合欢酒"，然后再喝"同心茶"。

在湖北荆州地区，夫妻拜堂后，要举行隆重的转茶仪式。由茶童递茶一盘两杯。相互转让三次后，再将两杯茶，转入一杯，由新郎一口饮尽，以表和睦。与此同时，司礼者便朗诵《转茶词》："执茶者传茶，司杯者捧杯。当茶一献，礼性三让，夫妻相和好，琴瑟与笙簧。"

广东连山壮族的婚礼称之为"喝喜茶"，新娘拜堂后，便入洞房更衣，然后出门挑来新水，接着烧水煮新茶，熬新粥，这茶和米都必须由新娘从娘家带来。煮好茶后，新郎陪着新娘，一边唱"敬茶歌"，一边将茶敬给参加婚礼的亲朋好友。晚餐后，阖家团聚吃"新娘粥"。

在江西广昌的婚礼上，仍保留拜堂的风俗，夫妻对拜时，男行鞠躬礼，女行跪拜礼，谓"男高女低"。接着新郎新娘喝交杯酒，二人各拿一只酒杯，由一人提着酒壶，往两只杯中倒酒，边倒酒，边喝彩：吃盅交杯酒，今年就会有；吃盅交杯茶，来年就做爷。

在江西临川一带，婚礼时兴两人同吃一个猪心（意为两人一条心）。之后就是撒帐，即用盘子端着米、茶叶、松柏，米代表着有吃有喝不用愁，茶叶寓意清静驱邪，而松柏则象征着天长地久。由一位长者将盘子里的东西一把把撒到床里和蚊帐上（意为消灾去邪），边撒边喝彩。喝一句，众应一句："好啊！"如："撒帐撒到东，生子生孙当公公；撒帐撒到西，代代儿孙穿朝衣；撒帐撒到南，个个儿孙是栋梁；撒帐撒到北，是男是女都要得。"

在江西西南高山茶区与相邻的湖南湘东茶区，有着花烛之夜新娘向来宾敬茶的婚俗，在婚礼的当天晚上，婚堂内外张灯结彩，灯火通明，高朋满座，新娘在新郎的陪伴下，捧出一壶清香的甜茶，向各位来宾一一敬茶，俗称为"花烛献茗"。

湖南衡州一带人结婚喜欢闹洞房，有一种习俗叫"合合茶"，就是让新郎、新娘面对面坐在一条板凳上，互相把左腿放在对方的右腿上，新郎的左手和新娘的右手相互放在对方肩上，新郎右手的拇指和食指同新娘左手的拇指和食指合并成一个正方形，然后有人把茶杯放在其中，注上茶，亲朋好友轮流把嘴凑上去品茶。

知识链接

在云南滇西一带的一些少数民族地区，还保留着"出一个节目献一杯茶"的闹房礼仪，即客人给新郎新娘出一个节目，表演完后新婚夫妇要为这位客人献上一杯茶，出几个节目就要敬献几杯茶，要全部喝完，以示对新人的尊重。"闹"得越凶者，茶水也就喝得越多。这些节目花样百出，气氛活跃，弄得新人窘态百出，而闹洞房者也已个个茶水满肚。

在我国南方的一些汉族地区，有喝新娘茶的习俗。新娘成婚后的第二天清晨，打扮整齐后，由媒人搀引到厅堂拜见家官家娘（即丈夫的父母），向他们敬茶，家官家娘要给新娘红包。接着，改为由家娘带引新娘去家族中的各式人等以及从远地而来参加婚礼的亲戚，一一敬茶（均要红包）。此时，新娘身边还要有一个提壶斟茶的助手，这个助手一般由丈夫的妹妹或堂妹担任，敬毕之后，继续由家娘带领挨家挨户去拜叩亲友和邻里，向他们敬茶。在茶乡婺源，至今仍然保留着"喝新娘茶"的风俗，姑娘在结婚那天，都要亲自用铜壶烧水，按辈分大小依次给宾朋沏上一杯香茶。

在潮汕地区，喝新娘茶这一习俗是在婚礼当天的下午进行，新娘的助手还要托一个茶托，将茶斟好，由新娘端着茶敬给在座的亲朋好友，并恭敬地说一声："请喝茶。"待亲朋喝完茶，新娘再将空着的茶杯放入茶托盘，而被敬茶者无论大小，都要把红包放在茶托，这个红包谓之"吃茶钱"。新娘敬茶由家官家娘开始，接下来是家族中的长辈，依次下来，连家族中的小孩也要敬茶，潮汕人颇重礼节，新娘往往称小孩为"阿叔"或"阿姑"。"吃茶钱"由几块钱到几百元不等，这钱一般留给新娘，是新娘赚来的，又称为"端茶钱"。

民间认为茶叶乃"九损一补"之物，而韭菜正相反，为"九补一损"之物，韭菜的"一损"指的是损目，多吃韭菜糊眼屎，于眼睛不利，而认为茶叶有明目之功效，对人体其他方面有影响。传说喝了新娘子受的茶，头清眼亮，能够洗去一年秽气，百事百顺。对广西林溪人来说，"吃新娘茶"是非常隆重的，对新娘意义更为珍贵，一辈子就只有这么一次，纵使再婚也不能有这个礼仪了。就是后生哥们，"吃新娘茶"的机会也不多，因为老人和少年以及所有结过婚的人,都是不能参加的,所以当地对"喝新娘茶"显得特别重视。

在西藏的婚俗中,同样也有着喝茶的礼俗,人们从四面八方赶来参加婚礼,由新娘熬出大量的酥油茶来招待宾客,熬出的茶汤一定要色泽艳红,以此来象征日后夫妻生活甜甜蜜蜜、红红火火。

在白族的婚俗当中,婚后新娘拜见公婆和丈夫的礼俗叫"拜会茶",即结婚后的第二天清早,新娘在清扫好堂屋后,就要亲手烤制两杯"烤茶"(有的是用甜茶或米花茶),用茶盘端到堂屋恭敬地献给公婆,问候几句,接着再把在娘家时亲手缝制的布鞋献给公婆。公婆收下新鞋,饮完香茶后,待新娘端着茶盘收杯子时,公婆要在茶盘内放上用红纸包好的钱或者首饰送给新娘。接着新娘要用同样的礼节向新郎敬茶,再送上一双亲手为夫君做好的"毛边底"布鞋,此鞋名叫"会夫鞋",十分精致,一针一线中都含着新娘的情怀和爱恋。新郎饮完茶收下鞋后,也要向新娘馈赠金银头饰,新婚夫妻互赠礼物,象征着他们日后的生活和和美美,爱情天长地久。

在土家族婚庆中,同样有着"拜茶礼"。新婚第二天,新郎与新娘要早起给前来参加婚礼喝喜酒的亲友们敬鸡蛋茶,此茶的做法是:每碗放入三个煮熟去壳的鸡蛋,再配以蜂蜜或红糖,冲入沸水而成。鸡蛋表示团团圆圆、和和美美,三个鸡蛋则寓意"一生二,二生三,三生万物",这体现了土家人朴素的世界观,也表达了对新人的祝福,希望新娘能给家族添丁添财,人多兴旺。拜茶之前,先由婚礼执事请男方长辈亲属到堂屋和厢房按辈分高低依次就座,然后由新郎给新娘一一介绍。敬茶的顺序一般为先母舅后族亲,所有喝新人甜茶的亲友都得给红包回赠,通过这一礼节,新娘也就认识了男方的内亲外戚,得到男方和社区的承认。(王庆松《土家茶文化》,《农业考古·茶文化考古》30 期)

客来敬茶,是我们中华民族最为普遍的一种礼节。故在结婚大喜的日子里,茶成为必不可少的款待物,新娘敬茶这一礼仪极大地增添了婚礼的喜庆气氛,也增进了男家亲朋好友对新娘的了解,可以让新娘更快地融入新的大家庭里。

四、茶与婚俗事象

江南有些地区,泡茶不加茶叶,也称为喝"茶"。新娘、新郎回门时,要吃"秤砣茶",以示婚姻称心如意。娘家往往用开水打三四只鸡蛋,加糖,请新女婿、女儿吃。而邻居们则往往送几只鸡蛋的"茶"礼。

在浙江一些地方，在举行婚礼后的第三天，女方父母前往亲家家看女儿，称为"望招"。去的时候要携带半斤左右的烘豆、橙皮、芝麻和谷雨前茶，到亲家去冲泡。亲家翁、亲家婆边喝边谈，共话家常，称为"亲家婆茶"。

在江苏南通，还有"谢媒"的风俗，男女婚姻成功后，新婚夫妇或家长要感谢媒人（现在称之为介绍人）。在诸多礼品中茶叶是必不可少的，有人开玩笑说，这是因为做媒人的来回奔波，口舌费尽，因此要送茶叶给他们泡茶解渴。实际上这种风俗仍然是"茶礼"的延伸，希望所成之媒为"天作之合"，新婚夫妇能够天长地久，白头偕老。

婚礼离不开茶，在有些地区，退婚仍然离不开茶。在贵州三穗、天柱和剑河毗连地区，如果婚姻是父母包办，而姑娘又不愿意，就用"退茶"的方式退婚。方法是：姑娘用纸包一包普通的干茶叶，选择一个适当的时机，亲自拿着茶叶到男家去，对未婚夫的父母说："舅舅、舅娘啊！我没得福分来服侍你们老人家，请另找一个好媳妇吧！"说完，将茶叶放在堂屋桌子上，转身就走。如果没有被男家的人拦住，只要姑娘出了大门，就算是退婚成功了。如果被抓住，男方就可以马上杀猪请客成婚。姑娘"退茶"，尽管要挨父母骂，有的还会挨打，但打骂过后，一切具体的退婚手续，父母还是去办了，日后一般不再包办女儿的婚事了。退婚既要有胆量，也要有计谋，须事先探清男方家环境，进出路线，要趁他父母在家，又不会碰到其他人，成功者会受到妇女们的称赞和崇敬。

知识链接

在湖北通山县，旧时民间流行有兄死或弟亡的农户人家，其兄或弟无配偶，可与弟媳或嫂子结婚，俗称"转茶"。在咸宁县，昔日流行未婚夫早逝，男方有兄弟无配偶者，可与女方续配，称为"重茶"。

在云南西部凤庆县的诗礼，还有一特殊的茶礼，名叫"离婚茶"，一旦夫妻双方感情破裂，婚姻生活难以维持下去的时候，他们会选择喝茶来解决问题，此茶又叫"好说好散茶"。

选择一个吉日，离婚的双方在村中长辈面前坐定，男女双方谁先提出离婚就得由谁负责摆茶席，请亲朋好友围坐，主持茶席的长辈会亲自泡好一壶茶，倒好两杯茶递给这夫妻俩，让他们在众亲人的面前喝下。如果这第一杯茶男女双方都喝不完，只是象征性地品一下，那么，则证明婚姻生活还是有余地，还可以在长辈们的劝导下重新和好。如果双方喝得干脆，则说明要继续共同生活下去的可能性很小。第二杯还是要离婚的双方喝，这一杯较第一杯更甜，是泡了爆米花的甜茶，这样的茶据说是长辈念了七十二遍的祝福语,能让人回心转意,只会想到对方的好,不再计较对方的坏,还据说这第二杯茶曾让许多感情搁浅的夫妻重新言归于好,从此相敬如宾,生活美满。可是如果这第二杯茶,还是被夫妻俩喝得精光的话,那么就只有继续喝第三杯了。这第三杯是祝福的茶,在座的亲朋好友都要喝,不苦不甜,并且很淡,喝起来和白开水差不多。这杯茶的寓意很清楚,从今以后,夫妻双方就各奔前程,好自珍重,未来的日子说不上是苦还是甜。

喝完这三杯茶,主持的长辈就会唱起一支古老的茶歌,十分凄美动人,歌词大意是这样的:"合婚五彩斑斓,离婚天地荒凉。茶树上两只小鸟,从此分离。人世间一对夫妻,从此无双。"茶歌唱得在座的亲朋好友也会伤心不已,就是即将分手的男女,也会忍不住地掉眼泪,倘若此时男女双方心生悔意,还可以握手言和。如果言和,还得再喝三杯茶。这三杯茶分别是:第一杯是甜茶,也称为回忆茶,回忆起当年结婚时的浓情蜜意、琴瑟相和,曾经有过的美好,如今一一涌上心头,让人感慨万千。第二杯是苦茶,苦得让人难以下咽。人生充满坎坷与辛酸,婚姻的美满还得靠双方共同来维系,糟糠之妻不敢忘,是夫妻双方共同携手,一起创业,一起吃苦,经历过风雨,才能有他日的成就与圆满。最后一杯是白开水,这水虽无色无味,却蕴含着深刻的人生哲理:生活其实不苦也不甜,不幸的家庭各有各的不幸,而幸福的家庭都是相似的,夫妻双方要各自珍惜这段难得的缘分,好日子要细水长流,才能绵远持久。(许文舟《故乡有种离婚茶》,《农业考古·茶文化专号》30 期)

第三节 祭丧茶俗

在我国民间习俗中,茶与祭丧的关系十分密切。在人们心目中,茶叶是圣洁之物,膜拜神祇,供奉佛祖,追思先人,献上清茶一杯,自然是表达无限敬意的最好方式。"以茶为祭",是我国民俗文化的重要组成部分,虽然带有封建迷信色彩,却真实地反映了人类的历史现象。人们爱茶、敬茶,在民间还有着祭茶神的传统,这就更少不了茶的身影。

以茶为祭,可祭天、地、神、佛,也可祭鬼魂,这就与丧葬习俗发生了密切的联系。"无茶不在丧"在中华祭祀礼仪中根深蒂固,无论是汉族,还是少数民族,都在较大程度上保留着用茶祭奠死者、以茶陪丧的古老风俗。在丧葬礼仪中,从报丧、守灵、入殓、祭祀等环节,茶都发挥着重要作用。

上到皇宫贵族,下至庶民百姓,在祭祀中都离不开清香芬芳的茶叶。人们以茶祭神灵,祈求平安喜乐。以茶祭祖,寄托后人的思念。用茶作祭,一般有三种方式:以茶水为祭,放干茶为祭,只将茶壶、茶盅象征茶叶为祭。

一、以茶祭神灵

以茶敬神由来已久,《仪礼·既夕》记载:"礼茵著,用茶实绥泽焉。"意思是茶可用作婚姻的聘礼和祭祀的供品。据《泰山述记》记载,唐代张嘉贞等四位文人以茶宴祭祀泰山。茶宴祭神的程序,一般是将名贵茶叶献于神像前,请神享受茶之芳香,再由主祭人庄重地调茶,包括烧水、冲沏、接献等,以示敬意。祭祀结束后,再将茶水洒于大地,以告慰神灵,祈求平安喜乐。

茶进入宫廷,最初的用途便是以茶献祭。皇帝虽然贵为天子,也要向神灵顶礼膜拜,在祭祀天神、地祇和宗庙祖先的繁缛仪式中,都少不了芬芳的茶叶。尤其是到了清代,更是祭祀时的必备之物。

在福建安溪,每逢农历初一和十五,当地群众有向佛祖、观音菩萨、地方神灵敬奉清茶的习俗。是日清晨,主人要赶个大早,趁太阳未上山、晨露犹存的时候,往水井或山泉之中汲取清水,起火烹煮,用上等铁观音泡出三杯醇香的清茶,在神位前敬奉,以祈求神灵保佑家人平安、事业兴旺。

明清前后乃至现代,闽北各地民间流传着供茶于神灵佛前以示虔诚的风俗。他们常用"三茶、三酒、三牲"来供佛、祭神和祀祖,期望得到佛祖或神灵的福佑。在一些农村,还流传着许多"祀茶"的风俗。如寺庙塑佛像时,要在佛身前后投放茶、米等物以祀神灵。丧礼殡葬后要烧茶、米、盐,除秽气,净家宅。有的农家盖屋架房上梁时,要悬吊盛着茶叶和谷子的小红袋,以祈吉祥。

在浙江宁波、绍兴等地,每年三月十九日祭拜观音菩萨,八月中秋祭拜月光娘娘,祭祀时除各类食品外,还置杯九个,其中茶三杯、酒六杯,谓之"三茶六酒",民间传说观音菩萨和月光娘娘都是吃素的,以清茶祭祀,以示对神灵表示无限敬意,也体现出女性神灵品性高洁芬芳,能带来平安吉祥。

流行于福建、台湾地区的正月初九"拜天公",即为玉皇大帝生日祝寿。前一天,全家人要斋戒沐浴,正厅排设祭坛,在长凳上叠高八仙桌为顶桌,上供三个彩色纸制的玉皇大帝神座,所供祭品就有"清茶各三"。顶桌下面另设下桌,以供奉众神。有的为天公"守寿"到午夜。天公寿诞之日,一清早全家老幼要齐整衣冠,由长者上香、行礼、祭拜,并演戏、诵经,为天公祝寿,亦为自己祈求平安喜乐。

江西许多地方至今仍保留着古老的用茶祭祀神灵的风俗。人们认为神灵也像常人一样有喝茶的习俗,于是在庙宇跪拜神像,或居家祭拜神仙时,江西民间都喜欢斟上茶汤。敬神后的细茶,又成了福佑安康的"神物"。

在少数民族,也有着以茶祭神的风俗。辽代契丹贵族每年春秋或行军前要在木叶山举行"祭山"仪式,皇帝皇后率领着皇族三父房绕树转三圈,然后上香,再以酒、肉、茶、果、饼饵祭奠。

藏民把茶视为圣洁之物,据《汉藏史集》记载,藏族把茶奉为"天界享用的甘露,偶然滴落在人间",又说"诸佛菩萨都喜爱,高贵的大德尊者全都饮用"。藏民向寺庙供奉的"神物"中茶是必不可少的,在每年重大的宗教活动中,如"萨嘎达""雪顿"节中,茶也是主要的供品。至今,拉萨的大昭寺、哲蚌城还珍藏着上百年的陈年砖茶,并被僧侣们作为护神之宝。到寺院礼佛的人,都必须熬茶,并于僧侣喝茶时布施,故藏、蒙古等族人到喇嘛教寺院礼佛布施,被俗称为"熬茶"或"熬广茶"。(《略论西藏茶文化的发生与发展》,《农业考古·茶文化专号》30期)

布依人的祭土地活动,每月初一、十五,由全寨各家轮流到庙中点灯敬茶,祈求土地神保护全寨人畜平安。祭品很简单,主要是用茶。在滇西北的永平,人们爱喝罐罐茶,不只是自己喝,招待客人也用罐罐茶,就连祭祀神灵也用罐罐茶。每年腊月二十三、二十九迎灶神、送灶神时,家家户户要在灶君神位前恭恭敬敬地献上一杯醇厚芳香的罐罐茶,以祈求全家顺利、内外平安。茶是云南彝族人民重要的常用饮料,在祭祀场合,都要用茶作祭品,俗称"茶会"。今彝族支系的土族、倮族等少数民族,古代通称为蒲满人。蒲满人很早就发现和利用茶,每到茶叶大发的季节,他们常到大森林中采摘野生茶作为祭神和祭祖的贡茶。

云南宁蒗彝族自治县和兰坪白族普米族自治县等地有着龙潭祭的风俗。当地各家大都在深山密林或山漳峡谷有自己的龙潭。各地祭祀日期不一样,兰坪在夏历正、二月,宁蒗则在夏历三、七月举行。届时全家同往,歇宿三日。祭祀时,用木棍、木板搭成高台,称为"龙塔",为龙神住处。以酒、牛奶、酥油、乳饼、茶叶、鸡蛋等祭于龙塔上,求龙神保佑人畜兴旺,风调雨顺,五谷丰登。

二、以茶祭祖

古人认为茶是洁品,可以祛秽除恶,能净化人与鬼神的神秘关系,带给自己福宁康安,又认为茶是圣物,为仙家所喜好,故用茶来祭神灵和先祖。祭祀祖先用茶叶,既是为了慰藉长辈在天之灵,也是源于阴魂犹如凡间一样仍要饮茶的观念。南齐武帝临死时下诏,"我灵座上慎勿以牲为祭,唯设饼果茶饮干饭,酒脯而已,天下贵贱咸此制。"可见齐武帝十分爱茶,嘱咐后人在其灵座上供以茶饮,即使到了阴间也能享受到芬芳的清茶。

知识链接

在南朝刘敬叔《异苑》中记载了这样一个故事:剡县有一位妇人,年纪轻轻就守寡了,她十分喜欢喝茶。在她家边上有个古墓,每次这妇人饮茶时必向这古墓供奉茶水。她的儿子对此很不解,多次想捣毁古墓,都被妇人所阻拦。有一天夜里妇人梦见古墓里的鬼显灵,为感谢她多年来以好茶供奉,他特意回报了几十万钱于妇人。在第二天,果真在院中见有几十万钱。自此以后,该妇人供奉茶水愈加虔诚。由此可见在古时人们就用茶来礼敬亡灵。

不少民族还有以茶祭祖的风俗,最典型的要属德昂族,在云南保山潞江坝的德昂族有祭家堂的风俗,祭家堂即为祭祀祖先。一般每年祭两次,若修房盖屋则要大祭一次,祭祀的用品当中,要有七堆茶叶。祈祷请村中担任祭司的头人"达岗"担任,以求家神保佑全家身体安康,六畜兴旺、五谷丰登。德昂族人在祭拜天地众神时也要用到茶,因为德昂族人认为茶叶是列祖列宗的象征。

每逢春节、端阳、中秋等传统节日,江西人在敬奉祖先时,都要在祖宗牌位或已故亲人遗像前的供桌上,恭敬地点燃一炉香,供上一碗茶,作揖祈祷,求祖宗、先人保佑全家康泰幸福。除夕夜的年夜饭前,祭祀祖先更是少不了香茶。人们先将煮熟的全鸡、全鸭、全鱼,分别装入盘中,每样贴上小红纸图案,并备好清茶、佳酒各一杯,斋饭一碗,后点燃红喜烛,放喜炮,由家庭主要成员开始在正厅堂上祭祖,然后全家男女老少围桌入席。清明扫墓,在父母坟前叩祭时,要在坟头撒一些茶叶,表示报答父母的养育之恩,有如茶叶的芳香永远铭记在子孙心中。在修水县,还要把过供的茶让全家大小每人喝上一些,相信这样祖宗就会赐福给后代。

瑶家人在逢年过节、农历初一、十五时都要祭拜神灵祖先,烧几炷香,供上三碗油茶,祈求平安顺利。家中有人出远门,也要选吉日烧香,供奉油茶,祈求祖先赐福,好让自己在外乡能有所成,日后好衣锦还乡。家中有人考上大学了,往往也用油茶供奉先人,意为向先人报喜,说家中孩子有出息了,并祈望先人福佑。

寺院祭祀祖师时茶也是重要的供品,在庄严肃穆的庙堂,飘扬着茶的芳香,僧侣们每日都要在佛前、祖前、灵前供奉茶汤。而寺院祭灶时,供品除了水果、素食外,还要敬献香茶。茶叶在寺院礼佛、祭祖中,的确发挥了重要作用。

三、祈求茶神的福佑

"百工技艺,各祀其祖,三百六十行,无祖不定。"以茶祀神,自然也少不了供奉茶界的祖师爷——茶神。像很多其他行业的神一样,茶神不止一位,各地供奉的茶神不尽相同。茶神的供奉与祭祀因各地而异,在祭祀时,茶是必不可少的祭品。

由于陆羽是茶文化的倡导者、推动者,后人对他推崇备至,他死后约20年,就有人以陆羽为茶神,画陆羽像供奉于茶库。陆羽被茶作坊、茶库、茶店、茶馆作为茶神供奉,有的地方还以卢仝、裴汶为配神。民间卖茶者还用将陶制的陆羽像放在茶灶之间,有生意的时候以茶为祭,生意不好的时候则把神像放在锅里用热水浸泡,或者往神像中注茶水,据传这样可以保佑茶味醇厚清香,财源茂盛。

到了宋代,欧阳修在《集古录跋尾》中说:"至今俚俗卖茶肆中,常置一隅人于灶侧,祀为茶神。"这表明,在宋代茶馆里供奉着陆羽的神像,位置在灶侧。新中国成立前,北京的茶铺老板买茶,炉灶上要供陆羽像。老北京有一种卖茶兼卖饭菜的茶馆,因为厨业以灶神为祖师,他们在茶馆里卖饭菜,也就将灶神奉为茶神了。

四川各地多以陆羽为茶神,因陆羽一度为僧,后竟成道教神谱中的茶神。今都江堰市兴仁场古有茶神庙。旧时,茶馆常把用陶瓷烧制的陆羽神像置于灶台之上,求其护佑以开财路。(《中国民俗大系·四川民俗》)

在鄂东大冶市茗山茶场有祭告茶神的仪式,有早、中、晚三道祭,在一年三季采茶前。传说中茶神穿得破旧,十分害羞,祭拜时不能笑,如果有人发笑,茶神以为是在讥笑他,就会走掉,那样茶叶就发得不茂盛。白天在屋外祭时,要躲在外人看不到的地方,必须用布围遮,不准闲人参与。晚上则在屋内祭,祭时要熄灭灯火。祭品以茶为主,辅以米粑、纸钱、簸箕等。

在云南的一些少数民族将诸葛亮敬奉为"茶祖",时至今日,基诺族人都称茶树为

"孔明树",称茶山为"孔明山"。每年阴历七月十六日,据说是孔明的生日,基诺族人还要举行隆重的纪念孔明的"茶祖会",虔诚祭拜于孔明山下。在晚上他们还要放"孔明灯",这是一种土制焰火,并击响牛皮鼓,围着大茶王树载歌载舞,通宵达旦,热闹非凡。

知识链接

诸葛亮在云南少数民族中享有盛誉。景颇族人尊称诸葛亮为"孔明老爹",把他尊奉为最高的神。佤族人说谷种是孔明给的,傈僳族、傣族、白族等也各有说法加以崇拜。自楚雄以下,经大理、保山、腾冲、龙陵直抵缅甸境内,在昔日古道旧途上,处处可见"武侯遗迹",村寨的老年人都能讲孔明的轶事。据清代檀萃《滇海虞衡志》中记载:"茶山有茶王树,较五茶山独大,本武侯遗种,至今夷民祀之。"

闽台两地的妈祖信仰十分普遍,三分之一以上的台胞信仰妈祖。茶工们将妈祖作为茶业守护神,称其为"茶郊妈祖"。范增平先生在《台湾茶业发展史》中着详细的记述:"早期员工们春天来的时候,从自己的家乡随身带来保护渡海安全的妈祖香火,到了台湾把香火寄挂在茶郊永和兴的'回春所'内,秋天回去时,再把它带回家乡。后来,从福建迎来妈祖神,恭奉在回春所内让大家祭拜,称作'茶郊妈祖',并定于每年的农历九月二十二日,即茶神陆羽生日那天,为大家共同祭拜茶郊妈祖的日子,这时也正好是结束做茶的时间。"

茶工们以茶神陆羽生日为妈祖祭典日期,以保佑茶业生意兴隆,并象征茶人感恩图报之精神。将两神合祀成了闽台祭拜茶神的一大特色。

四、各地茶祭仪式

茶叶在丧礼中也是不可缺少的事物,在我国以茶随葬的历史十分古老,也很普遍,甚至皇帝驾崩后也要用茶叶随葬。茶,质本洁来去还洁,人们把茶叶当作圣物,从出生开始,人生的各大礼仪中都离不开茶,各族民众无论婚丧嫁娶、生老病死,处处都需要茶。

在湖北大治,茶祭在丧俗中占有重要位置。老人去世后,亲属会立即四出"把信",向亲朋好友及邻里通告死亡消息及出殡日期,所到之家,必须弄杯茶给"把信"信使吃,倘若这家人因悲哀过度而忘了招待,那么,信使自己会到这家水缸舀碗水喝一口,喝茶表示把不吉吞进肚子里。人死后,要停棺在堂,村人夜晚要守灵"坐夜",陪伴一下亡灵,孝家亲属必须端茶水给"坐夜"者喝。在举行丧礼时,绕棺而转,踏节而歌,此谓"转丧"。转丧时以茶祭祀亡灵。由伙居道士颂歌,亡者家属献茶,以三杯茶奉送道士,道士以一杯奠棺首,一杯奠棺尾,一杯奠洒棺柩一周,边奠边唱祭歌,如:"清泉之洁,红炉之温,鲜果并献,瑞草盈樽,茗香满堂兮,桂馥兰馨,鑫期羽,蕤蕤兮……"歌中瑞草、茗香都是指茶,可见当地人把茶当作圣灵之物,作为人与神灵沟通的媒介,用茶来取悦仙人,以此来祈求亡灵早日到达仙界,并给子孙带来吉祥。

在安徽皖南黟县,报讣时,主人要摆出"饧格"(糕点),泡上两碗茶,左边一碗,敬献死者,右边给报讣人喝。另做三个汤蛋款待报仆人,待其离去,才哭泣哀悼。

湖南人旧时办丧事时,多采用棺木葬,死者要用茶叶枕头。茶叶枕头的枕套用白布做成,呈三角形,里面用干茶叶灌满,一般用粗茶。死者用茶叶枕头,一表示死者到阴间后要喝茶,可以随时取出来煎泡;二则茶叶放在棺木内,可以消除臭味。

在云南丽江一带的纳西族,将含殓称为"纱撒抗"。当老人快要断气时,老人的儿子将一个包有茶叶、碎银和米粒的小红布包放入老人的口腔内,边放边说:"您去时不要有什么牵挂。"当老人咽气后,再将红布包取出,挂于死者胸前。碎银表示死者在阴间有钱花,米粒表示有饭吃,茶叶则表示有茶喝。可见纳西族人把茶当作与饭一样重要的物品。纳西族人办丧事一般在五更鸡鸣时分进行,又称为"鸡鸣祭"。五更时,家人备好粥品、糕点等供于灵前。死者的女儿要准备好一脸盆清水和一盅清茶,意为请死者起来洗脸喝茶。

青海等地的土族,流行"格茶"的风俗,格茶意为"善茶""舍施茶"。人死后,举丧期内,除请喇嘛诵经、超度、拜忏外,还请本村人来念"嘛尼"。一般每户一人,也有全村老小男性都来的。每晚念毕"嘛尼"后,主人家要请所有来人吃一顿饭,先敬馒头、油炸馍、茶,然后每人一碗"托斯·塔力嘎"(油炒面),最后吃饭,故称"格茶"。

德昂族在丧葬仪式中,使用一种称之为"合帕"的冥器,这是由亲属用竹篾编制,以五色饰之的三所小竹房,其中一个置于棺木上,里面要放上茶叶、草烟、芭蕉、米粒、水酒等供物。合帕中的其他食物可多可少,但茶叶是绝对不可少的。丧葬时,三个合帕和死者生前用过的部分器具都要到坟地烧掉,以示死者拿到阴间使用。

在湘西的土家族,丧礼也离不开茶。村里出了丧事,亲戚朋友们过来吊唁和帮忙,大家围拢起来,闹他个两三天,热热闹闹的,把丧事当成喜事办,这叫喝"抬丧茶"。老人病故后,家里人先用茶水洗擦其遗体,再穿寿衣,上柳床、入棺。入棺后,亲人将最好的毛尖茶放进亡者的口里,头枕着的是茶叶制成的绣花枕头,让其在阴间继续享用茶的清香。当地人认为茶叶可以避邪免灾,把茶视为万物之上的神灵,在丧礼中处处用茶,以保佑后人吉祥如意。

在福建福安古老的祭祀仪式中,茶叶是必不可少的,而且被赋予了神秘的色彩。当地畲族有老人病逝,在下葬前,家人有意让逝者右手执一茶枝,以供其归阴开路用。民间传说茶枝是神农的化身,能避开邪气,驱赶魔鬼,又有清亮作用,用茶枝一拂,能使黑暗变成光明。因为在去阴间的路上,不但一片漆黑,道路崎岖,而且有不少妖魔鬼怪,会随时来伤害逝者。这时,逝者只要将手中茶枝一拂,小鬼不敢上来纠缠,妖魔闻之丧胆,逃之夭夭。因此,逝者手执茶枝,便可顺利到达阴曹地府,早日投胎。

丧葬时茶叶的使用,一般是为死者服务的,而福安地区的汉族丧礼中的"龙籽袋",则是为死者的后人着想的。过去沿袭土葬,凡哪家有人逝世,都得请地师先生看风水宝地,然后挖穴埋葬。在棺木进穴时,地师先生在红毡上撒下茶叶、谷子、麦豆、芝麻以及竹钉、钱币等,由亡人家属收集于袋内,长久地挂在楼仓里,以求日后家里五谷丰登、添丁发财。"龙籽袋"是死者留给家里人的财富,富有象征性的意义。茶叶是吉祥之物,能驱赶妖魔,保佑后代人无灾无病,人丁兴旺;麦豆谷子等象征后代年年五谷丰登、六畜兴旺;钱币等表示后代金银常有,财源茂盛,不愁吃穿。

在福建安溪,丧葬礼仪中也有茶俗。在亲戚奔丧、朋友探丧、堂亲送丧时,主人都要对来客敬上清茶一杯。客人饮茶品甜,以讨吉利、辟邪气。清明时节,后辈上坟扫墓时,祭拜先祖时,要敬奉清茶三杯。

在江西修水县,人死后,在棺木里放置一小包宁红茶,此茶称之为"天堂茶",表示亡灵喝了茶之后,能步入天堂,以免误入地狱。在当地还有呼亡人回家喝茶的风俗。家人死后,要在家搁三天,死者家中的主要亲属及亲朋、乡邻、街坊,在悼念死者之后,有人专门焚香,并对着棺木呼唤:"某某啊,回来喝茶啊!"同时,在死者家门口,放有一杯茶,第二天清早,亲人看茶水是否少了,如少了,表明死者回家喝了茶;如果没有少,则说明死者喝了王婆的迷魂汤,再焚香呼唤,直到茶汤少了为止。这一茶俗虽有着浓厚的封建迷信色彩,却表达了生者对死者的哀思。(罗时万《中国宁红茶文化》)

在民间有用茶祭奠死者的风俗,传说人死之后,在往阴间的路上有一条奈河,奈河桥畔,孟婆备有一种茶汤,说是喝了这种茶汤,到阴间就会忘记生前事,可以让死者早日投生转世。人们认为焚化纸钱、衣物都是为亡灵在阴间所用,可见孟婆的茶汤也需死者家属祭献。

关于这孟婆汤各地还有着不同的说法,据《中华全国风俗志》记载:浙江一些地方则认为:"人死后,须食孟婆汤以迷其心,故临死时口衔银锭之外,并用甘露叶作成一菱附入,手中又放茶叶一包。以为死去有此两物,似可不食孟婆汤。并有杜撰佛经曰:'手中自有甘露叶,口渴还有水红菱。'此两句于放置时家属喃喃念耳。"

在安徽寿春一带,也认为人死后要路过孟婆亭,喝迷魂汤。所以在入殓时,家属要准备好一包茶叶,拌入土灰,置于死者手中,以为死者有了此物便可不必喝迷魂汤了。

知识链接

《红楼梦》里便反映了以茶祭祀亡灵的风俗,"心比天高,命比纸薄"的俏丫鬟晴雯去世之后,宝玉伤心欲绝,日夜都在思念着她。他杜撰了一篇《芙蓉女儿诔》,写在晴雯平日里喜欢的一幅锦帛上,又准备了晴雯喜爱的四样吃食。在黄昏人静之时,命小丫头捧至芙蓉前,先行礼毕,将那诔文即挂于芙蓉枝上,含着泪读完诔文,再烧掉锦帛,将清茶洒于地上。

晴雯虽然身为丫鬟,但她气韵高洁,所以宝玉祭祀之时,也使用符合她心性的雅洁之物,希望她的魂灵在闻到茶的清香时,能够出来与他相见。茶叶清香氤氲,缠绕不尽的是多情公子的无穷哀思。

第四节　古代茶馆茶俗文化

茶馆之风,历经千年而不衰。最早的形式是唐代的茗铺,供行人与过往商贾歇脚解渴。到宋代,茶馆逐渐兴盛起来,茶馆已具备多种功能,如休闲娱乐、商务交易、会友、信息传播等。明清市井文化的发展,使茶馆文化更加大众化。近代茶馆的发展则颇为坎坷,由于社会动荡,原本清静的茶馆也变得复杂喧嚣起来。时至改革开放的今日,神州大地的茶馆、茶楼又如雨后春笋般兴起,茶客日益增多,这再次说明了平民文化的旺盛生命力。

一、唐代"茗铺"的源起

茶叶的消费,原先一般是自购自饮。到了东晋,在市面上已有煮好的茶汤售卖。在《广陵耆老传》有这样一个故事,说的是在晋元帝时期,有一个老妇人每天挑一瓮茶水到市场上卖,市民们争相购买。但是瓮里的茶水却丝毫不见减少。老妇人把卖茶水得来的钱施舍给那些无家可归的人们。有人对此事很诧异,把她抓到牢狱里。在晚上的时候,老妇人举着茶瓮和茶碗,从窗户里飞走了。此故事颇有神话色彩,却说明了当时在市场上已有茶水买卖,是摆在路边的,条件比较简陋,而且生意还很好,买饮者很多,可见茶已深受老百姓们的喜爱。此种茶摊把饮茶变成了营业和服务的手段,也使之和普通民众的社会生活发生了更多的联系,可以说是我国茶馆的雏形。南北朝时期,品茗清谈风气盛行,当时的茶寮既供行人喝茶,也供过往旅客宿夜,这便是旅馆的雏形而兼有卖茶的功能。

《新唐书·陆羽传》说:"天下普遍好饮茶,其后尚茶成风。"到唐代时,从京师州郡,到穷乡僻壤,从内廷、官府、富家,到寺观、田家无不饮茶。饮茶风气的普及,促进了茶叶的消费与贸易。唐代"茗铺"的出现,是大众消费的一种重要方式,也是后代茶馆的初级阶段。到了唐代开元年间,在许多城市出现了专门煎茶卖茶的店铺。据《封氏闻见记》载:开元年间,山东、河北至长安等地都"多开茗铺,煮茶卖之,不问道俗,投钱取饮"。可见,茶已成为日常饮料,而非贵族和士大夫阶层所独享。后来,街市乡村的茶楼茶馆到处林立,并有茶坊、茶屋、茶肆、茶摊、茶室等多种名目,均源于唐代的"茗铺"。

唐代是我国封建社会的鼎盛期,尤其是开元盛世,更是让后来人无限仰慕,杜甫《忆昔》一诗赞曰:"忆昔开元全盛日,小邑犹藏百家室。稻米流脂粟米白,公私仓廪俱丰实。"唐代城市经济有了一定的发展,长安城是当时世界上最繁华的城市,各国的商人云集于此,熙熙攘攘,分外热闹。唐代的商业交往十分发达。从京城长安、洛阳到四川、山东、河北等地的大中城市,都有着频繁的商业往来,商人在外经商、交往,一是要住宿,二是要谈生意,三是有解渴、吃饭的需要。开店铺煎茶买茶,正是适应这种需要。唐代长安城郭城有茶肆,城外有茶坊。此外,民间还有茶亭、茶棚、茶房、茶轩和茶社等,供百姓歇息和饮茶之用。《入唐求法巡礼行记》记载,唐会昌四年(公元844年),日本僧人圆仁在郑州"见辛长史走马赶来,三对行官遇道走来,遂于土店里任吃茶"。

茶肆的兴起,还受到其他集体饮茶形式的影响。唐代的官署、驿舍,也设有茶室,供来往官吏行旅解渴消乏之用。唐传奇《无双传》便有驿吏烹茶的描写。唐代士大夫阶层饮茶成癖,文人们常聚在一起饮茶,称之为茶会或茶宴。茶宴是文人间品茗、谈诗、清谈的聚会,最为后人称道的,是唐代著名书法家颜真卿担任湖州刺史期间的茶会联谊,其中《五言月夜啜茶联句》写的是以颜真卿为首的文人骚客在初夏月夜品茗作诗的美好境况,茶宴可以说是后世文人士大夫文艺沙龙式茶馆的前身。另外,唐代寺院也有集体饮茶的活动,寺院专门设有茶堂,用茶鼓按时召集僧众饮茶。茶堂后来又称茶寮,据《旧唐书·宣宗纪》载,大中三年,宣宗赐名东都进一僧的饮茶所曰茶寮。有些寺院在路口摆茶摊,向来往行人提供免费茶水。驿舍供茶、文人茶宴、寺院施茶等集体饮茶促进了饮茶风气的普及,也对茶肆的兴起和发展起了一定促进作用。

唐代茶馆中,卖茶者奉陆羽为茶神,欧阳修《新唐书·陆羽传》中也说:"时鬻茶者至陶羽形置炀突间,祀为茶神。"将烧制的陆羽陶像放在煎茶的炉灶上和茶具间,这种信仰,一是祈求保护,一是以巫术手段,"有交易则茶祭之,无则以釜汤沃之。"茶店老板在生意好时以茶汤祭之,以感谢茶神的福佑。生意差时则烧水于陶像上,希望通过这种巫术手段能给茶店带来财运。

茶肆是城市商业经济发达的产物,最早兴起于北方,再由北方逐渐传播至南方,这与饮茶风气由南向北传播正好相反。唐代虽已有茶馆,但是还没有在全国范围内普及,功能也不完善,茶馆还未成为社会日常生活场所的一部分,还局限在饮食文化的范围内。

二、宋代茶坊的发达

唐代兴起的茶馆,至宋代更为普遍和日益发达。宋代是茶馆的始盛期,数量大增,形式多样,功能齐全,开始与人们的生活密切相连,茶馆不囿于满足人们的饮食需要,也是人们消遣闲暇的场所。

宋代茶坊的兴盛发达,是城市商业经济高度繁荣的产物。大量农民、手工业者及商贩等如潮水般涌进城市,加上还有大量举子和冗官,致使城市人口猛增。都市巨大的流动人口,为饮食业提供了一个很大的市场。就连普通市民也习惯到饮食店购买食品,《梦粱录》载曰,南宋临安"经纪市井之家,往往多于店舍,旋买见成饮食,以为快便耳"。作为饮食业的茶坊的需求量大增,在都市里,凡是有人聚处,皆有茶坊,以方便人们饮食、歇息、娱乐。

据史料记载,两宋京都汴梁和临安的大街小巷,到处茶馆林立,甚至在偏僻的乡村小镇上也有茶馆,时称茶坊、茶肆、茶房、茶屋、茗坊等。北宋张择端《清明上河图》展现了东京开封城茶坊酒肆生意兴隆的繁荣景象。当时开封城内有鱼市、肉市、鲜果行、金银漆器铺等,而酒楼、茶馆直开到深夜,相国寺周围是个很热闹的场所,有很多写着"茶"的幌旗在风中摇晃。宋代茶馆的兴盛不仅仅体现在茶馆分布广、数量多,而且还表现在茶客成分的多样、茶馆种类的繁多、茶馆功能多样化等方面。

宋代茶馆的经营机制已比较完善,大多数实行雇工工作制,已出现了"茶博士",茶博士是在茶馆里倒茶的伙计,服务周到细致,"敲打响盏",高唱叫卖,以招徕顾客。茶博士的职业专一性比较强,如宋话本《万秀娘仇报山亭儿》中的茶博士郭铁僧,被主人解雇后,便无别的谋生本领。茶博士是宋代城市中很有特色的市民之一。

宋代茶馆已经讲究经营策略,为了招徕生意,留住顾客,他们常对茶肆做精心的布置装饰。有的茶坊内插花挂画,创造了和谐雅静的环境。陈师道《后山谈从》记载,宋太祖曾将一幅蜀宫画图赐东华门外茶肆。苏东坡有"尝茶看画亦不恶"的诗句,可见在宋代茶馆里挂有字画的还不少,茶客可一边品茗一边赏画,也颇有情趣。宋代茶肆根据不同的季节卖不同的茶水,一般冬天卖七宝擂茶、馓子、葱茶,或卖盐鼓汤。夏天卖雪泡梅花酒,花色品种很多。宋代茶馆的茶,主要迎合普通市民的品位,一般是"光茶""姜茶",这是放作料的茶,也有不放作料的清茶。

宋代茶馆类型和功能多样化,是前代所不能比拟的。早期的茶馆,多仅供行人与过往商贾歇脚解渴。至宋代,茶馆已具备多种功能,如休闲娱乐、商务交易、会友、信息传播等,已经具备后世茶馆的功能。茶肆是社会上信息传播的中心,社会上的各种消息传闻都能汇集到茶馆,茶博士对社会上的奇闻逸事所知甚多,因此茶肆成为打探消息的理想场所。

知识链接

据陆游《老学庵笔记》载,秦桧之孙女崇国夫人有一只极为宠爱的狮猫遗失,立限临安府访求,衙役买通了夫人家的下人,询问此猫之形状,根据下人的描述,绘有百来幅狮猫图贴于茶肆,因茶肆人多信息量也大,很快便找到了此猫的下落。

根据顾客不同,茶坊可分为几类:具有娱乐性质的茶坊,随着茶肆的日益增多,竞争也日见激烈,为了吸引更多的茶客前来,各茶肆安排诸多的娱乐活动招徕顾客,并以此为由多加茶钱。较为普遍的活动是弦歌,茶馆有专门雇用的歌女,歌女打扮得花枝招展,手挥琵琶,颇得一些纨绔子弟的青睐。另有一些无所事事的富家子弟,来此专门学习乐曲、唱歌。茶坊里还安排有说唱艺人说书。有些茶馆还备有棋类等娱乐活动。

在两宋时期,有身份且精通茶道的文人士大夫极少光顾茶馆,茶馆反映的是民间饮茶的风尚。两宋时的茶馆是一个热闹非凡的地方,里面的人形形色色,有官吏、艺人、文人、城市手工业者、小市民、军人和不少闲人,甚至流氓、妓女都充斥其间,真是三教九流汇聚之地。

三、明清茶馆的普及

明清的文人茶文化明显脱离大众和实际生活,注重饮茶的各种细节,过于追求文雅精致。在另一方面,茶文化走入寻常百姓家,深入到千家万户,与日常生活紧密结合。茶馆、茶楼的普遍存在和茶俗的形成,是明清时期饮茶深入广大民众生活的最重要体现。据《杭州府志》载,明嘉靖二十一年,杭州城有李生者忽开茶坊,饮客云集,获利甚厚,远近仿效,旬月间开茶坊五十余所。到了清代,开办茶馆蔚然成风,光是杭州大小茶坊达八百多所,风格独特的茶馆文化应运而生。

明代的茶馆,较之宋代,最大的特点是更为典雅精致,茶馆饮茶十分讲究,对水、茶、器都有一定的要求,也注重环境的装饰,多悬挂字画,颇清丽可喜。

民间市井细民偶有闲暇,多聚于茶馆品茗,此习尤以清代江南地区为盛。而进入茶馆者,"终日勤苦,偶于暇日一至茶肆,与二三知己瀹茗深谈"者有之;"乃竟有日夕流连,乐而忘返,不以废时失业为惜者"亦有之。平时茶馆所售之茶分为红茶、绿茶两大类,其中"红者曰乌龙,曰寿眉,曰红梅;绿者曰雨前,曰明清,曰本山"。茶馆售茶与茶客饮啜的方式也很多,"有盛以壶者,有盛以碗者,有坐而饮者,有卧而啜者"。(徐珂《清稗类钞》)此外,民间茗饮时,尚有佐以茶食的习尚。各种茶食,品类繁多。茶肆所售茶食,价廉物美,且小吃为多,深受民众欢迎。

明代市井文化的发展,使茶馆文化更加大众化。最突出的表现是明朝末年,面向普通大众的茶摊上出售的大碗茶,开始出现在北京的街头。这种茶摊,只有一张桌子,几条凳子,几只粗瓷碗,十分简单,方便群众,以贴近大众生活的优点而经久不衰。

到了清代,北京茶馆进入鼎盛时期,北京作为都城,市民人口激增,各地人文荟萃。乾隆时期的《都门竹枝词》云:"胡不拉儿(一种鸟名)架手头,镶鞋薄底发如油。闲来无事茶棚坐,逢着人儿唤'呀丢'。"又云:"太平父老清闲惯,多在酒楼茶社中。"可见当时茶馆之盛况,当时社会相对安定,人们喜欢无事闲坐茶馆,更有些八旗子弟,饱食终日,无所事事,爱打扮得光鲜体面,提着鸟笼泡茶馆。

作为领潮流之先的上海,在同治初年,出现了一些最早的茶楼如"一洞天""丽水台"等。这些茶楼一般高阁三层,轩窗四敞,自晨至夕,茶客如云。晚清时,茶馆数量激增,甚至还有日本人开的"三盛楼"茶社,"当炉煮茗者为妙龄女郎,饮茶一次,取银资一二角"。这种茶馆逐渐遍设于各租界,后为驻沪领事所禁。

南京在乾隆年间就有著名茶馆"鸿福园""春和园",日午则坐客常满。茶叶有云雾、龙井、珠兰、梅片、毛尖等，同时供应瓜子、酥烧饼、春卷、水晶糕、猪肉烧麦等，南京秦淮河夜间还有茶市。

明清时饮茶的广泛普及，茶俗的广泛流行也并不是一帆风顺的。清代苏州地区民间妇女也喜欢入茶肆品茗，但地方官吏却屡次下禁令。据《清稗类钞》记载：同治、光绪年间，谭叙初在苏州任藩台时，曾"禁民家婢及女仆饮茶肆，然相沿已久不能禁"。谭一日出门，见有一女郎娉婷而前，将入茶肆。于是喝令追问，原来是一大户人家的女仆。谭勃然大怒，并说："我已禁矣，何得复犯？"强令女郎脱鞋光着小脚回去，并说："汝履行如此速，去履必更速也！"但是，伪道士的淫威，假道学的嘴脸，岂能改变得了茶俗的普及和深入呢？

晚清时期，由于中国封建王朝的日趋腐朽、衰落，西方列强用大炮、坚船强行打开了中国的国门，中国逐渐沦为一个半殖民地半封建的国家。山河破碎，政局动荡，人民生活在水深火热之中，苦不堪言。一些人无所事事，终日与茶馆为伴，以茶馆为家。一些人则自我麻痹，躲进茶楼，寻找一块安静之地。动乱的年代里，人们疲于奔波，闲暇时往往喜欢到茶馆坐坐，喝喝茶，解解闷，获得片刻的清静安宁。

知识链接

晚清的茶馆业逐渐兴盛起来，据宣统元年（公元1909年）的不完全统计，当时上海有茶楼64家，到民国八年（公元1919年），发展到164家。还出现了外国人开的茶馆，日本人开了许多日本洋社，俗称为东洋茶馆，不过，日本人的茶社，名曰茶社，实际上是黄色场所，内有许多妓人，是寻欢作乐之地。

四、近现代茶馆的兴盛

近代社会动荡不安，时局不稳，人们更加想了解各方面信息，关心国家前途和自己的命运，而茶馆历来是信息的集中地、传播地，人们到茶馆喝茶，既可暂时放松一下，又可了解到各方消息，因此上茶馆喝茶的人也多起来了，然而人们很难有过去的文人雅士们品茗时的从容自在。

由于其所处的特殊时代，茶馆原有的雅致、清静的特点逐渐减弱，甚至消失，而其消极作用越来越明显。有些茶馆成为藏污纳垢之地，成为浮华子弟、市井无赖的寻欢作乐之地。如上海的茶馆，已经集茶馆、鸦片烟馆、妓院为一体。有一批贫困人家的少女，在茶楼卖唱、卖身，强颜欢笑，为茶楼招徕顾客。茶馆也是各种社会帮派组织的重要活动场所,甚至有些茶馆就是他们开办的。当时主要的社会帮派有青红帮、哥老会、三合会等,他们接头的地方多在茶馆,他们有许多的暗号,非本帮人士所能洞察。除了联络之外,各帮派组织还常以茶馆作为解决争端、讨论事情的场所。有时因不同帮派之间产生纠纷,而大打出手,弄得人仰马翻,乌烟瘴气。有些黑帮甚至在茶馆从事窝藏土匪、私运枪支、贩毒、买卖人口、逼良为娼、绑票等罪恶活动。

因中西文化撞击,茶馆文化呈现出了新的特点,规模更大,装潢更豪华,功能更多样化,有中西合璧的特点。在一些茶馆里,甚至用从西方传入的汽水泡茶,可谓是别出心裁。有些高档茶楼的包间,装饰得颇为洋化,一律设沙发,挂西洋油画,有的放西洋的爵士乐。西方的糕点、饮料也大量进入中式茶馆。

近代茶馆的社会功能也得到了加强,特别是信息交流、集中等特点。国家大事,商品信息,乃至小道消息、花边新闻,都可以在茶馆中打听到。老舍在《茶馆》一剧写道:"在这里,可以听到最荒唐的新闻,如某处的大蜘蛛怎么成了精,受到雷击。奇怪的意见也在这里可以听到,像在海边上修大墙,就足以挡住洋兵上岸。这里还可以听到某京剧赏新近创造了什么腔儿,和煎熬鸦片烟的最好方法。这里也可以看到某人得到的奇珍——一个出土的玉扇儿,或三彩的鼻烟壶。这真是个重要的地方,简直可以算作文化交流的所在。"在茶馆里,还有一类人专打听消息,他们出入神秘,进行暗探活动,他们一边喝茶,一边到处打听人们的谈话。

民国时期茶馆业十分兴盛,1933 年的统计数字表明,光是汉口就有茶馆 1373 家。在汉口,流传着一句这样的顺口溜:"不是光棍,不开茶馆。"开茶馆虽是本小利大的买卖,但却是地痞流氓寻衅闹事的地方,所以茶馆老板一定要有些后台,要不然是青红帮地头蛇,要不然就是军、警、宪、特的头目。

新中国成立后,茶馆一改昔日旧风,乌七八糟的事从茶馆消失了。人们把坐茶馆当作一种节俭清静的休息和娱乐,来茶馆喝茶的大部分是退休职工、老农、老居民,他们聚在一起,泡上清茶一杯,说笑弹唱,安逸度日。

20 世纪 50 年代至 70 年代,河北城镇少有专业茶馆,但在巷口街边或集市上,有摆茶摊的。即摆一张小饭桌,摆放盛有茶水的玻璃茶杯,用一方玻璃盖着杯口,旁边放着几个热水瓶,只需三五分钱,便可喝上一杯清茶,这样的茶摊非常方便过往行人饮用,省时又省劲。

改革开放以后,人们追求生活更加丰富多彩,茶馆业逐渐兴旺起来。1988 年,北京的"老舍茶馆"正式开业,标志着"老北京茶馆"的复兴。老舍茶馆前身叫"青年茶社",1979 年,宣武区大栅栏街道办事处的尹盛喜率领了一批知青靠几千元贷款办起了青年茶社,最开始条件很简陋,摆的是"茶摊儿",卖的是二分钱一碗的"大碗茶"。茶社一开张,就受到百姓们的欢迎,同时也受到了海内外各界人士的关注。在尹盛喜和大家的艰苦创业下,终于发展成了资产雄厚的"大栅栏贸易公司"。

学习笔记

知识链接

到了 20 世纪 80 年代末期,青年们都陶醉于迪斯科、霹雳舞等外来文化中,而对传统文化却很少关注,尹盛喜提出"振兴祖国茶文化、扶植民族艺术花"的口号,具有浓郁京味的"老舍茶馆"正式开张。茶馆内的环境布景、家具陈设有着晚清风格,茶客可以坐在八仙桌边,喝着细瓷盖碗盛着的茉莉花茶,一边品尝着北京风味小吃,一边欣赏着传统戏曲,体验着老北京人"坐茶馆"的乐趣。

素有陕西江南美称的汉中地区,是我国西部的绿茶主产地。当地人们爱上茶馆喝茶,近几年来,随着时代和经济的发展,茶馆业迅速发展,且出现了崭新面貌,增添了棋类、纸牌、画报、书刊、音乐电视节目。有些还邀请乡土艺人弹琴说书,活跃了人们的文化生活。这类茶馆,形成了一种崭新的风尚,深受老百姓的欢迎。

海南各地的民众有喝茶的习惯,在改革开放以前,喝茶的消费不高,一壶茶只花费一两角钱,普通居民上茶馆是常事。特别是在 1988 年海南建省办经济特区后,高级茶馆逐渐多起来了,茶水品种多,上档次,普通居民难以经常消费。一些精明的老板又重开以前的大众茶,深受群众特别是老年人的欢迎。每人花上几元钱,冲上一壶茶,吃些小点心,还能和老年朋友一起闲谈,切磋下棋,是休闲的好去处。群众称之为"老爸茶",意为退休老人也能天天喝得起。以往喝"老爸茶"的多数是中老年人,如今穿着入时的年轻人也经常出入其间。"老爸茶"不设最低消费,不收茶座费,茶叶多为普通的绿茶、红茶、乌龙茶等。在海口,"老爸茶"处处可见,有在室内的,有在室外的,也有在路边的,常常是座无虚席,生意红火。

新时期以来,神州大地的茶馆、茶楼如雨后春笋般兴起,茶客日益增多。人们爱到茶馆泡杯茶,细品慢饮,提神醒脑,在恬静中获得悠闲的享受。同时,新的茶馆文化也正在形成、发展,茶馆业步入蓬勃发展的时期。

第五节　茶艺流变

茶艺是日常生活中奥妙无穷的赏心乐事，是达到自我完善境界的至情至性的人伦绝唱。中国茶艺注重潇洒自如，追求身心愉悦，强调把喝茶视为一种生活、一种享受、一种境界，通过喝茶来"品味生命，解读世界。"所以"独品得神，对啜得趣，众饮得慧。"无论人多人少，都能品出无穷乐趣。

茶艺有着时代的特色，唐人富有浪漫主义精神，饮茶颇为潇洒豪迈，卢仝一口气饮下七碗茶，顿时两腋生风，如通神灵。宋代文士生活安逸，追求雅趣，茶艺重在观赏，斗茶和分茶便极富审美性，兼有游戏表演的性质，观之令人眼花缭乱。明清文士饮茶重在品味，细心地品味着茶香，也在品味着人生，品味着至高的哲思。现代社会节奏加快，各国交流日益密切，茶艺有着多元化的风情，人们饮茶重在养生，重在追求繁忙后的闲适与空灵。

一、唐代茶艺的完备

中国是茶的故乡，也是茶艺的故乡。中华民族发现和利用茶叶，已有四五千年的历史。人们最初是将茶作为食物，然后作为药物，后来成为饮料。中国茶艺的滥觞，起码也有两千多年的岁月。西汉辞赋家王褒《僮约》中就有"烹茶尽具""武阳买茶"之句，透露出当时家僮必须承担去集市买茶、煮茶和洗涤茶具的杂役，并且已有专门的饮茶器具。东晋杜育作《荈赋》，描写了煮茶用水、用器和技艺情况："水则岷方之注，挹彼清流，器择陶简，出自东隅；酌之以匏，取式公刘。惟兹初成，沫成华浮，焕如积雪，晔若春敷。"以及茶叶煎成之后的美妙情形和人们饮后的感受。这些对于研究中国最初的烹饮方式，具有特别的参考价值。

中国茶艺定型和完备的阶段，则是唐代。茶艺的完备与陆羽的贡献是分不开的。陆羽在《茶经》总结前人饮茶的经验，对茶艺作了系统的阐述。据《茶经·六之饮》记载，当时饮用的茶有粗茶、散茶、末茶、饼茶等四种，通用的饮茶方式是将茶叶弄碎，再将末茶倒入瓶中或细口的容器中，注入沸水，有的还喜欢将葱、姜、枣、橘皮、茱萸、薄荷等各种调料和茶一起放在容器里煮成茶粥。陆羽对这种饮茶方式很不以为然，他说这样的茶汤应该直接倒入水沟里，不宜饮用。他摒弃了"浑以烹之""与瀹蔬而啜者无异"的粗放式饮茶,在前人煮茶技艺的基础上创造了独特的煎茶法,并且设计了24种烹饮茶的器具,并大力推行。在茶叶的采造、鉴别、茶具、用火、用水、炙茶、碾末、煮茶、饮用等九个方面有着详细的规定。

具体做法如下:第一,备茶。先将茶饼放到无异味的文火上烘炙,要勤于翻动,使之受火均匀,等茶饼烤出像蛤蟆背部突起的小疙瘩,不再冒湿气,而散发清香时为止。然后将烤好的茶饼放入特定的容器中,以防止其香气散发,待冷却后将茶饼碾成粉末状,放入竹盒备用。第二,备水。陆羽对水质十分讲究,他认为煎茶以山泉水为上,江中清流水为中,井水汲取者为下。而山泉水又以乳泉漫流者为上。并将所取水用滤水囊过滤、澄清,再去掉泥淀杂质,放在水方之中,瓢、勺置其上。第三,生火煮水。燃料以木炭为佳,或者是无异味的干枯树枝,用小木槌将其打碎,再投入风炉之中点燃。将准备好的水注入专用的大口锅内,开始煮水。第四,调盐。当水沸腾冒出像鱼眼大小的水珠并发出微微的响声时,称为一沸,这时要放入少量盐进去调味。第五,投茶。当水烧到锅边如涌泉连珠时为二沸,先舀出一瓢滚水,以备三沸腾波鼓浪茶沫要溢出之时备用。再用竹莢绕沸水中心环绕搅动,使沸水温度较为均衡。然后将茶末按与水量相应的比例投入沸水之中。第六,育华。茶水三沸时,势若奔涛,将从锅中溢出,将先前舀出来的茶水倒下去,就像煮水饺时要用冷水汤点止沸,称为止沸育华,能保持水面上的茶之精华(又称为"茶花")不被溅出,还要将浮在水面上的黑色沫子除去,以保持所煎茶汤之清亮。当水再开时,茶之沫饽渐生于水面之上,如回花舞雪,茶香满室。第七,分茶。茶汤中最为香醇的是煮出的头三碗,在分茶时要注意,每碗中沫饽要均匀,因沫饽是茶之精华。第八,饮茶。饮茶一定要趁热,刚烹好的茶汤"珍鲜馥烈",十分鲜美。第九,洁器。茶饮结束后,要及时将用过的茶器洗涤净洁,贮藏在特制的都篮中,以备再用。

陆羽所提倡的煎茶法,虽然操作程序较繁复,但条理井然,整套动作一气呵成,极富艺术美。这种茗饮方式,可细心领略到茶的天然特性,整个煎茶过程也极为赏心悦目。

陆羽的煎茶法是中国茶史上饮茶方法的一次划时代的革新,不仅使社会生活中的饮茶方式发生了深刻变化,也使唐代中期以后的茶文化活动、茶文学创作进入了一个空前繁荣的时期,并对唐、宋以来中国茶文化的发展产生了深远的影响。

一种风俗的形成,不仅需要倡导者,而且需要鼓动者。唐代士大夫的吟咏茶事,联句唱和,既是当时饮茶风气盛行的具体体现,又对茶风日炽和茶艺日高起了推波助澜的作用。文人墨客常常不远千里,寄赠佳茗,好茶共享;每每相聚,品茗清谈,吟诗联句。茶会是文士间联络感情、叙说友谊的最好场所,也是切磋诗艺、交流茶艺的最好方式。皎然认为,品茶是雅人韵事,宜伴琴韵、花香和诗草,他在《晦夜李侍御萼宅集招潘述、汤衡、海上人饮茶赋》中说:

> 晦夜不生月,琴轩犹为开,
>
> 墙东隐者在,淇上逸僧来。
>
> 茗爱传花饮,诗看卷素裁,
>
> 风流高此会,晓景屡徘徊。

这场茶宴中有李侍御、潘述、汤衡、海上人、皎然,其中三位文士、官吏,一个僧人,一个隐士。以茶相会,在茗茶中与清谈、赏花、玩月、抚琴、吟诗、联句相结合,旨在创造出一种清逸脱俗、高尚幽雅的品茗意境。

大批文人介入茶事活动,写下了许多茶诗,提升了饮茶的文化品位,使品茗成为一种极为风雅的艺术享受。茶主要的功能是解渴、提神、消乏、保健,满足人们的生理需要。在唐代诗人的引导下,饮茶逐渐成为一门生活艺术,人们着重追求品茶时的艺术情趣。

二、宋代茶艺的情趣

唐代文化从整体上看,是一种相对开放、相对外倾、色调热烈的文化类型。宋代文化则是一种相对封闭、相对内倾、色调淡雅的文化类型。与此相适应的宋代茶艺,具有两大特征,一是市井需求的勃兴。当时浮现着轻气象、轻神韵,而重技艺、重游乐的风尚。另一特征是内省、精致的趋向,这种饮茶以文人为代表。他们饮茶注重的是"品",将品茶视为风雅之事,重在品味与情调,讲究水质的清纯,杯具的清洁与名贵,还十分重视环境与氛围的幽雅,在对汤色的鉴别与品饮过程中,达到愉悦和慰藉的目的。北宋的文坛领袖欧阳修倡导的品茶经即为:"泉甘器洁天色好,坐中拣择客亦嘉。"认为品茶必须茶新、水甘、器洁,再加上天朗、客嘉,此"五美"俱全,方可达到"真物有真赏"的境界。

无论是市井饮茶的风趣,还是文人饮茶的雅趣,都追求着"趣"的真谛,宋代茶艺的特色正在于情趣,重在品味、重在观赏、重在享乐。宋代的市井俗文化十分发达,在汴京有勾栏,每至夜晚,人头攒动;另一方面,宋代文化有着淡雅的一面,宋代统治相对开明,文士大都生活优裕,他们有闲情闲趣,常聚在一起吟诗、赋词、品茗、饮酒、赏月、玩琴,生活十分雅致。然雅与俗之间并不是对立的,苏东坡提出诗歌"以俗为雅",俗与雅可相互转换,大俗即是大雅,宋代茶艺也有着俗雅两种特色。

宋代茶艺盛行点茶法,点茶法的最大特点在于对泡沫(汤华)的追求。点茶法是在唐代痷茶法基础上发展而成的。陆羽《茶经》说:"贮于瓶缶之中,以汤沃焉,谓之痷茶。"痷茶的特点是投茶入瓶,以汤沃之。点茶沿痷茶之路向前走了一步,其烹茶步骤是:先将饼茶烤炙,再敲碎碾成细末,用茶罗将茶末筛细,再将茶投入盏中,注入少量沸水调成糊状,谓之"调膏",然后将沸水倒入深腹长嘴瓶内,再倾瓶注水入盏,或以瓶煎水,然后直接向盏中注入沸水,与此同时用一种竹制的茶筅反复击打,使之产生泡沫,称为汤花。

斗茶始于晚唐,盛于宋代,是品评茶叶质量高低和比试点茶技艺高下的一种茶艺,这种以点茶方法进行评茶及比试茶艺技能的竞赛活动,在"材、具、饮"都不厌其精、不厌其巧。斗茶极雅,讲究茶的名贵、茶器的精美、茶汤的醇厚、茶味的隽永,更重要的是汤花的显现,所击的汤花要求"色白,形美,久而不散",苏东坡有诗赞曰:"蟹眼已过鱼眼生,飕飕欲作松风鸣。蒙茸出磨细珠落,眩转绕瓯飞雪轻。"点茶出现的汤花如雪一般轻盈灵动,令人为之目眩。斗茶又是一种比赛,要评定输赢,在民间出现了"争新斗试夸击拂"的场面,上自皇宫贵族,下至平民百姓,走夫贩卒,无不沉迷于刺激新奇的斗茶中。这又使得斗茶有着浓厚的世俗味。斗茶亦雅亦俗,这也正是宋代茶艺的特色。

宋代茶人们不仅追求着茶艺的赏心悦目,也十分注重茶汤的真味,陆羽反对民间传统煮茶时加入大量调料,但他提倡的煎茶法仍保留了加盐的习惯,宋代点茶连盐也不放,纯粹品尝茶叶的天然清香。蔡襄《茶录》云:"茶有真香。而入贡者微以龙脑和膏,欲助其香。建安民间皆不入香,恐夺其真。若烹点之际,又杂珍果香草,其夺益甚。正当不用。"苏东坡有诗云:"要知玉雪心肠好,不是膏油首面新"(《次韵曹辅寄壑源试焙新茶》)。他欣赏的是本色天然的茶,而不是那种外表精心润色过的茶,茶之美在于内在的优质,而不在于外表的精致、价格的昂贵。对于文人墨客来说,茗饮是一项高雅的活动,点茶的过程很有诗情画意,经过精心炮制的茶汤,有着天然一段风韵,给茶人们带来极为丰盈的视觉、味觉享受。

宋代茶艺,十分注重茶器,苏东坡有诗赞石铫曰:"铜腥铁涩不宜泉,爱此苍然深且宽"(《次韵周穜惠石铫》)。好的茶器更有助于茶技的提高。最受宋人青睐的茶具是黑釉茶盏,种类有很多,如兔毫盏、油滴釉碗、玳瑁盏等。

学习笔记

知识链接

蔡襄《茶录》曰:“茶色白,宜黑盏,建安所造者绀黑,纹如兔毫,其坯微厚,熁之久热难冷;最为要用。出他处者,或薄或色紫,皆不及也。其青白盏,斗试家自不用。”建盏为斗试者所珍爱,蔡襄本人即珍藏有十只建盏,其纹“兔毫四散,其中凝然作双蛱蝶状,熟视若无动。”宋徽宗对兔盏极为喜爱,在《大观茶论》中称:“盏色贵青黑,玉毫条达者为上”,即言兔毫盏。相比其他茶具,黑釉茶盏最适宜衬托出汤花之美轮美奂,白色的汤花浮在黑釉茶盏上,瞬息万变,有如春天白雪一样明艳动人,又如缤纷落英一样婉转悠扬。

宋代是茶文化深入发展的时期,既有追求豪华极致的宫廷茶文化,又兴起了清丽淳朴的市民茶文化,还有高雅别致的文士茶艺、注重茶禅一味的僧侣饮茶。宋代茶艺,不仅注重如何制成一杯好茶,也追求着点茶过程的审美性,同时还有着游戏的性质。宋代茶艺,是我国茶艺进一步完善升华的时期,无论是哪个阶层的饮茶,都有着雅俗共赏、趣味盎然的特点。

三、明代茶艺的风致

明清茶艺是中国传统文化的一个重要组成部分,是我国茶艺的继续发展期。博大精深的茶艺经过唐宋的繁荣后,在明清依然保持着旺盛的生命力。明清茶艺较前代茶艺更为精简随意,却有着更为深厚的文化底蕴,对后代的影响也是源远流长。明清茶艺扬弃了前代烦琐的茶技,追求着茶本身的天然清香,重在欣赏沏泡过程的清省雅致,重在品味茶汤的醇厚绵长,他们也十分讲究名茶、好水、挚友、佳境。明清茶艺丰富多彩,最能代表其特色的是文人饮茶。明清文人追求性灵抒放,讲究韵外之韵、旨外之旨,他们的品茗有着清雅脱俗、幽远宁静的风致。

明清时期出现了60多部茶书,充实了我国茶艺的理论体系。明清文人在茶的文学艺术上的贡献是很突出的,明清文人所写茶诗词达1000多首,明清绘画表现茶事的也有不少,具有极高的艺术价值。这些茶书、茶诗、茶画都是我国传统文化的宝贵财富。

明代茶艺最重要的贡献,是瀹饮法的定型与发展。朱元璋废除饼茶改进贡芽茶之后,人们直接采用开水冲泡,以品尝茶叶的天然清芬称为瀹茶法。瀹茶法对后代影响极为深远,直到现在,一直占据着中国饮茶方式的主导地位,因此沈德潜称瀹茶法“开千古茗饮之宗”。

明清制茶方法更为精致,普遍改蒸青为炒青,这对芽茶和叶茶的普遍推广,提供了一个极为有利的条件;同时,也使炒青等一类制茶工艺,达到了炉火纯青的程度。这样制作出来的茶叶,颜色青绿,香味醇厚。

为了烹制一杯好茶,明人极为重视水质,许次纾在《茶疏》中说:"精茗蕴香,借水而发,无水不可与论茶也。"所说茶性必发于水,八分之茶遇水十分,茶亦十分。八分之水,试茶十分,茶只八分耳。有好茶,还要有好水,有的甚至讲究某茶配以某水才能沏出最佳味道,明代李日华撰《紫桃轩杂缀》称:"龙井味极腴厚,色如淡金,气亦沉寂,而嘴咽久之,鲜腴潮舌,又必藉虎跑空寒熨齿之泉发之,然后饮者领隽永之溢,而无昏滞之恨耳。"龙井茶名闻天下,虎跑泉水配之,更是珠联璧合,天下无双。

瀹茶法用条形散茶直接冲泡,茶人们更加重视茶的色、香、味,讲究茶汤碧绿透亮、茶叶清芬怡人、茶味醇厚绵长。品尝时也颇有讲究,陆树声《茶寮记》曰:"茶入口,先灌漱,须徐咽。俟甘津潮辞去,则得真味。杂他果,则香味俱夺。"在喝茶之前要先漱口,再慢慢下咽,让舌上的味蕾充分接触茶汤,用心去感受茶叶本身的丰美滋味,品茶时不要吃点心水果,这样才能领略到茶之真味。罗廪的《茶解》也谈到了品茶的问题:"茶须徐啜,若一吸而尽,连进数杯,全不辨味,何异佣作。"品茶宜静宜幽,夜深人静之时,独坐幽谷,最好亲手烹制,水沸如松涛阵阵,注入瓯内似瀑布奔泻,一时之间,如天光云影尽收其间,烟雾缭绕,香气氤氲。饮茶时不可一饮而尽,应细细啜饮,顿时满口甘津,齿颊生香,此中妙处难以言说。

瀹饮法的普及,促使饮茶器皿也发生了变化。宋代风行斗茶,色胜白雪的茶汤与黑釉茶盏形成鲜明的对比,因而宋代茶人崇尚较大的黑釉兔毫茶盏。到了明代,因流行饮用散茶,茶人们喜欢细心啜饮,慢慢品味,各类玲珑小巧的陶瓷茶壶受到时人的喜爱。茶具制作出现了繁荣景象,各类精美陶瓷茶壶应运而生,"宜陶景瓷",江苏宜兴出产的紫砂壶和江西景德镇的陶瓷茶器就是其中的佼佼者。明代中期,宜兴出现了制壶妙手供春、时大彬,其制作的茶具巧夺天工、精美绝伦。景德镇生产的陶瓷茶具,胎质坚细、釉光莹润、色彩绚丽、镂雕精工,有"白如玉、明如镜、薄如纸、声如磬"之美誉。景瓷代表为青花瓷器,其外壁花纹蓝白相间,华而不艳,色彩淡雅,内壁则洁白如玉,能很好地反映出茶汤的色泽,茶汤注入其中,更显得碧绿透亮,绿汤白杯相映成趣,如新发小荷般秀雅清丽,娴静可爱,令人不忍饮之。

明清饮茶注重品饮的参加人员和周围环境,朱权在《茶谱》中有着精彩的论述,一起品茗的都是些"鸾俦鹤侣,骚人羽客"的高雅人士;环境也极为幽静,"或会于泉石之间,或处于松竹之下,或对皓月清风,或坐明窗净牖";与客人清谈对话的内容,又是"探虚玄而参造化,清心神而出尘表"。就在超凡脱俗的氛围中,开始愉悦、舒坦、清静的品茶。主客长坐久谈,童役烧水煎茶,山之清幽、泉之清冷、茶之清香、人之清谈,四者很自然地融为一体,具有一种内在的和谐感。

明清文人在品茶中修心,做到不以物喜,不以己悲,一切归于自然。明清茶艺则是内敛性的,带有独特的个人情感体验,追求着宁静淡泊的境界。

四、当代茶艺的风情

中国茶艺在古代的辉煌已举世公认,有人认为近现代一百多年来,中国茶艺衰落以至传统中断,这种看法是不正确的。清代末年以来的一百多年间,中国茶艺虽然历尽坎坷,但是其血脉仍然畅通,根基依然茁壮,技艺也得以进一步延续和发展。

自清代以来,流传至今的风格最独特、影响最大的茶艺,是流行于广东潮汕和福建漳泉等地区的工夫茶。据俞蛟《潮嘉风月记》载称,工夫茶"烹治方法,本诸唐陆羽《茶经》,而器具更精"。潮汕烘炉(茶炉)、玉书碨(煎水壶)、孟臣罐(茶壶)、若琛瓯(茶盏)是最基本的茶具,被称为"四宝"。工夫茶艺的程序为:煮水、温壶、置茶、冲泡、淋壶、分茶、奉茶。冲茶技巧强调"高冲""低洒""括沫""淋盖""烧杯热罐""澄清"等各种要领。当时的饮法是:"大茶盘上置一茶壶、数茶杯注满沸水加盖,将壶置于深寸许之瓷盘中,壶小如拳,杯小如核桃。茶必用武夷,用凉水漂去茶叶中尘渣后放置壶中,再以沸水缓缓淋于壶上,待水将满盘而上,取布巾蒙壶,良久揭巾,注茶水于杯中奉客。客必衔杯玩味,嗅香品茶。若饮稍急,主人必怒其不韵。"这种循环往复、尽兴方休的茶艺,不仅盛行当地城乡,而且经改进后已传遍大江南北。

知识链接

现代茶道虽然衰微,却并未失传。据《金陵野史》载,抗战之前,中国茶道专家夏自怡曾在金陵举行茶道集会。所用为四川蒙山野茶、野明前茶、狮峰明前茶等三种名茶,烹茶之水汲自雨花台第二泉,茶道过程有献茗、受茗、闻香、观色、尝味、反盏六项礼序。其中依然还有唐代茶道的神韵。

20世纪80年代以来,我国茶艺进入了一个新的发展时期。1980年6月,福建省对外贸易考察组访问美国时,陈彬藩教授就表演了各种茶叶的泡饮方法。请来宾们品尝了四十多种中国名茶,引起美国朋友和在美华侨的浓厚兴趣。大家兴味盎然地欣赏着中国独特的品茶艺术,十分兴奋。1983年,浙江杭州茶人之家成立之时,就把茶艺培训(当时称茶礼培训)作为一项重要内容。1989年,北京举行"茶与中国文化展周",茶人之家与浙江农业大学茶学系、浙江省茶叶公司联合组成"客来敬茶"茶礼表演团,作茶艺交流。这些,都充分证明茶艺始终受到各方面的青睐和好评。

我国的茶艺从20个世纪80年代复兴以来,台湾、香港、澳门都取得了可喜的成果,大陆茶艺更是蓬勃发展,异彩纷呈。如今中国的茶艺是清饮与调饮并重,表演型茶艺、生活型茶艺、营销型茶艺和修身养性型茶艺都得到了全面发展。

现如今,我国56个民族的茶俗正在被挖掘整理,升华为茶艺。我国茶艺努力发展的方向是:从一杯茶中能品味出中华民族厚重的历史文化积淀;从一杯茶中,能品味出我国56个民族的民族风情;从一杯茶中能品味出当代中国茶人海纳百川的包容之心和与时俱进的创新精神。

在如今,我国的茶艺正在不断融入各国的先进文化和时尚因素,实现创造性传承和创新式发展,用中华民族的智慧,使喝茶成为"品味人生,解读世界"的生活乐事。

学习笔记

拓展阅读

用茶祭祀凭吊,文学作品中常有这方面的描写。《红楼梦》是一部比较全面反映18世纪时上层社会生活的文艺作品,从中可见,当时有用茶祭祀的习俗。

贾宝玉一祭他钟爱的丫鬟晴雯,就是"焚帛奠茗"。其事,见第七十八回"老学士闲征姽婳词,痴公子杜撰芙蓉诔":宝玉……因用晴雯素日所喜之帛一幅,楷字写成,名曰《芙蓉女儿诔》……又备了晴雯素喜的四样吃食。于是黄昏人静之时,命小丫头捧至芙蓉前,先行礼毕,将那诔文即挂于芙蓉枝上,泣涕念曰:"……"读毕,遂焚帛奠茗,依依不舍。

第二次祭晴雯,贾宝玉依然"酹茗清香"。第八十九回"人亡物在公子填词,蛇影杯弓颦卿绝粒"中是这样描写的:

宝玉道:"……你叫他们收拾一间屋子,备了一炉香,搁下纸墨笔砚……倒是要几个果子搁在那屋里,借点果子香……"……宝玉吃毕,便过这间屋子里来,亲自点了一炷香,摆上些果品,拿了一幅泥金角花的粉红笺出来,口中祝了几句,便提起笔来写道:"怡红主人焚付晴姐知之,酹茗清香,庶几来飨!"其词云:……写毕,就在香头上点个火,焚化了。静静儿等着,直待一炷香尽了,才出来。

晴雯虽然身为丫鬟,但她气韵高洁,所以贾宝玉祭祀之时,也得使用符合她心性的雅洁之物,茶在这里是最合适的祭品。

 课堂讨论

1. 如何理解民间施茶会的慈善性质?

2. 什么是"三茶六礼"? 主要流行于哪些地域?

思考练习

1. 试述茶在婚恋习俗中的地位和意义。

2. 现代茶馆与古代茶馆的区别有哪些? 如何理解这些差别?

3. 论述茶艺自唐代以来的嬗变。

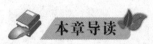 第六章 不同民族的茶俗

本章导读

中国是一个多民族国家,不同地域的民族很多都有饮茶的习俗。本章主要概述了民族茶俗的特色,并重点介绍了西南、西北、内蒙古、福建、东北等地域的茶俗。

学习目标

1. 了解我国各地不同民族的制茶、饮茶方式,以及由茶引出的各类民俗活动;

2. 理解茶俗的形成与当地的自然环境、气候条件有密切关系,同时理解茶俗的形成不仅来自茶本身的生物性功用和经济价值,更包含了人们对生活价值与规范的理解;

3. 理解各民族不同的生产方式、经济形态和观念信仰如何对茶俗产生影响。

我国 56 个民族中,除赫哲族人很少喝茶外,其余各民族都有饮茶的习俗,茶同样也是各民族必不可少的饮料。

茶俗作为传承文化的民俗事象,有其历史的传承性,又有其变异性。我国各个民族,相互影响,不断融合,饮茶习俗也越来越具有民族性和地域性的特点。

第一节 民族茶俗特色

我国少数民族饮茶的风气十分普遍,南方的民族村寨,基本上都有饮茶的嗜好,其饮茶方式也独具趣味。在漫长的生活实践中,少数民族同胞形成了风格各异、绚烂多姿的茶俗。

一、少数民族的茶图腾

最早的"茶"是初民们赖以存活的充饥食物,人们也发现了茶的药用价值。初民们不懂得生育奥秘,充满着原始思维的图腾意识,他们产生了将"茶"视作生命源泉的图腾意识,其后代也因而将"茶"视为祖先,形成了崇拜茶的原始宗教。许多古老民族都曾信奉过茶图腾,茶可以说是这些古老民族的共同信仰。

洪荒的上古时代已邈远不可追寻,茶图腾的面貌已不清晰。有关茶图腾崇拜的踪迹,还可在各古老民族遗存的文化中寻觅到,在一些少数民族当中还可略见一二。这些信奉者们多数十分古老,祖祖辈辈居住在相对封闭的地理单元。最为突出的当数德昂族了,这个以茶叶为祖先的古老民族,原称"崩龙",他们的血液里,至今还有着原始茶祖的生命气息。他们在古歌中唱道:"茶叶是崩龙的命脉,有崩龙的地方就有茶山;神奇的传说流传到现在,崩龙人的身上还飘着茶叶的芳香。"

知识链接

德昂族的"茶祖之歌"名为《达古达楞格莱标》,译为"最早的祖先传说",这是德昂先民古崩龙人最古老的神话史诗。在古时候,大地一片浑浊。天上美丽无比,到处都是茂盛的茶树。天和地为什么如此不一样?茶树在冥想,终于,一棵小茶树下定决心要到地上受尽苦难,只要大地永远长青。于是,一阵狂风吹得天昏地暗,撕碎了小茶树的身子,共 102 片茶叶下凡。这些茶叶变成了 51 个精悍小伙子和 25 对半美丽姑娘。这 102 个下凡的茶叶兄弟姐妹们,历尽了几万年的艰辛才到达大地,和滔滔洪水展开生死搏斗,茶叶所到之处洪水处处退让。茶叶又与恶魔展开战斗,终于开创了崭新的世界。后来这 51 对男女结成双,世代繁衍。

《达古达楞格莱标》是一部储存着古崩龙人远古记忆的神话史诗，充满着神秘瑰丽的原始意绪，反映出了崩龙人朴实的宇宙观："茶叶"是人类的始祖，因为茶树才有了这青山秀水，五谷丰登。陈琲、吕国利在《中华茶文化寻踪》一书中指出："这个始祖传说，实际上是一个地地道道几乎保持着原样的图腾古歌，它的产生背景，是古崩龙人对茶的崇拜，它是茶图腾信仰'神歌'，是茶图腾崇拜仪式的一个重要组成部分，而古崩龙人则正是一个以茶为图腾祖先的民族。"

在云南景洪县的基诺族山区，每年正月间由各家自行举行祭祀茶树仪式。届时，男性家长于清早带一只公鸡到茶树下宰杀，将鸡毛拔下，用鸡血贴在树干下，边贴边说"茶叶多多长，茶叶青又亮，树神多保佑，产茶千万担"之类的吉利话。鸡煮熟后又祭一次，叫作"熟祭"，祭祀完毕后，由家人分而食之，据说可佑全家人身体康健。祭祀茶树的仪式，也是茶图腾的遗迹。

世居于大巴山并分布在川鄂地区的土家族人，他们最崇拜的氏族首领"八部大王"，就是以茶为图腾祖先的。在当地流传着这样一个故事，在很久以前，土家八部大王的阿妈久婚不孕。一天深夜阿妈梦见一仙姑手持花篮，将一包细茶粉放在床头，说是喜药，叫她喝下。翌日清晨，阿妈醒来立即将细茶粉煮水一饮而尽。于是怀胎三年，生下八个儿子。由于孩子太多，无法抚养，阿妈只得把八兄弟丢到深山里，让他们听天由命去。谁知这八兄弟见风就长，且有一只母白虎每日来喂奶，就这样八兄弟长大成人，力大无穷，本领高强。他们又回家去孝养母亲，曾将天上的雷公捉来，蒸熟盐腌给母亲治心痛病。后来，他们在土王破冲嘎那里为将，作战有功，封地于龙山永顺交界地区，号称为"八部大王"，死后，谥封为"八部大神"，一直受族人立庙祭祀。就是这八部大王，繁衍生息了土家族。这就是说，土家族的氏族始祖是"茶叶之子"，而其母就是"茶母"，即"茶图腾祖先"。

后来人们就仿照传说中的茶粉，擂制成土人喜爱的土司擂茶。如今婚后新娘常喝此茶，据说可以"早生贵子"。土司擂茶的制法是：将炒香的花生米、黄豆、绿豆、芝麻、绿茶合在一起按比例倒进擂钵里，擂成粉末，然后煮熬成稀糊状即可。此茶饮用茶具均为土家竹筒，意在不失擂茶原味。土司擂茶味香醇美，是土家人喜庆时必不可少的上等茶点。

不少研究已证明，图腾意识的产生，最迟在氏族产生时已存在，约在旧石器时代中期，图腾文化即已生成。因此，茶图腾民族传说的存在，不仅可以揭示出茶文化起源初期的诸多文化内涵，也可以充分证明茶文化最迟在旧石器时代早中期即已萌生的史

实。(陈珲、吕国利《茶图腾的证明:中国茶文化萌生于旧石器时代早中期》)

二、生食茶叶

《蛮书》第七卷载:"茶出银生城界诸山,散收、无采造法。蒙舍蛮以椒、姜、桂和烹而饮之。"人们最初是生食茶叶,腌制加工茶叶,再逐渐发展到用鲜叶在釜中烹煮。有些地方还保留着这种淳朴古老的吃茶习俗,把茶叶当成食品一样吃进肚里。除了在少数民族聚居地,有着风格各异的食茶习俗外,在汉族一些地方,也可见这种古老的食茶风俗。

地处西南边陲的云南省,气候温暖,地形复杂,民族众多。因长期居住在与外界隔绝的山区,较少受到外部先进文明的影响,有不少民族还保留着古老的吃茶习俗。

傣族有一种吃茶的风俗。傣族人喝的茶多数是自己制作的大叶茶,他们在招待客人时,喜欢把茶泡在一个大罐子里,等茶泡好了再往客人的杯子里倒。泡过三四次后,茶叶逐渐变淡,再将茶叶捞出,沾上大青果一起吃,茶叶淡淡的苦涩与大青果汁的甘美溶在一起,有种奇异的芳香,让人回味无穷。

在云南的基诺族有一种吃凉拌茶的习俗。他们采回鲜嫩的茶叶,用手揉捻将茶叶汁拧在碗里,再在茶叶里放入盐、辣椒、黄果叶(柑橘叶)、酸竹笋、酸蚂蚁、蒜泥、白生(一种菌类)等作料,不放酸。吃的时候再拌入拧出的茶汁。这样的凉拌茶清凉咸辣,既开胃,又下饭,基诺族话叫作"拉拔批皮",直到现在基诺族的中老年人还保留着这种吃茶的习惯。基诺族人饮茶的历史十分悠久,相传在很古的时候,人类的始祖尧白造好了天和地,决定把它分给各民族,到分天和地的时候,各个民族都来了,只有基诺族没人来。尧白先派汉族来请,基诺族没去;尧白再派傣族来请,基诺族还是不去。后来尧白亲自来请,基诺族仍然不去。尧白生气地走了。走到一座山上,她想基诺族没有分到天地,以后生活会有困难,便抓了一把茶籽,从山顶上撒下去,基诺族居住的地方便长满了绿油油的茶树,成为滇南六大茶山之一,从此以后,基诺族人便开始以茶叶为食。

地处亚热带地区的滇南,雨量充沛,土地肥沃,茶叶生长快,三四寸的茶芽也十分稚嫩,在雨季时期,住在山区的少数民族同胞喜欢将茶芽摘下,放入灰泥缸内,用重盖子压紧,边按边压,直到压满为止,然后用泥巴封住。过几个月后便可食用。这种茶称为"腌茶",吃的时候拌入香料,十分清香爽口。

居住在滇西的崩龙族,喜欢食用"水茶",其制法与滇南腌茶有些类似。将鲜嫩茶叶稍微日晒后,拌入盐巴,再装入小竹篓里,一层层压紧。一个星期过后,便可以取出来嚼食。此茶清香可口,能生津止渴,是夏季很好的清凉食品。

布朗族是"濮人"的后裔,是云南最早种茶的民族之一,主要聚居在云南勐海县的布朗山,以及西定、巴达等山区。他们喜欢吃酸茶,酸茶制茶时间在每年的五六月份,将鲜叶煮熟,放在阴暗处十余日让它发霉,然后放进竹筒内再埋入土中,经月余后即可取出食用。吃法别具一格,不须加开水冲饮,只放在口中嚼细咽下,可以解渴和助消化,此茶味道鲜香,越嚼越有味。当地人还常把酸茶当作馈赠亲友的礼品。

居住在滇南的哈尼族、景颇族把茶当蔬菜来食用。其制法为:采摘鲜嫩肥壮的茶叶,用锅蒸熟或者放在太阳下晒软,再放到竹帘上搓揉,再把茶装入碗口粗的竹筒里,用木棒春实。筒口用石榴树叶或竹叶堵塞,再将竹筒倒置于地,使竹筒内的茶汁淌出。两天以后,再用泥灰封住筒口,让茶叶在竹筒里发酵。两三个月后,竹筒内的茶叶变黄,这时,劈开竹筒,取出茶叶晾干,装入瓦罐中,加入香油浸腌,随时可取出食用,可直接用来下饭,也可加入蒜苗爆炒,吃起来更是别有风味。

四川的满族同胞认为茶是仙女赏赐的美味,至今仍保留着远古时代流传下来的饮茶习俗,他们把鲜嫩的茶叶揉搓后放入碗中,加上腌制的竹笋丝、大蒜、辣椒、食盐或糖等作料,捣匀后食用。

三、各具特色的制茶工艺

在南方的民族村寨,少数民族同胞有着风格各异的饮茶习俗,饮茶方式别具风趣、无奇不有,形成了奇趣别致的饮茶风俗。

湖南侗族常年喜饮茶饼茶,茶饼茶的制法分为两步:第一步制茶饼,把老茶叶摘下来,经过开水烫,压揉成饼,晒干即成茶饼;第二步是做茶,掰下一撮茶饼,放进锅中稍炒,再放适量盐,加水烧开即可饮用。侗族姑娘十分心灵手巧,在闲暇时间还喜欢制作玩茶,玩茶是一种花样食品,制法是将柚子皮、冬瓜皮等放在明矾水中浸泡后取出,用雕刀把这些原料雕成花鸟鱼虫等各式图案,再用白糖渍成蜜饯。制成后,青皮白肉,晶莹剔透,小巧玲珑。节日待客时,小件的做泡茶之用,玩茶浮在碧绿的茶汤上,如出水芙蓉,颇具观赏性,令人不忍心食用。大件的玩茶则作为茶食,放在茶盘中饷客。

湖南瑶族同胞在劳动之余爱饮泡茶,他们往往聚在一块饮用,也用此茶来招待客人。将茶叶放在碗内,冲上开水,边喝边添,还以炒苞谷、炒花生、酸姜、酸辣椒等送茶,往往喝至深夜。

苗族人喜食油茶,油茶的做法是:先将玉米、红薯片、黄豆、蚕豆、麦粉团、芝麻、糯米花等分样炒熟,用茶油炸好,放在钵里备用。吃时,先烧好一锅滚烫的茶汤,在碗里放上各种油炸食品,把茶冲进,再放上一点盐、蒜、胡椒粉等。此茶清香扑鼻,又辣又脆,有提神醒脑、止渴消乏的作用。

知识链接

新婚的苗族妇女常以婆婆茶招待客人,此茶的做法是:将去了壳的南瓜子和葵花子、晒干切细的香樟树叶尖以及切成细丝的嫩腌生姜放在一起搅拌均匀,储存在容器内备用。喝茶时,就取一些放入杯中,再以煮好的茶汤冲泡,边饮边用茶匙舀食,这种茶就叫作婆婆茶。

贵州的仡佬族人喜食油茶,制法是将猪油放入铁锅内加热,拌以蛋、肉,再掺水,放些盐、糖熬成,以作作料,再配以花生、米花、苞谷花、酥食、麻饼、糯米粑佐食。道真、正安一带的仡佬族在年节、婚丧举办筵席时,分段依序摆席,先摆茶席,每人清茶(或汤圆、甜酒等)一碗,桌上摆出饼干、葵花籽、花生、板栗、核桃、苞谷花、炒黄豆等食物以佐茶。继而撤去茶,摆上香肠、卤肉、盐蛋、咸菜等及各种凉拌茶和一壶酒,称"酒席",最后撤去酒席摆上正席。在清代以前,仡佬族进餐不用桌凳,往往蹲地就食,在堂屋就餐时,就座方位一般是老人及宾客坐上位,除媳妇外,男女均可同桌用餐。

在云南怒族人喜食漆油茶,漆油是用漆树叶子加工而成,形如白蜡,可用来作炒菜的油料,也可以做茶喝。有客到怒族人家中,主人必以漆油茶款待,否则,会被认为是对客人不敬。漆油茶的做法是,在茶水中加进漆油、核桃仁、芝麻、盐等调料,倒进茶桶里不断地搅动制作而成。

居住在云南勐海县的少数民族,喜欢饮用古老的土锅茶。先用大土锅盛好山泉水烧开后,放入南糯山特制的"南糯白毫"茶,煮开五六分钟,然后将茶汤舀入竹制的茶盅内,便可饮用。云南省沧源、西盟、澜沧的佤族,饮用的是独具一格的"烧茶"。首先用壶将水煮沸,另用一块薄铁板盛上茶叶放在火塘上烧烤,把茶烤得焦黄并发出香味后,将茶倒入开水壶内进行煮茶,待茶煮好后,将茶水倒入茶盅饮用,这种茶水苦中带甜,焦中有香。

佤族人民爱饮色浓味强的苦茶,一般用粗制绿茶或自制的大叶茶,每次煮时需茶叶一两左右,放在火塘上慢慢地煮,煮到罐中的茶汤只剩下三五口时,便算是煮透了。这种茶具有神奇的解渴作用,佤族人民生活在气候炎热的地区,喝过苦茶后,就是一天不喝水也不会觉得口渴。擂茶也是佤族的一种古老的饮茶方法,即将茶叶加入姜、桂、盐放在土陶罐内共煮饮用,至今佤族还保留着这种古老的饮茶方法。

贵州道真一带的少数民族爱食用的火锅油茶,其制法是,先将铁锅烧热,放入猪油或茶油,待油煎好后,将刚摘下来的鲜嫩茶叶投入滚烫的锅中,像炒青菜一样翻炒几下,加入清泉水。此时,火不能太猛,用木瓢在锅内将茶叶揉成浆状,再注入清水,等水烧开后,再加入黄豆、花生米、花椒、熏肉、新鲜瘦肉、猪油渣、芝麻面等丰富配料,即成火锅油茶。此茶香气浓烈,味道鲜美,让人吃了还想吃,欲罢不能。

布朗族同胞喜欢饮锅帽茶。此茶的制法是,在锣锅内放入茶叶和几块燃着的木炭,用双手端紧锣锅上下抖动几次,使茶叶和木炭不停地均匀翻滚,等到有缕缕青烟冒出时,可闻到茶香扑鼻而来,便把茶叶和木炭一起倒出,用筷子快速地把木炭拣出去,再把茶叶倒回锣锅内加水煮几分钟就可以了。

广西桂林的龙胜一带产有一种奇特的虫屎茶,老百姓把野生的藤、茶叶、大白解和换香树枝叶堆放在一起,引来许多极小的黑虫来吃枝叶。当这些黑虫吃完枝叶后,会留下细小屎粒,当地人取名为虫珠。用筛子筛出之后晒干,在180℃度的热锅上炒上20分钟取出。饮用的时候,加入适量的茶叶和蜂蜜,便泡出一杯清香可口的虫屎茶。此茶没有异味,其颗粒比芝麻还小,在茶杯中大部分被开水溶解,只剩下极细小的茶叶末。喝起来爽口甘甜,使人浑身畅快,具有清热解毒、提神消乏之功效,很受当地群众的喜爱。虫屎茶还是一种具有特殊疗效的保健茶,可治疗胃病和糖尿病。

知识链接

在湖南城步苗族也流行饮用虫茶。相传在清代乾隆年间,当地的少数民族同胞起义,被清军镇压后逃进深山。他们在山中采食苦茶鲜叶充饥,这种茶叶入口时略感苦涩,食后甘甜鲜美,于是便大量采摘,并用箩筐、木桶等储存起来。几个月后,苦茶枝叶被一种浑身乌黑的虫子吃光了,只剩下一些残渣和细小的虫屎。他们饥肠辘辘,只得试探性地将残渣和虫屎都放进竹筒杯中,冲入沸水,没想到泡出来的水竟有着茶叶的清香甘美,饮下觉得舒适爽口。从此以后,当地的苗族同胞们便特意将苦茶枝叶喂虫,再用“虫屎”制作成“虫茶”,成为苗寨的一大特色产品,至今受到人们的喜爱。苗族同胞还喜欢用此茶来招待远方的贵宾。

四、作为社交方式的茶俗

少数民族热情好客,能歌善舞。每当有宾客上门,往往是整个村寨的人们都出来迎接,大家聚在一起,饮着别具风味的茶汤,吃着当地的特色茶点,欢声笑语,载歌载舞。青年男女则通过饮茶来结交朋友,在固定的日子里,他们成群结队到某地相聚喝茶,在喝茶的过程中,还有丰富的节目,如对歌、猜谜等,若是郎有情、妹有意,就能结成美满姻缘。

湖南新晃侗族自治县等地流行"茶盘阵",凡有客人进寨,侗族民间都认为是"吉祥使者",寨里的男女老少都从木楼拥出,手端装满糯米酒、米花、板栗、甜酒等侗族特产的茶盘,无数的茶盘围成一座茶盘阵,齐声奉劝贵客进食。来客必须把每个茶盘里的酒喝上一口,东西吃下一点,表示敬重主人,然后才能进寨做客。

湖南城步的苗族在婚寿喜庆时用摆茶来招待亲朋好友。摆茶有着丰富的茶料,有些是从商店买来的糖果,也有自己精心制作的米花、米脆皮等。酒席开设前,亲朋好友先围坐在八仙桌旁,桌上摆满各种茶料,主人亲自为每位客人泡上一杯清香的绿茶。大家一边品茶,一边吃着茶料,气氛十分热烈。

饮茶时富有情趣的是裕固族同胞的"摆头茶"。在熬制得巴酽的砖茶汁中,调入鲜奶、食盐、炒面、酥油和曲腊,还有的加入姜粉、茴香和草果等香料。用开水冲入后,化开的酥油如同盖子,呈金黄色盖住碗面。喝时须用筷子搅成糊状,盛入碗中趁热饮。因太烫,喝茶时,茶碗要从左至右不断转动,同时要用嘴往茶碗中有节奏地用力吹风,先是吹几次喝一口茶,后来吹一次喝一口茶。因为一吹一摆头,故名"摆头茶"。到裕固族去做客,女主人都会头戴色彩绚丽的尖尖帽,身穿五色大绲边的高领长袍,手托盛满稠茶的金边花瓷碗到客人面前。她放开嘹亮的歌喉,用裕固语唱起曲调优美的献茶歌,歌声完毕客人才可以双手去接茶。

云南哈尼族人待客是"先酒后茶"。客至,主人先敬一碗"闷锅酒",待客人酒饮尽后,主人便从火塘中取出茶罐,向客人敬浓茶。在哈尼族喜庆节日的筵席上,茶的地位比酒高,敬茶也特别讲究礼仪。不同辈分的人在筵席上可以相互敬酒,而茶水只能由晚辈敬给长辈,绝对不能由长辈敬茶给晚辈。哈尼族人还把茶叶视为神赐灵物,不敢随意砍伐茶树,他们认为茶可以沟通人神之间的交流,常以茶叶为媒介,向神灵询问各类疾病的病因和治病的妙方,还用茶叶来占卜吉凶。

广西榴江的瑶族盛行用煎油茶待客,来客必须双手高举过头捧上油茶,表示极为尊敬。清代徐启明《瑶民竹枝词》对这一风俗有生动描写："逢人欢喜唤同年,待客油茶次第煎。一盏擎来双手捧,此中风俗礼为先。"

在广西龙胜、三江等地,侗族青年男女还有喝"十五茶"的风俗,在农历每月十五日夜晚,小伙子们成群结队到他村走寨,寨中姑娘则相约好聚于某一家,待小伙子到后打油茶款待。姑娘若是相中了某一位小伙子,便会给他敬茶,吃茶前先要对歌,女问男答,答对了才能吃茶,答错了则会被人取笑。敬茶时,先是一只碗上放两双筷子,以探问小伙子是否已有对象,男方要对歌回答。姑娘再敬上第二碗茶,此次敬茶有碗无筷子,以试探小伙子是否聪明。又一次答歌后,姑娘献上第三碗茶,一碗一根筷子,以探问男方是否有情于她。若对歌都答对了,姑娘第四次献茶,一碗一双筷子,表示郎有情来妹有意,郎妹情投意合,共结连理永不弃。在整个吃茶的过程中,充满着欢歌笑语,趣味盎然。许多青年男女就在这月圆之夜找到人生的另一半。

海南苗家人有用"万花茶"待客的风俗,万花茶馨香怡人、绚烂多彩。制作方法也颇为独特,将成熟的冬瓜和未老的柚子皮,切成手指大小、形状各异的片或条,在上面雕刻出形态各异、栩栩如生的花鸟图案,再经过多道工序,达到晶莹剔透的状态,才算制作成功。万花茶是苗家人用来敬客的上乘饮料,泡出来的茶汤浓郁芳香,清甜甘美,饮之令人轻盈喜悦。苗家人还有不同的待客风俗,一般首次来访的客人,茶杯中大都有三片万花茶;若是多次上门的常客,茶杯中就只放两朵万花茶。苗家青年男女也用万花茶来传情达意,当小伙子登门求婚时,要想知道姑娘心意,只需看姑娘端出来的茶里有几朵万花茶。假如姑娘中意,便在茶杯里放入四片万花茶,其中两朵"并蒂莲花",两朵"凤凰齐翔"。如果女方无意,那么,茶杯中就少放一朵万花茶,仅有三朵,并且都是单花独鸟。求爱者若知趣,应起身告退。(《中国民俗大系·海南民俗》)

旧时,湖南靖县三锹、藕团、大堡子一带的苗族村寨都建有"茶棚",供男女青年唱歌娱乐,交朋结友。每到"忌戊"这一天,苗家照例不动土。本寨的青年后生就数人相约一道,早早地去客寨的茶棚里唱歌,结交女友。年轻姑娘则邀伙结伴,在自己寨子的茶棚里接待客寨男青年的来访。这样,男女双方通过歌声传播友谊的种子,催发感情的萌芽。结为好朋友的后生和姑娘,如果适逢农忙季节,便约定在下一个"戊日",再来此地会面唱歌;如果在农闲时节,便可以提前重逢。结为好友之后,男方要给女方贺节拜年,送年节礼时大多也是集体行动。立夏节是苗家女子的节日,姑娘和后生们要一起先吃油茶,然后通宵达旦地对歌。五月端午节、农历七月十五、八月中秋、正月初三送节礼、年礼,都在茶棚中进行赠送礼品,互相致贺。茶棚是靖县苗族青年男女友谊的桥梁,在茶棚内相交的朋友,有的结成眷属,也有的止限于朋友关系。最终的结局如何,取决于男女双方的意趣性格是否相投。(陈镜非《靖县苗乡茶棚风习》)

第二节 西南民族茶俗

西南是我国少数民族最集中的地区,少数民族同胞大部分居住在山区,交通不便,与外界的交流较少,还保留着非常古老的生活和生产方式,同时也保留了非常古老的茶餐饮文化习俗。

一、云南白族的三道茶

居住在古城大理的白族同胞能歌善舞,美丽的苍山洱海孕育了丰富的白族文化,白族同胞对饮茶非常讲究,有着极富魅力的饮茶习俗。自饮茶多为雷响茶,婚礼中为两道茶:一苦二甜,象征生活先苦后甜。而最有影响的,是接待宾客时采用的三道茶,也称三味茶。"三道茶"原来是白族同胞接待女婿时的礼节,随着生活的演变,发展成为白族同胞待客的独特礼俗。明代大旅行家徐霞客在其游记里有记载大理的饮茶风俗:"注茶为玩,初清茶,中盐茶,次蜜茶。"

三道茶有两种,一种是平时招待常客的烤茶,制法是把小沙罐烤烫,放入沱茶或粗茶,用文火把茶叶烤至发泡呈黄色,加入沸腾的开水,此时茶罐内会发出"咕噜咕噜"的响声,极似雷声,故当地人又称此茶为"雷响茶",在火边稍停片刻,使茶和水融合后,在茶杯中倒入少许,兑入适量的开水,即可饮用。用烤茶敬客,一般要敬三杯,意为头品香,二品味,三解渴,故谓之"三道茶"。家中有来客,一般由男青年烤茶、敬茶。小伙子上门提亲、招待姑娘的父母时,都要由小伙子亲自烤茶、敬茶,所以烤茶、敬茶也成为考女婿的内容。

另一种是在隆重场合时才制作的三道茶。第一道是苦茶,即雷响茶,把绿茶放在土陶罐里,用文火慢慢地烘烤,并不断地翻抖,待茶叶发出异香时,即用开水冲泡,便发出悦耳的响声。这道茶有些微苦,饮后可提神醒脑,浑身畅快。第二道为甜茶,以红糖、乳扇为主料,乳扇是白族的名菜食品,是一种乳制品。做法是:将乳扇烤干捣碎加入红糖,再加核桃仁薄片、芝麻、爆米花等配料,注入茶水冲泡而成。此茶味道甘甜醇香,有滋阴壮阳的功效。第三道茶是用生姜、花椒、肉桂粉、松果粉加上蜂蜜,再加入茶水,味麻且辣,口感强烈,令人回味无穷。"麻""辣"是白族人民表示"亲密"的意思,此茶有着欢迎"亲密"朋友的意思。

知识链接

　　这三道茶也寓意着白族的人生哲理,一苦二甜三回味,做人要像三道茶一样,年轻时要艰苦奋斗,努力创业,后半辈子的生活才会像蜂蜜一样甜,人活在世上,要有所作为,不要浪费生命,这样的人生才算有意义。若是年轻时不努力,只图安逸,不想吃苦,想不劳而获,那样到老了就要吃苦头,人生也就没有什么可回味的了。

　　在滇东,也有喝三道茶的风俗。茶具为红泥炉和陶罐,第一道茶的制法是:先将陶罐烧得暗红,再将本地产的滇绿放入罐里,双手握住茶罐把子,快速地上下抖动,约莫六七分钟后,等茶叶炕至焦黄,注入少量沸水,再稍煮片刻,只见水花翻腾,煞是好看,再添入少量沸水,然后斟入杯内,捧给客人。这一道茶苦中回甜,香醇浓酽。第二道则甘美清甜,调入蜂蜜,加上松子仁和乳扇,最后再放上几片薄如蝉翼的核桃刨花、整杯茶色泽金黄,清甜爽口,有苦尽甘来之意。第三道茶则是回味茶,是用蜜糖和花椒调制而成,味美悠长,回味不已。

　　各民族的茶俗,还存在名同而实不同的情况。除了云南白族人的三道茶,在湖南古丈县,人们爱茶也懂茶。每逢贵宾上门,也有喝"三道茶"的习俗。这三道茶分别是:一喝"下海茶",就是用较大的器皿,通常是土家、苗家用的那种陶制熬罐冲泡的茶水,此茶味浓略苦,颇能解渴,喝下顿觉神清气爽;二饮"毛尖茶"。古丈毛尖由"一芽一叶"组成,一般此茶用来款待贵宾,首先洗壶、醒茶、注冲三次,注冲后茶叶一旗一枪,在碧绿的茶汤中翻滚,形状十分优美,其味则甘洌芳香;三品"银针茶"。银针茶就是社茶,清明前采摘的,纯雀儿嘴茶芽,其茶品极高,工艺精湛,可谓是色香味俱全,堪称极品毛尖。(傅建华《湘西古丈茶事茶俗撷萃》)

　　在浙江一带,举行婚礼时,要举行"三道茶"礼仪。第一道茶是白果茶,当新郎新娘接过茶后,要双手捧着,对着神龛和公婆深深作揖,然后用嘴唇轻轻地触一下茶碗,再由掌管人收去;第二道茶是莲子、红枣茶,其礼仪与第一道茶相同;第三道茶是清茶,新郎新娘对着神龛和公婆深深作揖后,再面对面一饮而尽。

　　湖南益阳也有三道茶,一般只有贵客上门时才会有这种隆重礼节。第一道茶是给每位客人敬一小茶盅煎茶水,夏天是凉茶,冬天是热茶,意在为客人洗尘。送茶的女主人端着茶盘在一边立等,宾客们接过茶盅后,必须一饮而尽,双手再将茶盅送回茶盘。客人们进了厢房,在八仙桌边坐定,桌上摆着土产茶点:红色的盐姜,花花绿绿的巧果片、糖醋藕片、炒花生、南瓜子等。这时,女主人端上第二道茶,每只茶碗内有用红糖水煮熟的三个剥壳整鸡蛋,几粒荔枝或泡圆,由客人们慢慢品尝。第三道茶是洁白如奶的擂茶。女主人先给每位客人敬上一碗,喝完了会主动再添。如果客人不想喝了,主人也不会勉强。喝第三道茶的时间较长,往往一边喝,一边聊天。

二、云南各地的烤茶工艺

广州的饮食中,以蛇和猫烹饪而成的名菜"龙虎斗",名扬海内外,而云南纳西族的茶饮"龙虎斗",知道的人似乎就没有那么多了。

滇南玉龙雪山下的丽江,就是纳西族的聚居地。这个有20多万人口的民族有着悠久的文化,同时也是喜爱饮茶的民族,他们既流传有"油茶""盐茶""糖茶"的饮用习俗,也保留了富有神奇色彩的"龙虎斗"。"龙虎斗"在纳西语为"阿吉勒烤",先把一只拳头大的小陶罐放在火塘边烤热,然后装上茶叶放在火上烘烤。这时要不停地抖动陶罐,以免茶叶烤煳。待茶叶烤至焦黄、发出香味时,马上向罐中注入开水。顿时罐内茶水如沸,泡沫四溢,待泡沫溢出后再冲满开水,稍过一会儿茶就煮成了。同时,将茶盅洗净后斟上半杯白酒,将煮好的茶水趁热倒入盛酒的茶盅中,冷酒热茶相遇,立即发出悦耳的响声。纳西族人把这种响声看作吉祥的象征,响声越大,在场的人就越高兴。响声过后,茶香四溢,真是"香飘十里外,味酽一杯中",喝起来味道别具特色。据说,这是纳西族人治疗感冒的秘方,效果非常显著。

在云南,还有许多地方有着将茶叶烧烤后注水再喝的风俗。烤茶是一种古老而又普遍的饮茶方法。陆羽《茶经》中说到煮茶时,曾指出"炙茶",即炮、烤、烘、炒,"持以逼火,屡其翻正",要反复翻动茶叶,待烤至茶叶焦黄凸起,方才去火,加水,熬煮。烤茶承续了炙茶的遗风,是一种古老的饮茶方式。直到现在,还有许多地区,尤其是在边远的农村、山区,仍保存着烹煮烘烤茶叶的习俗。在云南,使用最为广泛的茶具是茶罐,各族乡民几乎家家都有茶罐,有的大小不一的都有好几个,几乎各地都有当地烧制的茶罐出售。在农村使用最多的是夹砂陶和土陶茶罐,许多爱喝茶的云南人自称为"老茶罐"。

除了不用酒和茶掺和外,拉祜族人"烤茶"的调制方法几乎和纳西族人的"龙虎斗"相同。拉祜语称"腊扎夺",是先用当地生产的小土陶罐放在火塘上烤热,再放入新鲜茶叶进行抖动,待茶色焦黄时,即冲入适量开水,去掉水面上的浮沫后,再加入一些开水。茶煮好后用杯子先倒少许自尝,试试茶汁浓度,如茶汁过浓,再加入开水达到适宜的浓度,就可以饮茶了。这种拉祜烤茶香气四溢,味道浓烈,饮后令人精神倍增、轻松愉悦。

　　相似的调制茶水的方法,还有佤族人的"铁板烧茶",烧茶佤族语为"枉腊",做法颇为别致,先烧开一壶水,再将茶叶放在薄铁板上,搁在火塘烧烤至焦黄,随后把茶叶倒进水壶中煮,等煮好后,将茶水倒入茶盅。这种茶苦中带甜,带有一种浓烈的焦香。在滇西南沧源佤族,在茶罐上塞满茶,用文火慢慢烘烤,并转动茶罐使罐受热均匀,直到罐内冒出青烟,才注入开水煮,煮到罐内茶汤成黏稠膏状,才滤到小杯上,此茶味极浓酽,喝下一小杯,便能滋润喉咙,精神百倍。在滇东北的彝族和苗族,喜欢围着火塘坐着,一人一个烤茶罐,一个茶杯,客人自己烤自己喝。从火塘上扒出火炭,在罐内放好半罐青毛茶,放到火炭上烘烤,并反复抖动茶叶,使之烤均匀。在滇中楚雄的彝族烤茶的方式也大体相似,只是先在茶罐内烤茶,再把烧红的盐块放入装有动物油或植物油的勺中,再把油和盐倒进茶罐,即成油盐茶。(杨兆麟《说茶罐》,《农业考古·茶文化专号》24 期)

　　在滇西北的普米族把茶罐烤烫后,加入动物油(或植物油)和一撮糯米、一把茶叶,用文火烘烤。待米黄后,茶散发出焦香时,注入开水再煨。然后再倒入茶杯中慢慢啜饮,此茶有着大米特殊的清香,爽滑甘美,醇厚绵长。

　　在云南怒江州一带的怒族喜欢饮用盐巴茶,制法是:先将小陶罐放在火炭上烤烫,掰一块砖茶或取一把青毛茶放入罐内烤香,边烤边抖,使茶叶烤得均匀,再将事先烧好的开水加入罐中,至沸腾翻滚三到五分钟后,去掉浮在上面的一层泡沫,将盐巴块放在瓦罐水中浸几下,并持罐摇动,使茶水旋转三、五圈,让盐茶浓淡均匀后,再将茶汁倒入茶盅,再加些开水稀释,即可饮用。边煨边喝,直到茶味渐淡为止,剩下的茶叶渣用来喂牲口,以增强牲口食欲。"苞谷粑粑盐巴茶,老婆孩子一火塘。"形容的就是怒族人围着火塘喝茶的情景,喝茶的时候吃些苞谷和粑粑,日子虽然俭朴,却充满着家庭的温馨,透露出怒族人对生活的满足。

　　生活在云南哀牢山区的彝族同胞也喜欢饮用烤茶,特别是老人更加如此。烤茶的方式与拉祜同胞相同,只是采用本地产的绿茶,冲进开水后还要熬煨片刻。但是,彝族同胞饮茶时的习俗却颇有特色,他们认为"喝别人烤的茶不过瘾",所以烤的茶一般独自饮用。如果邻居或客人来家,主人就递给他一个土罐、一个茶盅,让客人自己烤,自己斟,自己饮,茶水浓淡由自己掌握。

云南凤庆一带的彝族、傣族老年人喜饮"百抖茶",这是一种瓦罐烤茶。烤茶时,先把小瓦罐放于火上烤热,再放入茶叶,然后边烘烤边轻轻抖动,使茶叶烤到"梗泡,芽黄,叶不糊",才注入一点开水,拂去表面的泡沫,依次分匀各杯,倒完一轮后加入开水再煮。须注意的是,茶叶如烤不到火候,就透不出特有的焦香,但如烘烤时间过长,则会导致茶叶焦煳而失去茶味。这就要求茶烤至恰到好处,须经上百次的抖动使得茶叶受热均匀,这百抖茶也因此得名。百抖茶的功夫在于一个"抖"字,抖时瓦罐始终不离火苗,且要不紧不慢地抖,以便让茶叶在罐中受热均匀,这样制作出的百抖茶香气扑鼻,饮后舒心爽口。凤庆百抖茶也是当地群众用来治病的土方、良方。在百抖茶中滴入几滴白酒,可治风湿感冒;放入姜丝或姜片,能治疗流感;加些焦煳的大米,可治痢疾;加入少许经火烧过的食盐,又可止泻。

三、侗族与苗族的打油茶

在湖南、广西、贵州、云南四省相邻的地区是侗族同胞的聚居地。侗族人民多居住在山里,他们十分爱茶,在侗乡侗岭多栽茶树,屋前屋后也多栽茶树,侗族人民一直保留着一种古老而又独特的饮茶习惯,即"打油茶"。在侗族人的食俗中,最具民族特色的是"三不离":食不离糯,食不离酸,食不离打油茶。油茶是侗族人的第二主食。过去,人们不仅早餐吃油茶,而且饭前也要吃油茶。油茶也是招待客人的传统食品,平时来了客人,侗族人多以油茶相待,尤其是妇女相互往来,常聚在一块喝油茶。侗族人喝油茶成瘾,没有油茶吃的人家,侗家人是很难去他家做客的。

据广西《平乐县志》载:"油茶为本地民众所同嗜,因为本地所吸取饮料者河水性寒,唯长饮油茶避之,尤宜于冬季。初饮者尝其味咸苦涩,久之则嗜成癖尔。"因侗族同胞所居住之地多为山区,湿气寒气重,常饮油茶,可以起到保健和药理的作用。饭前解渴充饥,晚上提神养精,夏天消暑解热,冬季御寒防病。

知识链接

清明前后,侗族姑娘身背称为"堆巴"的绣有花边图案的长方形口袋,唱着山歌,成群结队地上山采茶,采回茶叶后,再放入甑或锅里蒸煮,等茶叶变黄以后,取出来将水淌干,加入少许米汤略加揉搓,再用明火烤干,装入竹篓,放在火塘上的木钩上挂着,使茶叶烟熏后更加干燥,成为打油茶的原料。

"打油茶"中的"打",指的是"油茶"的制作过程。制作"打油茶"有一套独特的工具:一口带柄有嘴的小铁锅、一把木槌、一把竹篾编成的茶滤和一只汤勺。用料一般有茶叶、姜、花生米、茶油、葱、阴米(由糯米制成)等,其中茶叶和生姜是主料,其余的为配料。若是待客用,油茶的配料还更为丰富,如鱼仔、虾、猪肝、粉肠、糯米丸、腊肉丁、鸡丁、香菜、芝麻等。配料准备好后,就可生火架锅,将铁锅烧得通红,再淋上清亮的茶油,轻炒茶叶数下,然后倒入水煮开,这样就把茶叶与姜、葱、茶油等料一起"打"成"油茶"汤水。再把米花、花生米、葱花等配料放入碗中,用汤勺把做好的沸油茶汤水浇入碗中,一下子便吱吱地响,香喷喷的油茶就打成了。这油茶油而不腻,美味无比,含有多种营养成分。有不小心贪喝的,往往会被滚烫的油茶烫伤嘴。

打油茶的主要原料除茶叶之外,还有生姜。茶和姜有着良好的保健和药理作用,两者混合饮用,效果更佳。近年来有专家发现茶叶的提取物与生姜的提取物混合使用,有着很强的抗氧化和抗微生物的作用。打油茶不光口味香浓,又有着提神醒脑、治病补身的保健功能,长期食用对身体更有益,且能让人上瘾,有些侗族同胞一天不食用打油茶,就会觉得心慌意乱。打油茶早已是侗族人民生活中不可缺少的一种饮食,有些地方,小孩出生后不久,家人就在喂奶时掺入打油茶。有的地方,还用打油茶作汤菜。(张文文《打油茶》,《农业考古·茶文化专号》12期)

在贵州的侗族同胞们也爱喝油茶,又与广西侗族的制法不同。他们平日喜食罐罐油茶,做法是:用猪油、糯米和茶叶同炒,加入清水煮沸后盛入陶罐,煨于火塘边,作为汤用。将米粑、米花和油酥过的黑茶豆、饭豆等作料放入碗中,加以葱蒜,再注入茶汤即可。在春节和红白喜事时,则喜欢食煎粑茶,将大米或苞谷,用灰碱水浸泡一两天,淘清滤净,磨成米浆,放在锅里搅煮,然后蒸熟,谓之"煎粑",然后将其切成丝条,用开水煮上片刻后,盛在碗里,加上茶汤、米花、辣椒油、肉丝、胡椒等,味道鲜香醇厚,酸辣爽口,是正席以外的饮品。

侗族人民多能歌善舞,有时在晚上用打油茶款待客人,并邀请邻里一块饮用,大家喝着油茶,兴致一高,就会有人情不自禁地唱起情歌,有人唱便有人和,唱中了就是一对。喝油茶,也成就了许多美满婚姻。

在广西的苗家、瑶家、壮族人也有喝"打油茶"的爱好,汉人也不例外,形成了有独具风格的油茶文化。苗家、瑶家热情好客、民风淳朴,打油茶也是苗家、瑶家人待客最高的一种礼遇。每当有贵客临门,客人便会被请到堂屋正中的八仙桌边落座,随即,女主人或家中最能干的姑娘便会端上两碗糖茶,由主人再端给客人。喝茶时,懂得当地习俗的客人不会将茶全部喝光,留下一点糖茶倒在家龛上的竹筒里,以示给主人家"招财进宝"。趁主客之间交谈的时候,女主人或姑娘要赶紧上"火楼"(即厨房)打油茶。

在湖南靖州、绥宁、城步的苗族也喜爱吃油茶,制法是将当地原生的南方大茶叶放入水中煎煮过后,倒入擂钵中擂碎滤渣,再回锅加入适量的食盐,佐以葱、姜、山樟子、辣椒等调味品,用碗泡入油炒香脆的爆米花、花生、黄豆、玉米、粑粑等。此茶咸苦辛甘香五味俱全,饮用时由主人家的姑娘或媳妇端茶盘敬送,直到客人喝上四碗为止。如果客人喝不完四碗,必须事先向主人说明原因,否则就是不礼貌。

知识链接

> 苗家人的油茶都是女子所打,打油茶需要一定的技巧,要动作熟练、敏捷,做出来的茶汤鲜滑可口。在苗乡,自古就有"方圆百里油茶乡,不会打油茶的姑娘难出嫁,不会喝油茶的后生难娶亲"的说法。小伙子上门相亲时,常故意喝得很快来判断意中人的手艺是否高强,打油茶要有技术,喝油茶也要有一定的技巧,油茶汤热油烫,要想喝得快又不烫到舌头,还是需要有一定的功夫,否则会烫到嘴巴,相亲不成,反而要被姑娘作弄一番。

四、土家族的油盐茶

早在唐代,土家地区普遍有饮茶的习俗,并且积累了一套制茶的方法。土家人十分好客,不论生人熟人,不管自家客家。土家人过日子勤俭节约,一般嫩叶制的细茶自己不舍得喝,要拿去卖钱换取家用和待客。平日里饮用的是粗茶,这粗茶是用夏秋之际给茶树剪枝整形时剪下的老叶细枝制成的。

贵州的土家族有着悠久的栽茶、饮茶的历史。喝茶待客是土家习俗,当地有民谣曰:"窑溪沟边窑溪茶,困龙山下有酒家,客来不办苞谷饭,请到家中喝盐茶。"土家族地区的茶品种众多,有老鹰茶、苦丁茶、茶膏、沙茶等传统品种。土家人饮茶方式也是丰富多彩的:以茶叶在锅里炒焦制作的称"盐茶";加入核桃、酥油制作的称为"核桃茶",也称"蒜油茶";加入芝麻制作的称"芝麻茶";加入芝麻、核桃等制作的称"盐茶汤"。在不同的场合用不同的茶,具有提神功效的盐茶用来孝敬家中老人,过年过节、供祭祖先、神灵,则做芝麻茶;为了解渴消暑则做核桃茶;祛暑纳凉、提神助消化则做盐茶汤。各种油盐茶的制作,特别讲究火候、技术,这样才能做出正宗的油盐茶来。在土家人的生活中,饮茶时,还辅之以各类糕点等副食。

土家人爱喝油茶,又称油茶为油茶汤,有俗语云:"油茶汤,喷喷香。一日三餐三大碗,做起活来硬邦邦。"油茶汤的做法是:先将适量的油放入锅中烧开,把茶叶炸焦后捞起,再加冷水和盐。等油汤烧开而不沸腾时,把先炸好的茶叶放入锅内,然后再把油汤冲入盛好作料的碗中即成。油茶汤的油以茶油最为普遍,也最好,用茶油炸出来的食品特别清香。茶叶要用绿茶,一般中等炒青最好,粗茶叶片太大不易炸焦,且味重苦涩,茶叶太嫩了则容易炸煳。作料一般用苞谷花,讲究些的,也有用油炸花生米、炒米、糯米花、粉丝、豆腐丁、瘦肉丁和油炸鸡蛋等,此茶称为"八宝油茶汤"。油茶汤味道鲜美,有驱寒御热、提神解渴的作用,以此待客,有敬重之意。

油茶一般以茶为主,并加入大量的作料。早先,土家族生活艰苦,油茶做法极为简单,一般靠采野茶叶熬出苦涩的水,拌和着杂粮、野果为作料下咽,碰上过年过节,才能做出一顿像样的油茶。随着生产力的发展,土家族人的生活水平也提高了,他们喜喝油茶的作料则随着饮食文化的美化而不断丰富了。

湖北土家人喜欢饮用烤罐茶,平日里饮用的是大茶罐里的粗茶,大茶罐多是铜质的,若是陶罐,一般都有个铜盖。泡茶时抓一大把塞进罐里,注入沸水,再将罐移近火塘煨,这样煨出来的茶汤浓如羹、酽似酱,饮后能解渴提神,活血舒筋。若是有客人上门,饮茶则颇为讲究,每户土家人都备有敬茶罐,多为紫砂罐或灰砂罐。先请客人进火笼落座,主人便开始架火烧水。等火旺了,将敬茶罐洗净,煨在火上烤干,再放入一小勺精制的细茶,盖上盖,移近文火缓烤,要不时地摇动茶罐,过一阵,揭开盖时,便可闻到馨香四溢的茶味。这时炊壶的水也开了,主人赶紧倒点儿冲入罐中,只听"啦"的一声,一团热气带着香味从罐中冲出,再急忙加盖移到红灰火上煨着,这叫"发窝子"。三四分钟后,再将炊壶水高吊冲入注满,再泡上两三分钟便可饮用了。(《中国民俗大系·湖北民俗》)

在湖北长阳的土家人,在贵客来临时常用小罐儿煮茶款待,其做法是:先将茶罐儿放于柴火上烤干、烧烫后,放进茶叶和十来颗大米,在火上边摇边炕,将茶炕焦、炕香,但不能炕糊。然后冲进开水,待水泡消失,放在火里煨片刻,这时有几位客就洗几个茶杯,排列一行,将小罐的茶平均倒入杯内,倒至七分满,便将茶敬给客人。这种茶十分香醇,饮后,浑身舒畅,巴不得再喝上一杯。在当地,还有名叫"莲花碗"的茶,有童谣唱曰:"高山出细茶,河下出棉花,窑里出大碗,碗上画莲花。"这种茶的种类很多,均以绘有莲花的大碗盛装,有鸡蛋茶、葛粉茶、米子茶、绿豆皮子茶、瓜子果碟茶等。(龚发达《土家茶文化》,《农业考古·茶文化专号》20 期)

位于鄂西南容美的土家人有着独特的茶礼。名为容美土家的"四道茶",是热情好客的土家人款待客人的礼节。

第一道:容美白鹤茶。白鹤指的是当地一口名叫白鹤的井,此水甘冽无比,每逢有贵客上门,土家人必汲来白鹤井水煮茶,为客人接风洗尘。

第二道:泡儿茶。"泡儿"是指将糯米蒸熟后干成"阴米",然后用桐油煅过的河砂爆炒而成的"米花"。上此道茶时,要先将"泡儿"盛于碗内,加上红糖或蜂蜜,再加入开水冲泡。

第三道:油茶汤。有贵宾上门,土家人要敬油茶汤,以示对此客的重视。

第四道:鸡蛋茶。和前三道茶相比,此道茶既是把客人当作贵宾,更是将客人尊为长辈。鸡蛋茶是将鸡蛋煮熟去壳,配以蜂蜜或红糖,用沸水冲泡而成。

容美四道茶是土家人待客的最高礼仪,不是一般客人所能享受得到的。在每道茶之间,纯朴美丽的少女们在女主人的带领下,且歌且舞,为客人喝茶助兴。

第三节 西北民族茶俗

西北少数民族饮茶重在粗犷豪迈、酣畅淋漓,喝茶以喝饱喝透为足。饮茶是西北少数民族必不可少的事情,一日不饮茶,便会觉得心神不宁。藏族就有"一日无茶则滞,三日无茶则病"的谚语。

一、藏区的酥油茶

西藏人的饮料以茶为主,喝茶是藏族、门巴族和珞巴族日常生活中不可缺少的一部分。生活在青藏高原上的人们一般早上都要喝茶,最喜欢喝的是酥油茶,还有奶茶和清茶。藏民的饮食比较单一,常年以肉、奶和青稞为主,少有蔬菜瓜果。酥油茶不仅有清神除腻的药性,还有暖身解乏的神奇功效,非常适宜居住在喜马拉雅山这个寒冷地带的人们饮用。西藏四季气候干燥,生活在这里的人们一天到晚离不开茶,一般早茶必须是酥油茶,中午以后则喝不加酥油或牛奶的清茶。

知识链接

　　关于酥油茶,在藏区还流传着一个凄美动人的爱情故事。相传辖部落的女土司有一个美丽善良的女儿美梅错,怒部落的土司有一个英俊骁勇的儿子文顿巴,这两位年轻人深深地爱恋着对方,但因上代两个部落发生过械斗,结下了不共戴天之仇。女土司不愿女儿同文顿巴相爱,派人用浸有烈性毒药的箭射死了他。忠贞的美梅错得知心上人去世的消息后,毅然跳进了文顿巴的火葬堆里,两个矢志不渝的恋人烧成了一堆骨灰。女土司设法把两个人的骨灰分开,分别埋在波涛汹涌的大河两岸。过了不久,埋美梅错的地方长出一株大红花,埋文顿巴的地方长出了一株大黄花,两株花迎风招展,好像隔河在互相呼唤。女土司十分气恼,吩咐下人折断了花朵。第二年,长花的地方又生出两棵树,树上各有一只小鸟,啼声婉转,隔河呼应。这件事又让女土司知道了,她又叫人把小鸟射死,把大树砍倒。美梅错和文顿巴的灵魂商量:"咱们到内地和羌塘,变成茶和盐再相会吧!"于是文顿巴到了羌塘变成了盐湖里的盐,美梅错到内地变成了茶树上的茶叶。藏族人民生活里,少不得喝茶而喝茶必用盐。在煮好的茶水里放上些许盐,打制成香气扑鼻的酥油茶,然后饮用。因此,女土司再也无法拆散他们俩了。而每当人们端起酥油茶,便会想起这对始终相爱的恋人。

　　酥油茶的原料为茶叶、酥油、盐等。茶叶多为茯茶和砖茶,煮茶的时候再将其敲碎,酥油是从牦牛奶、羊奶里提炼出来的,制成块状备用。制作酥油茶时,要先将锅中的水烧开,再投入茶块,熬成浓汁,再滤去茶渣,将茶汁倒入专用陶罐内盛放,随时取用。打酥油时,先在打茶筒里放好酥油和其他作料,将茶水倒入,盖好茶筒盖,手握一根从茶筒中穿出筒盖的木杵,上下不停舂打几十下,直到茶汤和酥油充分混合,水乳交融,便是香喷喷的酥油茶了。主人再把打好的酥油茶盛在陶质茶壶内,很多藏民把茶壶架在火炉上,再盖一块棉片,火炉的燃料一般使用羊粪,羊粪火是暗火,这样茶不容易冷却,又不会开沸,很适合藏家人的生活需求,可以随时取饮。打好的酥油茶要保持恒温,既不能烧开,也不能让凉了。酥油茶不宜用明火加热,因为开沸,油茶分离,非常难喝。若放凉了,则茶里的酥油趋于凝固也不好喝。

　　酥油茶的主料是酥油和砖茶,酥油的打法是:将烧热后放冷的鲜奶和酸奶各一半倒入木质酥油桶内,不停地用力上下抽压下端嵌有类似活塞的木杆,使水乳在急剧的动荡中分离。两个小时后,酥油分离了,用手把浮在表面的酥油捞出,放入冷水中即可。酥油放入冷水中后，便会逐渐变硬，再把酥油中的水分通过挤、捏、攥、拍等办法除去，以防止酥油变质，这样就可以长期保存。

在藏区，随处可闻到酥油的味道，藏民把洁白的酥油当作珍爱的礼物长年供奉在佛像前，寺庙里还点有酥油灯的。进入藏民住宅，好客的藏民会捧上一碗酥油茶款待远来的客人，许多藏民尤其是在牧区的人们连身上都散发出一股酥油味。在寺庙里，还有许多精美绝伦的酥油花，在每年立冬后，藏族酥油花艺人便将纯净的酥油切成薄片，和上冷水，像揉面团一样揉匀，再揉入各种矿石染料，塑造成花样繁多、形象各异的酥油花。酥油有一种特殊的气味，最开始喝可能会难以下咽，但是要尝试着去接受，多喝几次酥油茶，可能就会接受酥油茶特殊的醇厚风味了。美丽神秘的青藏高原有湛蓝的天空，洁白的云朵，金色的阳光，漫天的野花，满地的牛羊，是旅游者梦想的天堂。然而高原上空气稀薄，气候干燥，对初上高原的人来说，多多少少会有些高原反应，因为身体对高原环境有个逐渐适应和调节的过程。在藏地旅行，要想尽快融入其间，最好的办法就是学会喝酥油茶。喝酥油茶可以使自己逐渐适应藏地无处不在的酥油味，同时，酥油茶含有大量的热量，营养价值很高，在消耗了大量体力后，喝上一碗酥油茶，可以迅速补充能量，对恢复体力大有帮助，也能有效预防高原反应。

藏族人民性格豪爽，待人诚恳，热情好客。在藏区流传着这样一句话："在西藏没有饿死的，只有冻死的。"不论是远方的来客，还是近处的友人，或者是风尘仆仆的过路人，只要一踏进主人的家门，女主人首先端出一碗浓香的酥油茶以示欢迎，来客不会马上端起就喝，要先与主人寒暄，女主人觉得碗中茶不烫也不凉的时候会过来向客人双手敬上，这时来客才慢慢啜饮。过一会儿，女主人又来敬茶。若客人见茶就喝，会认为你没见过酥油茶，让人笑话，但只喝一碗也不好，会显得主人的茶不好。

藏族人民喜食糌粑，糌粑一般是由青稞粉制成，吃糌粑的时候，一般都配以酥油茶。通常是把糌粑盛在木碗里，放上奶渣、酥油，倒进少许茶水，或不放酥油，直接倒进些酥油茶，左手转动碗，右手捏糌粑。糌粑捏成坨后称为"粑"，吃时倒过来，从小头食之。西藏有些地方的人吃糌粑有舔食的习惯，即将少量的糌粑、奶酪放在碗底，摁实后倒上茶，喝完一次茶，舔食一次，将茶水浸溶的部分吃尽，再倒茶再喝，喝完后再舔，直到糌粑吃完。

在西藏的门巴族同样也爱好酥油茶，打制方法与藏族相同，所用茶叶也以砖茶为主。砖茶既有从藏区换来的汉地砖茶，也有自产的门隅砖茶。门隅砖茶分大小两种，用树皮或竹叶包裹。品种有"江嘎尔粗茶"和"门隅粗茶"，旧时常运到拉萨等地销售。勒布生产的绿茶和红茶远销外地。门隅之茶，不论是打酥油茶还是泡清茶，都香浓味美，是藏地人所喜爱的上好饮料。门巴族人在饮茶时爱佐以"贡波比"粑，这种粑的原料是鸡爪谷，鸡爪谷产于墨脱和珞瑜地区，因其穗形似鸡爪而得名。每年新粮下来时，门巴族人将新鲜鸡爪谷炒熟后磨成面，捏成藏区的糌粑食用。门巴族人在喝酥油茶的时候，还喜欢吃辣椒和蔬菜。门巴族人喝茶以竹木器皿为主，有一种叫"古尔固"的小口木碗便是专门用来喝酒喝茶的。

门巴族人还喜欢饮用清油茶，说到这清油茶，这与门巴族人的历史有关，门巴族人从门隅东迁到墨脱后，山大沟深，畜牧业不发达，酥油产量少，且气温高，不易制成。由于门巴族人非常思念酥油茶，便使用清油打制茶，此茶风味独特、芳香四溢。（《中国民俗大系·西藏民俗》）

二、北疆的奶茶与南疆的清茶

新疆是我国面积最大的省区，在这块广袤美丽的土地上，生活着许多的少数民族同胞，维吾尔、哈萨克、乌孜别克、塔塔尔等民族都非常喜欢喝奶茶。茶叶在新疆人民日常生活中占有重要地位，吃早饭时要喝茶，午饭和晚饭后也要喝茶，劳动中解渴时也要喝茶，在当地有"无茶则病"的俗语。他们一天要喝好几次奶茶，每次都讲究喝足、喝透、喝到出汗为止。

在饮茶习惯上，新疆人民因居住的地域不同而有所差别。天山以北（北疆）的维吾尔族多喝奶茶，一般情况下每日两茶一饭。奶茶的做法是：先将茶叶放入铝锅或壶里的开水中煮沸，放入鲜牛奶或已经熬好的带奶皮的牛奶，放入的奶量以茶汤的1/5～1/4为宜，再加入适量的盐。喝奶茶时常伴以馕等，馕是用小麦面（也有用玉米面和白高粱面）做的一种大小厚薄不一的圆形饼，在特制的馕坑中烤熟，近似于内地的烤饼，味香而脆，可以贮存较长时间而不容易变质。馕的品种很多，有纯用面粉做的面馕，有面粉加牛奶和油做的油馕，有包有羊肉和洋葱馅的肉馕等。馕是维吾尔族同胞们日常的主要食品，含油多、肉多、火气重，因此食用馕时多喝茶水能清热去火。在民间相互赠送的礼物中，往往有馕和茶叶，维吾尔族人民也往往把馕当作珍贵的礼物寄给远在他乡的亲朋好友。维吾尔的老人经常教育子女：不要把馕的碎块儿掉在地上踩着，否则会变成瞎子。

在北疆伊犁等地，妇女们有"吃茶"的习惯，就是在喝完奶茶后，再将沉在壶底的茶渣和奶皮一起嚼食。

在天山以南(南疆)的维吾尔族,平常喝清茶或香茶,有时候也喝奶茶。维吾尔族人在吃肉或油炸类食品时,喜喝清茶,以助消化。清茶的做法是先将茯茶劈开弄碎,依茶壶容量大小放入适量碎茶,再加入开水用急火烧至沸腾。不可用冷水慢烧,因为烧的时间过长,就会使茶汤失去清鲜味并变得苦涩。香茶的做法是将打碎的茯砖茶和研成细末的胡椒、桂皮、姜等香料一起放入铜质或瓷质的长颈茶壶的开水中,放火上烹煮,煮沸 2~3 分钟后即可饮用。也有人喜欢在茶水中单独泡饮孜然。香茶和孜然茶的做法很简单,有补身提神等保健作用。在南疆一些地区,人们在冬天喜欢食面茶,面茶又叫油茶,是用植物油或羊油将面炒熟,再加入刚煮好的茶水和适量的盐,这是一种很有营养价值的茶食,在严寒的冬季里,用油茶泡馕而食,可以起到御寒取暖的作用。

维吾尔族人十分热情好客,也有着客来敬茶的礼仪。家里来了客人,先请客人坐在上席,再由女主人备茶,并向客人敬上一碗清香四溢的热茶。客人应听从主人的安排,如果没有食欲,也要尝一口,以示对主人的尊敬,最好不要拒绝。女主人将茶水倒在茶碗里,放在托盘里端上来,先从资格最老的客人开始敬。自第二碗开始由男主人倒茶,或者由专人负责随时倒茶。倒茶时,不要往茶碗中间猛倒,而要顺着茶碗内边慢慢地倒。主人给客人倒茶时,客人不要为表示客气而接壶自斟。如果不想再喝,可用手把碗口捂一下,表示已经喝好了。吃好饭或喝完茶由长者做"都瓦"。做"都瓦"时要把两只手伸开并在一起,手心朝脸默祷几秒钟或者更长些,然后轻轻从上到下摸一下脸,"都瓦"就完毕了。在做"都瓦"时不能东张西望或起立,更不能笑。待主人收拾完茶具与餐具后,客人才能离席,否则失礼。

在新疆库车、莎车、阿克苏等地,在聚会待客时有"献茶"的游戏,并有一些歌舞表演。新疆人民都能歌善舞,他们在闲暇之时,往往聚在一起喝奶茶,谈人事,谈天气。哈萨克族人热爱音乐,边喝茶,边享受音乐,在广阔的天山脚下,外面是青松白雪,北风冽冽,屋里则一片祥和气氛,牧民累了,靠在柔软的毡上,手捧着香浓的奶茶,听着那清冽动人的冬不拉,幸福生活就是这样简单。

三、饮法讲究的回族盖碗茶

回族人爱啜盖碗茶,饮用盖碗茶的历史,已经非常悠久了。

知识链接

　　回族有句谚语："不管有钱没钱,先刮三响盖碗。"还说:"早茶一盅,一天威风;午茶一盅,劳动轻松;晚茶一盅,提神去痛;一日三盅雷打不动。"盖碗茶的茶具是由盛茶的茶碗、盖茶碗的碗盖和托放茶碗的衬碟三种器皿所组成,盖碗既起到了茶壶泡茶的功能,又兼有茶杯喝茶的用途,既简便又实用。古称"回族三炮台盖碗茶",旧时的三炮台这种茶具大多是陶瓷制成的。

　　回族盖碗茶的制作是这样的:先将茶放入盖碗内,茶叶一般是湖南茯茶、云南沱茶或绿茶,再加上桂圆干和冰糖,然后冲入"牡丹花"的开水(正在滚腾的水),盖上碗盖。等待几分钟,茶就泡好了。以茶叶、桂圆干、冰糖三种原料混合冲泡成的盖碗茶,俗称为"三香茶";若是再加上葡萄干和杏干,则通称为"五香茶";如果再加上枸杞、花生仁和芝麻,冲泡成的盖碗茶,称为"八宝茶"。宁夏中卫地区,喝盖碗茶时会添加黑白两种芝麻,也加入些晾干的果肉,别具风味。回民同胞十分讲究盖碗茶的配料,桂圆要大而圆、皮薄肉厚,入碗时要用手压破外皮,以便入味;红枣以陕北出产的为佳,入茶前要先焙烤成紫红色;枸杞要宁夏中卫所产,讲究粒大胭红、上尖下圆。

　　回族人在啜饮盖碗茶时,还多以糕点、糖果、瓜子、焦黄喷香的油香和馓子作为茶配。盖碗茶饮法讲究,在啜饮盖碗茶时是边刮边喝的,他们认为:"一刮甜,二刮香,三刮茶露变清汤。"喝茶的时候,先用左手执衬碟,右手执碗盖捧起,并用右手的大拇指和食指抓住盖顶,用无名指卡住盖口,轻轻地刮一下,也就是将漂浮物刮到后边,喝一小口;再刮一下再喝一小口。在啜饮盖碗茶过程,不得用嘴吹漂浮物,只能用碗盖刮;喝时不得发出声响,品尝时不得把汤汁喝光。当客人把盖碗放在茶几时,主人会马上掀开碗盖,再度冲满开水,然后盖上,让客人等待些时间后再刮再喝。

　　回族人啜饮盖碗茶有着一套礼节,讲究"轻、稳、静、洁"。"轻",指的是冲泡、刮漂浮物、啜饮要轻,不得发出声响;"稳",指的是沏茶要稳妥,落点要准确,不浅不溢;"静",指的是环境要幽雅安静,窗明几净,平心静气地品尝;"洁",指的是碗盖、盖碗、衬碟、茶叶、作料和用水都要清洁干净,一尘不染。款待客人时,热情的主人会把盖碗放在来客面前,揭开碗盖后沏茶,一则表示茶碗是干净的,没有人喝过;二则表示对客人的尊重。(林更生《回族盖碗茶茶文化》,《农业考古·茶文化专号》24期)

　　在茶馆啜盖碗茶,更是别具风情,茶博士手挽着大铜壶穿梭于四方桌之间,一边唱喏,一边注水,起盖、倾壶、点水、落盖,动作连贯自如、一气呵成。

八宝盖碗茶具有很好的保健功效,能驱寒健胃、明目清心、提神补气。桂圆补气、冰糖益肝,核桃能增加记忆力,枸杞生精益气、补虚安神,多饮八宝盖碗茶,能延年益寿,回族人民中多寿星也与饮此茶不无关系。因此回民们自豪地说:"金茶银茶甘露茶,比不上咱回回的盖碗茶。"

不同的岁时节令,盖碗茶的配料也不一样。西北回族人民在喝茶时,早就注意到了配茶和季节的关系。有一句回族茶谚是这样说的:"春花茶,夏陕青,秋天乌龙冬祁红。"春季万物复苏,回族同胞常饮绿茶、茉莉花茶,除添加一般辅料外,还加入玫瑰花、沙枣花、杨槐花等,这些花可以达到养肝的功效。夏季,高温酷暑,人体排汗量大增,这时候,回族同胞则饮用凉性青茶并配以冰糖、葡萄干等以达到利尿泻火、消暑解渴的目的。秋季,气候颇为干燥,回族同胞则饮用乌龙茶、绿茶、蜂蜜、芝麻、核桃仁等配制成具有润肺止咳作用的清甜饮品,来防止秋燥伤肺。冬季,天寒地冻,回族同胞则用枸杞子、桂圆、红枣、姜糖、红茶配制成具有养心护肾功效的暖茶来饮用。

盖碗茶突出了中国饮食的色、香、味俱全的特色。盖碗茶配料色彩明艳,内容丰富,香甜爽口,沁人心脾,饮后回味无穷。回民讲究清心寡欲,常饮盖碗茶有助修身养性,回族老人常常告诫年轻人:"不吸烟不喝酒,盖碗茶不离手。"如今,三炮台盖碗茶已走进大西北各族人民的家庭,成为待客敬客的佳品,受到人们的喜爱。回族人民不仅爱喝茶,而且颇通茶道、茶艺,民间有着"待客敬茶、三餐泡茶、馈赠送茶、聘礼包茶、斋月散茶、节日宴茶、喜庆品茶"等一套独特的茶事礼俗。

四、西北的罐罐茶

罐罐茶,是用茶罐在火塘边煨边饮的一种茶,流行于我国西北地区。罐罐茶醇厚绵长,鲜香隽永,味道浓烈,饮后神清气爽、荡气回肠,还具有保健功效。各地的罐罐茶原料不同、制法不同,风味各异。朴实憨厚的大西北人民,围着火炉喝罐罐茶,谈笑风生,自在惬意。

在青海河湟的回族喜喝熬茶,此茶的制法很别致,先用石臼将茶捣碎,然后将其放入粗陶罐中煮饮,故又称"罐罐茶"。熬时,先将茯砖茶放入罐中,沏入开水,然后放到旺火上熬成褐红色的茶汁。河湟回族人喝熬茶时,还喜欢在熬好的茶里放一点盐。当地人说:"茶没盐,水一般。"茶的味是香的,而盐则起了调味的作用,加了盐,方觉够味。有些老年人往往在茶里加入荆芥,同时加入草果、姜皮、花椒等调料。这样熬出的茶,因为没有调入牛奶,所以又称为"清茶"。有些则喜欢在熬茶中加入鲜牛奶,则称为"奶茶"，奶茶甜中带咸，味浓鲜美。喝熬茶讲究浓汁滚烫，慢饮细啜。如逢过开斋节、古尔邦节或喜丧之事，回族敬客一定要在茶盅中放入两颗红枣。

知识链接

　　罐罐茶也是甘肃陇南、陇中农村流行的一种饮茶方式，家家有火炉或火盆，还有一套大中小沙罐和数只粗花茶杯。当地人起床的第一件事情，便是先用木炭生火，待到烟尽火旺之时，便在沙罐里放上茶叶添上水煨于炭火旁。然后端来干馍或炒面。罐里的水沸腾后，将茶叶顶出罐口。这时，煮茶人要不时地用小木棍往罐里搅压茶叶，直到熬出一股浓郁的茶香，才将茶水倒入杯中。他们往往吃一口馍，呷一口茶。要是遇上风雪天气，将火炉放在炕上，乡邻好友围炉而坐，分别把杯，谈天说地，一喝就是一整天。（《中国民俗大系·甘肃民俗》）

　　居住在陕西略阳县的羌族同胞有爱喝面罐茶的习俗。面罐茶是用大小不一的两只瓦罐熬制。大罐用于熬煮面浆，将水注入大罐容积的三分之二左右，加入花椒、藿香、茴香、葱、姜、蒜等配料，再加上少量食盐，放到火塘上熬煮，待水沸腾片刻后，再将用凉水调成的面浆兑入罐内，边兑边搅拌，煮熟待用。小罐子则用来煮茶，将粗茶放入罐内，加水用文火熬煮，待罐中升腾起茶香时，便可将煮沸的茶汤倒入大面罐，用竹筷子搅匀后倒入小碗内，再加上香喷喷的核桃、花生米、油馓子等作料，丰盛些的话还有加腊肉丁、鸡蛋等，即成面罐茶。由于作料比重不同，分别悬于面罐茶的上中下不同位置，当地人俗称为"三层楼"，每一层的风味各不相同，具有鲜香咸辣等多种口味，面罐茶营养丰富，食后满口余香，回味无穷。

　　陕西秦巴山区的人们特爱喝罐罐茶，制法颇为独特。因原料不同，制法有别，风味也各有差异。糊油茶是山区人普通爱喝的一种茶，其制作方法是把茶叶水装入一个两头小、中间大的陶罐中，煨在炭火上，放入各种调味品，再把炒熟的麦面或玉米面搅成糊状倒进罐中，烧开后倒在碗里，加上核桃仁、花生仁、油炸馓子等配料，此茶香醇可口，有和胃利肠之功效。油炒茶，流行于宁强、略阳及南郑部分山区，此茶有羌族遗风，据说饮此茶者为白马羌的后代。这种茶的罐罐只有鹅蛋大小，喝茶用盅子，每次只能喝一两盅，不能多喝。制作方法是先把罐罐煨在火中，烧至发红时放入猪油或菜籽油，待油烧沸冒出白烟，再放入茶叶，用筷子不停地搅动翻炒。几分钟后，便有茶香味扑鼻而来，此时倒进清水，加食盐或白糖烧沸即成。当地流传着这样一首民谣："好喝莫过罐罐茶，火塘烤香锅塌塌，来客茶叶和油炒，熬茶的罐罐鹅蛋大。"此茶颇能提神解乏，饮下一盅便立刻神清气爽，还有养胃生津的保健功效。蒸油茶，多为春、冬季节饮用。制法是先将猪板油(回民用羊油)切成石榴籽大小的粒状，同桂圆肉、枸杞、大枣、核桃仁、冰糖等装在盆里，放进笼里蒸至板油融化为止。每次吃时舀一二调羹，倒入小罐内，加进适量茶水，置火中煨沸即可。此茶鲜香可口，有滋阴补阳、益肝润肺的功效，但花费太多，过去穷老百姓喝不起，如今山里人的生活水平提高了，每天清晨也坐在火塘边熬上蒸油茶。(《中国民俗大系·陕西民俗》)

另外，在其他地区的少数民族同胞也同样钟情于罐罐茶。湖南彝族人民喝茶历史悠久，在本民族有一本《物始纪略》，其中一篇"茶的由来"，叙述了茶的来源的神话故事。据后代考证，彝文经典中所说的"茶"，并不是现代所说的"茶"，而指的是"香椿叶"。彝族先民们很早就养成了喝罐罐茶的习俗，做法是用小罐子烘烤茶叶或香椿叶，然后再掺水熬煮，这样的茶味极酽，得慢慢品尝，与闽粤一带的工夫茶有些相似。罐罐茶所用的陶罐很小，直径约十厘米。各人自己烤自己的。客人来了，也是由客人单独烤一罐。在彝族有"能给一罐，不给一杯"的习惯。

贵州的回族同胞也习惯喝罐罐茶，且喝浓茶，其制法特别，先把一个陶瓷小罐罐放在火上烧烫后，再投入一把茶叶，边烤边摇动陶罐，这叫"炒茶"。与此同时，在火炉的另一边煨好一壶开水等着，等茶叶散发出香气后，即将开水冲进茶罐，这时有茶泡沫浮起，吹去茶泡沫后，就把茶罐移进火炉，稍等片刻，再用茶杯倒出茶少许，复倒回去，如是翻倒几次，最后才倒入茶杯。这种炮制的茶，人们又称为"炕茶"，此茶香气浓郁，清香可口。他们还喜欢饮用牛油茶，其制作方法是：先拣好牛腿筒骨髓油，放入些花椒、盐、核桃细颗料以及芝麻等，然后将事先磨好的熟糯米面倒进搅拌均匀，舀进瓦钵里凝结起来，吃时取出油茶放在碗里，用滚水冲调，即可食用，此茶极富营养。

第四节　其他民族茶俗

前面我们主要介绍了我国西南、西北地区的饮茶风俗。我国地域辽阔，在我国其他地区，还生活着许多少数民族兄弟，他们也有着独具特色的茶俗。

一、蒙古地区以奶茶代饭

在辽阔的塞外草原上，以放牧为主的蒙古族人长期过着毡车毛幕、逐水草而居的生活,但不论迁徙如何频繁,他们都离不开熬制奶茶。在蒙古语中,原来没有表示"早饭"和"午饭"的词汇,只有"早茶"和"午茶"之分,因为他们早晨和中午只吃茶、乳和乳制品。

茶在蒙古族人的饮食生活中占有重要地位,蒙古地区很早就有饮茶的习惯。奶茶是蒙古族生活中必不可少的传统饮料。据蒙古族学者波·少布先生介绍,早期蒙古族喝奶茶时,没有砖茶,煮奶茶的茶料多种多样,如柞树叶、榛子树叶、文冠树叶、梨树果叶、山丁果叶、地榆叶、欧李果叶、黄芪、山藤、覆盆子、木香花、莎蓬等。当时用这些植物的叶、茎、根、花、果煮奶茶或单独泡茶。尽管这些植物营养丰富,但砖茶更适合煮奶茶,因它不但含有人体所需的维生素 C、单宁、儿茶素、蛋白质、芳香油等营养物质,能增强人的抵抗力,还能提神、利尿、养胃、解毒、祛火、明目等。

内蒙古人民多普遍饮用紧压茶类,究其原因,其一是由于紧压茶类便于运输,有久藏不变质、价格便宜等优点,符合地处遥远边区的少数民族需要;其二这类茶有助于消脂去腻,当地人民多吃肉食,茶叶能去腥解油。现在,随着交通的便利,人们生活水平的提高,内蒙古人民饮用的茶类也多起来了,红茶、绿茶、花茶等逐渐受到当地人的喜爱。

蒙古族人民常喝的茶有黑茶和奶茶。黑茶的制作方法是:先在锅中放水,再投入茶叶末,煮开后除去茶中的渣滓再饮用,这种茶称作"哈尔查依",即不添加牛奶的茶。奶茶则是在煮好的茶中放入牛奶,充分搅拌后饮用,这种茶称作"思提查依",即添加牛奶的茶。奶茶是蒙古人民最爱喝的饮品,草原上的人们以茶当饭。奶茶的制作方法多种多样,各具风味,常见的有四种方法。

其一,把砖茶劈碎,放入凉水中煮沸,熬出茶色(俗称熬茶),放适量食盐,最后加入生牛奶。一斤水可对三两至一斤鲜奶,煮沸后即可饮用。

其二,把砖茶煮沸出色待用,锅内放入黄油,把糜米或小米炒熟,再把去掉茶根的茶水倒入锅内烩锅,茶滚后放适量食盐,最后加入生鲜奶煮沸后即可食用。

其三,把砖茶煮沸出色,放入适量食盐,再倒入骆驼奶,煮沸后即可食用。这种奶茶颜色发青,味道特别。

其四,把砖茶煮沸出色,放入适量食盐,再把奶粉用热水调成糊状倒入壶内煮沸即可食用。这种奶茶的味道不及鲜奶茶鲜香味美。

熬奶茶时应注意,牛奶入锅煮沸后即可饮用,不必长时间熬煮,否则,牛奶因老化而破坏了营养成分,会失去甜味和鲜味。一般来说,西部蒙古人饮茶时放盐,而东部不

太放盐。(《中国民俗大系·内蒙古民俗》)

最为讲究的茶,被称作"希茨提查依",即放入调料的茶,熬制的方法是:先将砖块红茶用铜壶煮沸,放一夜。第二天把澄清的茶水放入木桶,用有八个圆孔的木塞上下捣动,直到把浓茶捣成白色为准。将捣好的茶水倒入锅内,加入奶,以及黄油、葡萄、蜂蜜、食盐和萝卜干的细面儿,还有的添加肉、谷物等,再点火烧沸即可。

塞外草原气候干燥,人们又很少食用蔬菜,所以饮茶量很大。在寒冷的日子里,待客时首先端上来的是茶。在蒙古语中,"献茶"一词有"设宴款待"之意。每当有客人到来,先按身份次第坐好,妇女在下位操作。客人面前的毡褥上摆下小几,上面放着碗,分别盛有炒米、奶豆腐与盐和糖。奶豆腐是蒙古人最喜爱的奶食品,蒙语称为"额吉格",其制法是把鲜乳过滤后化成酸凝乳,再将上面的稀乳油取出,把凝乳放入锅中加热,取出分解出的水分,反复用勺背搅拌,待成黏胶状以后,取出放在凉爽通风处晾干后即成。然后,女主人将一碗碗奶茶端到客人面前。这奶茶不能一口饮尽,而要留下一些让主人不断添加,否则是不恭敬的行为。牧民饮奶茶一般是加盐,为表示对客人的特别敬重,可同时放白糖与盐巴,任凭选择添加品尝咸甜的不同滋味。炒米不容易嚼烂,要放在奶茶中一起饮用。奶豆腐蘸白糖吃,奶香可解味觉之苦,吃上一小块半日不觉饥饿。主人尽到情谊,客人说完祝福话,这最后一碗奶茶便一饮而尽。于是,客人施礼相谢,主人出帐送行,这"奶茶敬客"之礼才算完毕。

知识链接

在塞外草原,茶不仅用于日常生活和待客,在重大节日和活动中同样被赋予重要的意义和作用,凡请喇嘛诵经,事毕要献哈达,并赠砖茶数片。每年秋季的甘珠尔庙会和那达慕大会,都要行奶茶之礼,砖茶也是大宗交易的货物之一。

在内蒙古的其他少数民族同样离不开奶茶,达斡尔族人每天必喝奶茶。熬奶茶时,先将砖茶水熬开,放进一些炒熟的稷子米,开锅后加入牛奶和盐,奶茶即成。牧区的鄂温克人也特别爱喝奶茶,他们一天三餐都离不开奶茶,在喝茶时还配以少量面包、点心。鄂伦春族人主要喝砖茶,有些人喝红茶。在茶叶输入之前,人们以小黄芪叶当茶喝。在春夏季时,桦树水分较丰富,从树干下部将皮切开小口,小孩子们爱吸流出来的树汁。

近些年来,在内蒙古生活的汉族人也有了喝奶茶的喜好,早上起来,喝碗香浓的奶茶,吃些点心,精神百倍地迎接新的一天。城镇里的奶茶馆逐渐增多,在各式餐馆中,

学习笔记

奶茶也是必不可少的饮料。

二、云南福建以竹制茶

“靠山吃山，靠水吃水。”在我国南方一些地区，有着丰富的植被和珍稀动物，有着温暖适宜的气候，处处可见青青翠竹。人们充分利用竹林的优势，把竹和茶饮进行了联姻，制作成具有别样风情的翠竹香茶。

云南傣族人民喜欢饮茶，采来新鲜的茶叶，在火边烘烤，再放入竹筒里，加水烧煮，便可饮用。相传是佛祖教会当地人喝茶的，《游世绿叶经》里记载：“佛祖游世间，从易武山上下来，在山脚林边，见两位放养骡马的傣家人，他们正做午饭。见佛祖来到，两位傣家人急忙叩拜并向佛祖敬献开水，佛祖见水中无物，白开水喝而无味，便在附近摘来几片绿叶，在火边烘烤，放入煮开水的竹筒中，顿时一股清香溢出。两位傣家人喝下，觉得其味清苦，却又喉中甘润，问佛祖这是什么叶子，有如此清香和甘甜，佛祖说这是天下好东西，是味美的茶叶，不仅能生津解渴，在没有菜时，还能用来泡饭吃。两位傣家人当即试尝，果然味道鲜美，于是记住佛言，每日采来鲜茶烘烤煮吃。”有些傣家人还喜欢用茶叶来泡饭吃，这是把茶叶当菜一样来下饭了。特别是老人们在吃饭时，要泡一碗茶饭吃，才算是真正的吃饱。

傣族人喜欢用“竹筒茶”待客，竹筒茶傣语称为“腊跺”，是将已晒干的青毛茶装入刚砍回来的当地特产的香竹筒内，放在火塘的三脚架上烘烤，约六七分钟后竹筒内的茶叶便变软了。用木棒把竹筒里的茶叶捣紧，再添入新茶叶继续烘烤。就这样，边烤边添，直到竹筒内茶叶填满捣实为止。等茶烤干后，剖开竹筒取出圆柱形的茶叶，掰下一块放进杯中，冲入沸水就成了竹筒茶。去西双版纳旅游，参加热闹欢快的泼水节时，傣家人会捧出竹筒茶来招待远方的客人，喝下这香浓的茶水，定会留下深刻的印象。

居住在云南勐海县的拉祜族人也喜欢喝竹筒香茶，该茶的具体制法为：将砍下的竹子锯成一节一节的，一端留着竹节，另一端不留竹节。洗净竹筒内部，将新鲜的茶叶装入竹筒内，边装边放在火塘上烘烤。先装进的茶叶在竹筒内遇热变软，体积缩小，用木棒舂紧后继续装入茶叶，直到装满舂紧为止，再用木塞塞好，放到火塘上烘烤。等到竹筒表面烤得焦黄后，便可将竹筒劈开取出茶叶。取少量放入碗中，冲入沸水，三五分钟后便可饮用。这种茶散发着竹子的清香，别有风味，沁人心脾。

布朗族人喜饮青竹茶，他们居住的地方遍野都是青竹，每当他们到田里劳作或上山狩猎时，随身带着一把干茶叶，在口渴时，他们就地取材，砍下一段碗口粗的鲜竹，一端留有节作为煮茶的工具,再拣一些柴火当作燃料,在竹筒内装满山泉水,放在火堆旁烧烤,不一会儿竹筒内水开始翻腾,他们将随身带来的茶叶一撮一撮地放入竹筒,煮上五六分钟。而后将茶水再倒入短小的竹筒内,当作茶杯使用。此茶有着浓郁的竹香,茶汤颜色黄绿,很有乡野风味。泉水清冽、新竹清香、茶叶清醇,三者融为一体,味美香浓。当地人也常在吃竹筒饭和烤肉后饮用此茶。

知识链接

竹子在饮茶时的作用是多种多样的,如滇西崩龙族同胞的小竹篓是制茶工具,他们将鲜嫩的茶叶经过日晒萎缩后调拌入盐巴,装入小竹篓里,一层层压紧,制作成清香可口的水茶。在广东连南瑶族自治县,用当地产的楠竹做成的竹筒,是瑶族同胞常用的盛茶器具。他们翻山越岭劳作,用楠竹筒装茶水,不会变味,不易破碎,便于携带,成为不可缺少的用具。

三、东北地区多饮外茶

东北地处严寒,自产的茶叶极少,原来没有喝茶的习俗,居住在东北的古老民族,多是以肉食为主的民族。茶对肉食的消化有特殊的作用,喝茶从南方传来以后,东北人便渐渐形成了饮茶的习俗。据《契丹国志》载:宋朝贺契丹生辰礼物曾送"乳茶十斤,岳麓茶五斤"。新罗国给契丹进贡的物品也有"脑元茶十斤"。当地人也有去内地专门以物易茶的,用牛羊换茶回来。现在东北三省普遍有喝茶的习俗。

辽宁各地多不产茶,唯海城地区产土茶。据《奉天通志》载:"今海城诸山中,亦有产土茶者,特味较南茶为薄。"当地产的茶叶味较淡,旧时有钱人多爱饮南方的细茶。改革开放后,交通便利了,生活水平逐渐提高,人们多购买南茶,土茶渐绝。

据《中国民俗大系·辽宁民俗》记载,在辽宁康平、法库一带的乡民酷爱饮茶,尤其喜欢红茶。红茶性温,提神醒脑,能消除疲劳。在天寒地冻之时,乡民吃罢晚饭往往聚在一处,一块抽烟、饮茶、闲聊、吹牛,乡民们天南地北,古今中外,奇闻逸事,无所不谈。若遇上丰收年份,人们还往往请来唱"蹦蹦儿"(二人转)、"跳单鼓"(萨满跳神的一种,俗称为跳喜神)、"演影戏"(又称驴皮影)的戏班,全村男女老少,挤坐于热炕。任凭窗外大雪纷飞,北风呼啸,房间里热闹非凡,演戏的和看戏的,交流相融,捧着大碗喝着热气腾腾的红茶,戏外人与戏里人同悲同喜。忙碌了一年的乡民,深深陶醉于这样简单而快乐的生活,常常通宵达旦,乐此不疲。

　　在辽宁,人们还有喝糊米茶的习惯。在旧时,普通老百姓买不起市售茶叶,往往自制糊米代茶。这一习俗源自于游牧民族古习。在游牧时期,人们居无定所,在牧猎远征之前,必备炒米,炒米好带易贮,只需将沸水注入便可食用,可解饥止渴。后来,辽北农家遇有红白喜事时便以炒高粱米为茶来招待宾客。在迎娶之日,待宾客落座,新郎家人要出来先敬烟,后敬茶,行当地先烟后茶之礼。沏茶时,先放糊米入碗,加红糖,注入沸水,斟七分满,当地有俗谚云:"七水八饭酒十。"

　　吉林人们普遍有饮茶的习俗,在中部、东部地区,汉族人以喝茉莉花茶为主,并以茶作为待客必备饮料,西部地区的汉族受蒙古族影响喜喝红茶。农民受满族影响,喜喝糊米水。延边地区的汉族受朝鲜族的影响,饭后喜喝凉水。城镇的满族人常喝花茶或绿茶;在农村,满族人还用野玫瑰花叶、黄芪、鞑子香(一种杜鹃花)叶晒干泡饮,十分清香。还有的用柳芽焙茶,此茶可败火。蒙古人民生活中离不开茶,城镇喜用花茶,在牧区则多用红砖茶,牧民每天早上不吃饭,先饮茶。饭后、晚间都要喝极浓的红茶,红茶有助于肉食的消化。锡伯族人也有饮茶的习俗,爱喝浓茶或糊米水,也喜饮酸茶,酸茶实际上是自家酿造的饮料,做法是将黄豆、小米淘干净,水泡后磨细,再泡半天变酸,后用纱布或豆腐包过滤,酸水汁入锅熬熟,晾凉后即可饮用。多在端午节到伏天饮用,可消暑解渴,清凉提神。

　　在黑龙江的蒙古族,人们最喜欢饮用的饮料是奶茶。如有客人来,主人首先要热情地捧出一碗香喷喷的奶茶。此地奶茶的制法是:先把茶或茶砖掰成碎块放在锅里加水熬,待茶水呈微红色,再放入适量的盐和牛奶或羊奶,待煮沸,把茶渣滤出,奶茶即成。蒙古人招待客人的茶点,就是奶食品佐以奶茶。

四、游牧民族独特的饮茶习俗

　　游牧民族多爱饮用调饮茶,喜欢在茶里加入丰富的配料,这些茶富有营养,热量高,且形式多样,独具风味。游牧民族酷爱饮茶原因是多方面的:在牧区肉食较多,蔬菜较少,需要饮茶帮助消化。冬季寒冷,大量饮茶可以迅速驱寒;夏季干热,可以驱暑解渴。牧区人口稀少,各个居民点之间距离较远,外出放牧或办事,口渴时不容易找到饮料,离家喝足茶水,途中再吃些干粮,可以较长时间耐渴耐饿。从事牧业生产的人员由于早出晚归,往往一天中只在家里做一顿晚饭,白天在外,只带简便炊具,烧上茶水代饭。哈萨克族人民把吃饭称为"卡依依苏",意为喝茶,可见饮茶在各游牧民族人民生活中占有特殊的地位。

裕固族人长期从事畜牧业,清早有喝茶的习惯,他们一日三茶一饭或一日二茶一饭。茶的做法是:先把茯茶或砖茶捣碎,放于盛凉水锅内,并加入苹果、姜片等作料,待茶熬酽,再调入食盐和鲜奶;把熬好的奶茶冲放在有酥油、曲拉、炒面的碗里,一碗香喷喷的酥油奶茶便做好了。牧民们起床较早,起来后就开始煮茶,喝完茶后就出去放牧。中午还是喝茶,有的人家还吃炒面,有的吃烫面烙饼,下午再喝一次酥油茶。在夏秋季节,下午吃稠奶(酸奶子)。到晚上,放牧的人归来,挤奶等一切活做完,一家人才在一起做饭吃,一般多吃揪面片,有时也吃米饭或米粥、烤馍馍、烤花卷等。

宁夏满族有喝花茶的传统习俗,已流行了200多年。花茶是用煮沸的奶茶泡制,制作也很讲究。如果没有牛奶或羊奶,也可用熬好的砖茶沏泡。泡茶的器皿不是茶杯或茶盅,而是一种直径5寸或6寸的专用大碗,上有碗盖,碗边有花鸟、寿字、龙凤等图案。

柯尔克孜族食物多为肉类,他们的主要饮料是马奶、牛奶,尤喜喝茶,一日三餐不管吃什么饭都离不开茯砖茶或奶茶。他们还喜欢饮用"牙尔玛",这是一种用麦子或糜子制成的饮料,很具民族风味。

饮茶也是青海人民的普遍爱好。青海茶类可谓是多种多样,各个民族饮茶各具特色。青海藏民有"好马相随千里,好茶相伴终生"之说。藏族人民有清晨喝茶的习惯,早上起床后可以什么都不吃,茶是非喝不可的。早上起来,先念佛经,他们谓之"做早课"。接着便开始吃早餐,早餐通常是酥油茶和糌粑,糌粑是用炒熟的青稞粉和着茶汁调制而成。藏民把糌粑放入碗里,和入浓香的酥油茶,加以搅拌,调成糊状,然后食用。

青海藏族和蒙古族一般不喝碧青的绿茶,也不喝色浓的红茶,而喜欢饮用经过熬煮的清茶。他们先将整包整块的茯茶茶叶掰松放进盛有冷水的大锅内,调入一定量的土碱用文火熬煮,再加一点盐,即可。清茶色泽黄褐,浓醇微涩,味道略咸,颇能消困解乏。

比清茶更高级一点的就是在熬好的清茶中加进牛奶,这也就是青海蒙古族、藏族最常饮用的奶茶。在牧区草原上,藏族群众终日要喝奶茶,奶茶是牧民们生活中必不可少的饮料。煮奶茶一般用铜锅或铜壶,当清茶煮沸、茶水变成赤红色时,用特制的漏勺捞去茶叶,倒进鲜奶,调进适量的青盐煮开,即可。奶茶富含营养和热量,可解除疲劳,生津止渴,提神醒脑。在寒冷干燥的高原上,更可以滋润咽喉、消食化腻。

热物茶是青海回族人民喜饮的风味茶,是在熬制茯茶时,加入一定的生姜、花椒、胡椒、草果、红糖等熬煮而成，味道香甜中带辛辣，有驱寒暖胃、发汗止痛的功效，因而一般在腹痛、伤风感冒时饮用，疗效很好。茯茶原本性凉，不适于高寒气候，但经过与热性调料共同熬煮后便成了热性茶。

知识链接

青海的牧民还爱饮用其他的茶类，清茶中加入少量糌粑煮沸，即成糌粑茶，它具有清茶和糌粑的香味，既解渴，又耐饥，多作为早茶饮用。面茶是用酥油将白面炒熟后倒进捞去茶叶的茶水和新鲜牛奶煮制而成的，把面粉用羊、牛油炒熟后用清茶冲泡饮用的称作"面油茶"；用奶茶冲服的，叫"面油奶茶"。枣儿茶是在春节或喜事上敬客的茶，是在清茶中放进两枚煮好的红枣，取双喜临门之意。茶碗旁备有茶匙或筷子，以便客人食枣时使用。荆芥茶是在茯茶中加进荆芥熬成的茶，因为荆芥性温中、清凉，因而常饮具有健胃和中、清凉润喉之功效。(《中国民俗大系·青海民俗》)

在四川的藏族生活中离不开酥油茶，特别是在牧区，藏民一天要喝四道茶。一为早茶，每天早晨洗漱之后，先喝早茶。早茶是先将一些糌粑、奶酪放在碗里，然后用滚开水冲泡。人们习惯先喝茶，而后吃碗中的奶酪和糌粑。吃了早茶之后，一般不再吃其他食物。实际上早茶就是早点。二为午茶，其调制方法与早茶同，不过在吃午茶的同时，还要吃一些诸如烤饼之类的食品。三为下午茶，除食茶之外，还要吃一碗藏民的主食糌粑。四为晚茶，这是一道晚饭后一家人围坐在锅庄旁喝的茶，待喝够了才去睡觉。

拓展阅读

明代，汉族与北方游牧民族的茶叶交易十分频繁。由于茶叶贸易为官方垄断，故而交易价格高昂。民间私茶、黑茶兴起，冲击官茶贸易。1573年，明王朝出台暂停茶叶边贸的诏书。严厉的措施导致边贸茶叶供给完全断绝。

北方的蒙古及女真各部纷纷上书要求明王朝马上重开边境茶叶贸易。由于明王朝拒绝了这个要求，终于引发战争并持续了三年。三年后，明王朝宣布重开茶市，硝烟散尽后的清河堡再次成为茶马边贸重镇。

北方各民族之所以不惜发动战争来争取茶叶贸易，主要是因为饮茶对北方民族而言是一种生理需求。蒙古族等北方游牧民族饮食多是牛羊肉、奶等燥热、油腻、不易消化之物，而茶叶富含维生素、单宁酸、茶碱等，游牧民族所缺少的果蔬营养成分,可以从茶叶中得以补充。茶中大量的芳香油还可以溶解动物脂肪、降低胆固醇、加强血管壁韧性。茶叶的功能恰好弥补了游牧民族饮食结构中所缺少的成分。同时,饮用滚开的热茶,可以杀灭细菌,也就减少了肠道以及血液寄生虫感染的机会。

课堂讨论

1. 如何理解茶马古道的兴起与重要性?

2. 举例说明人们的生活观念与规范如何影响了茶俗的形成。

3. 天山南北为什么会形成差异比较大的茶俗?

思考练习

1. 各地的茶俗是否会发生变化? 为什么?

2. 在不同民族的茶俗中,到底是"茶"重要还是"俗"重要? 试举例分析。

3. 你认为在快速消费文化的冲击下,茶俗的独特价值在哪里?

第七章 不同地区的茶俗

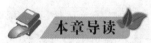

本章导读

由于自然环境、经济形态和文化习惯的差异,各地的茶俗有较大差别。如南北的地理条件、出产物品不同,制茶工艺、饮茶方式都不尽相同。即便是南方的擂茶,各地也不一样。由于南方盛产茶叶,还演化出丰富多彩的茶歌茶舞。

学习目标

1. 了解南方与北方、乡村与都市、闽台与粤港澳茶俗的主要特点与差异所在,并理解产生这些差异的主要原因;

2. 理解茶馆在都市生活中所起的作用,进而理解茶俗与经济形态的关系;

3. 熟悉台湾现代茶艺的发展过程,认识茶俗发展变化的内在动力,理解传统茶俗在现代社会的价值与出路。

就茶叶种类和风味而言,江南,尤其是江浙皖三省,以饮绿茶为主,因其香清、味醇、色碧,既能品饮,又可观赏。华南、西南一带的人喜爱红茶,其色泽乌润,味厚而带焦苦,有麦芽糖香。北方消费者尤其喜爱花香,因花茶能保持浓郁爽口的茶味,兼蓄鲜灵芬芳的花香,故爱饮花茶。福建、广东一带喜饮乌龙茶,因其有红茶的甘醇,兼具绿茶的清香,回味甘鲜,齿颊留香。西北少数民族爱好紧压茶,因其便于长途运输和贮存,茶味浓郁而醇厚,适合调制奶茶和酥油茶,以佐糌粑和牛羊肉食用。

我国经济发展不平衡,城乡的差异大,这种差异同样表现在茶俗上。乡村饮茶以解渴消乏为要,故乡民多饮粗茶。都市饮茶则更为讲究,追求茶叶的等级。乡村茶具注重实用性,都市茶具讲究精巧美观。乡村茶馆多简朴随意,而都市茶馆较精心雅致。乡村茶饮还保留着许多原生态的东西,还有着丰富的农事茶俗。都市茶饮则少了醇厚的风俗,多了份世俗气息。

港澳台地区饮茶风貌的走向,也是我国饮茶习俗的重要组成部分。本章也将介绍这三地的饮茶习俗和茶文化走向。

第一节　南北茶俗的差异

　　丹纳在《艺术哲学》中断言,物质文明与精神文明的性质面貌都取决于种族、环境、时代三大因素。这种观点也可以扩展到茶俗的研究。我国不同地区的茶俗是有差异的,这种差异通过各自的行为系统表现出来。茶俗受环境的影响很大,从地域的角度研究,最令人注目的是茶俗的南北差异。这既是由茶业生产重心分布不均所带来的不平衡性,同时也体现了民俗的地域差异性。当然,地域因素是潜在的因素,不是必然的或具有自动作用的因素,其制约茶俗面貌的原因各不相同,随着时代的演进更呈现出仪态万方。

　　物产因素也是影响南北茶俗差异的重要原因,"靠山吃山,靠水吃水",群众往往取当地所产的植物、动物入茶,形成别具风情的茶饮。

一、南北茶俗差异的地域性因素

　　自古以来南北饮茶风俗便有着许多差异性。唐代诗人薛能曾吟咏:"盐损添常诫,姜宜著更夸。"把盐和姜看作是煎茶必备的两种作料。但在宋代,黄淮以北的人们饮茶有的放盐,有的放乳酪,有的放花椒,有的放姜,还有的放芝麻,而南方则广泛流行斗茶。对于这种南北茗饮之俗的倾斜,引发了一场争论。当时的大诗人苏东坡曾说:"茶之中等者用姜煎,信可也,盐则不可。"有的连其他作料也一概反对。也有提出反对意见的,南宋陈鹄认为煎点茶用盐由来已久,却没听说过用姜的。正是"风土嗜好,各有不同"。因地域不同,人们的饮食习俗也各有所好。

　　南北饮茶风俗的不同,原因是多方面的。例如生活在水乡的人喜欢喝红茶,既有水质的因素:河水比山水要软,有利于茶单宁溶解浸出,使茶红素较快地形成红浓的茶汤,茶汤与碎茶层次分明,有利于河水有机物质的沉滤;又有气候的因素:水乡潮湿,红茶比绿茶易于贮存,只要不霉变,冲泡后仍然有香甜味;还有饮食结构的因素:水乡人平时较多吃鲜鱼活虾等高蛋白和糯米食品,多喝红茶有利于帮助消化,调和脾胃。山西人喜欢饮酽茶,这与当地的水质有关。陆羽曾评论全国的水质,认为"晋水最下"。山西的古县、浮山、长子等县,流传着"喝了古县水,粗了脖子细了腿,要想治好病,得喝浓茶水"的歌谣。所以,山西酽茶往往一壶要投入二分之一容量的茶叶,茶水味道极苦，外地人大多不敢问津。

鲁北平原上，"邹人东近沂泗，多质实；南近滕鱼，多豪侠；西近济宁，多浮华；北近滋曲，多俭啬"。（《邹县志》）所以，新中国成立前山东人喜欢喝外形粗犷、味道醇酽的黄大茶，和他们的性格有点相似。当地有句俗话："情愿舍头牛，不舍二货头。"意思是茶沏头遍没味道，沏第二遍才味道浓厚。山东人性格豪迈，当年梁山泊好汉便打出"大碗喝酒，大块吃肉"的口号，他们不光大碗喝酒，也爱大碗喝茶。唐代卢仝《饮茶歌》说："七碗饮不得，唯觉两腋习习清风生。"山东商河、临邑、临清、惠民等县的农民，身材高大，极为豪爽，喝起茶来远不止七碗。不但男人如此，女人也不例外。有的家庭，婆媳的茶瘾都很大，一人一把壶，自泡自饮，不用茶杯，而用大碗。喝光了一壶，再把水续上。如果几个人共一把壶，就觉得不过瘾。

而在江浙一带，虽然春秋之际"士有陷坚之锐，俗有节慨之风"，（左思《吴都赋》）但自晋"永嘉之乱"以后，文人大量南迁避祸，使吴越民风发生了从"尚勇"到"崇文"的根本转变。"其俗颇变，尚淳质，好俭约，丧祀婚姻，率渐于礼"。（《隋书·地理志》）所以，饮茶时注重茶味浓郁，爱细啜慢饮，连喝带吃，在婚娶方面重视以茶为礼。杨羽仪的《水乡茶居》便生动地表现了江南人饮茶的风貌，即使是劳动人民的日常饮茶，也有着几许雅兴。

水乡人饮茶，又叫叹茶。那个"叹"字，是广州方言，含有"品味"和"享受"之意。不论叹早茶或晚茶，水乡人都把它当作一种享受。他们一天辛勤劳作，各自在为新生活奔忙，带着一天的劳累和溽热，有暇"叹"一盅茶，去去心火，便是紧张生活的一种缓冲。我认为叹茶的兴味，未必比酒淡些，它可以达到"醺醺而不醉"的境界。

叹茶的特点是慢饮。倘在早晨，茶客半倚栏杆"叹"茶，是在欣赏小河如何揭去雨纱，露出俏美的真容么？……此境此情，倘遇幽人雅士，固然为之倾倒，然而多是"卜佬"的茶客，他们"叹"茶动辄一两个小时，有如牛的反刍，也是一种细细品味——不是品味着食物，而是品味着生活。

二、茶俗差异的物产性因素

引起茶俗差异的原因是多方面的，物产因素也是其中之一。我国地广人多，各地区物产具有很大差异性。人们日常饮食生活多受物产的影响，饮茶也不例外，群众往往因地制宜，取当地常见的植物入茶，制作成独具风味的茶饮，也有将其他食物放入茶饮中的，安徽的琴鱼茶便是一例。

安徽泾县喜欢饮用琴鱼茶，琴鱼是当地特产。该鱼长不盈寸，虎头凤尾，无鳞片，晒干后酷似炒青绿茶。相传秦代有隐士琴高公,在泾县境内一山上炼丹,药渣倒入琴溪河中,化为琴鱼。琴鱼长不过寸,宽嘴、龙须、细尾,眼如菜籽,鳞呈银色。北宋诗人梅尧臣为安徽人,曾写有《琴鱼》诗以赞家乡特产:"大鱼人骑上天去,留得小鱼来按觞;吾物吾乡不须念,大官常馈有差别。"欧阳修有《和梅公议琴鱼》诗咏其事:"琴高一去不复见,神仙虽有亦何为。溪鳞佳味可爱,何必虚名务好奇。"可见琴鱼虽鲜为人知,却早有佳言传世,其味美为古代文人赞不绝口。由于琴鱼产量极为有限,所以能品到鱼茶的人确实不多。过去,琴鱼作为一种"贡品",只有皇帝和其左右的人能享用,于是,鱼茶便蒙上了一种神秘的色彩。

琴鱼捕捞及制作成茶的工艺很特别,每年农历三月三前后,嗜好饮茶的当地人用特制的三角密网,从深涧中将琴鱼捕捞出来。趁鲜将琴鱼放入锅内,加入适量的盐、茶叶、茴香和食糖,用温火焙熟,再用木炭文火烘干,制成青黑色的鱼干。这种鱼干茶叶放在特制的锡罐里,可长期保存不易变形、不走味。以泾县名茶"涌溪炒青"与琴鱼一起冲泡,清澈的茶汤中,琴鱼干上下翻动,似摆尾游弋,栩栩如生,十分有趣,品赏鱼茶是既过茶福又饱眼福。值得一提的是,鱼茶绝无腥腻味,这是制茶的香料汤汁把鱼的腥味冲掉或压住了,琴鱼茶汤清香醇厚,鲜美无比,饮之令人回味悠长。

知识链接

实际上,琴鱼茶也是远古时代先民将茶叶和其他食物(包括鱼、虾、蚌、螺、蛤等水产品)一起煮食烹饪的遗痕,只是因时代的进步而演变成精致的沏泡方式。在人类还不知火为何物的年代里,人类的渔猎技术还十分低下,当时充饥的食物基本上是树叶、野草、野果之类,他们也生食茶叶。远古时代的茶并非由单纯的茶叶或掺杂着茶叶所制成的。最初的茶其实并不是由茶叶所制成的。今天的茶叶是从多种植物中,经过很长时期的筛选才确定下来的。在我国许多地区,还保留有饮用非茶之茶的习俗。这种非茶之茶又称为"粗茶",来源多是日常生活中的食物和植物,人们利用它的自然属性,饮茶的同时也达到了防病治病的目的。民间的粗茶形式多种多样,体现了劳动群众勤俭持家的精神。

新中国成立以前,在江西非产茶地区,生活贫困的家庭大都没有饮茶的习惯,口渴了多喝饮汤或井水。讲究的人家则采摘勾藤、山楂、山梨叶、甘草、荠菜等草本植物,经过煮晒加工为茶叶,封盖贮于瓮中,暑天泡茶供家人饮用,既清凉解热,又防病疗疾。在定南农村还有制作"癞痢茶""党参叶茶"的习惯;在萍乡还时兴采集淡竹叶、甜菊花、车前草、麦冬草、臭牡丹、青蛙藤等晒干成凉茶饮用。广昌、石城出产通心白莲,当地人将莲心泡茶,有养心健脾、益肾固精之功效。

　　南方由于可以入茶的物产丰富,所以地方风味茶也就特别多。而北方则大有不同,因气候原因,北方大部分地区不产茶,人们往往用其他植物制成粗茶,用来泡水喝,也颇能解渴。内蒙古"贫人或不具砖茶,辄以丹噶尔茶代之。丹噶尔茶者,野草所制,产甘肃西宁府丹噶尔厅故名"(《蒙古志稿》)。河北雄县有一种野茶,"花紫白色,叶有白汁。土人采其叶蒸熟,售之茶商,杂以香花,即与真茶无异,西乡人多采之"(《雄县新志》)。

　　在河南农村,农民大多有喝粗茶的习惯,他们把采集的树叶,用开水焯熟,置于阴凉处晾干,一年四季用它来泡水饮用,其实这些都是"非茶之茶"。农家喜喝粗茶,一是因经济条件的限制,农民没有闲钱去买价格相对昂贵的细茶;二是因为喝粗茶可以强身健体。农家粗茶多是常见的树叶、植物,人们利用它们的药性,饮茶的同时也达到防病治病的目的。如柳叶、竹叶茶可以败火去毒;枣叶、苹果叶茶可养肝安神,敛汗化瘀;柿叶茶含水量有丰富的维生素 C,可以治疗高血压;艾叶茶可温胃散寒,疏理气血;槐豆也是人们常喝的一种粗茶,人们把它采摘下来,上笼蒸熟,然后晒干,此茶可以凉血止血。

　　早在 18 世纪后期,新疆伊犁地区居民即有用野生植物充当茶叶饮用的习惯,以后在民间渐为流行,当地人称为土茶。这些土茶有多种多样,独具风味。伊犁有大量茎秆可食用的野生植物叫酸秆子,如天山大黄的嫩茎,味酸略甜,叶子能泡茶,还可熏制高级茶叶。在伊犁的河滩水浅处长有老柳,入夏开青绿花,花朵如含苞待放的小菊,将这花瓣摘下阴干,可用以冲饮,当地人称为"柳花茶",味道清香微苦,保健功效尤胜于龙井,清代曾列为贡品。王子钝曾写有《柳花八绝》赞曰:"杨柳花开湖水长,柳花作茗沁脾凉。青莲不饮柳花水,空唱柳花满店香。"

　　在青海的撒拉族喜欢喝蚂蚁草茶,蚂蚁草是一种长在地皮上开着细碎小黄花的小草,撒拉族人把这种草摘下来晒干后用微火干炒,然后放进沙罐里熬煮,等显出颜色后,就可以饮用。因为这种草细小似蚂蚁,因而人们都叫它蚂蚁草,把用这种草熬制的茶称作"蚂蚁草茶"。

三、南方的擂茶

　　在我国许多地区,尤其是南方山区、客家人聚居地的地方,有着喝擂茶的喜好。湖南、江西、福建、广东等地,流行喝擂茶。在湖北咸丰与贵州接壤之地,也有喝擂茶的习俗,当地群众常取茱萸、胡桃、生姜、芝麻捣烂,煮沸后做茶以待客或以自斟。擂茶有着丰富的作料,具有鲜香咸辣等多种口味,擂茶的原料也因地不同,多寡不均而呈现出不同的特色。山区的人们热情好客,有远到的客人必以擂茶盛情招待,各地群众在吃擂茶时,还有着多彩绚丽的乡俗。

擂茶,顾名思义就是经擂过的茶。擂茶的历史悠久,古时常把茶叶与其他食物一起煮食,三国时期《广雅》记载"荆巴间采叶作饼……欲煮茗饮,先炙令赤色,捣末置瓷器中,以汤浇覆之,用葱、姜、橘子芼之"。在唐朝,人们饮用的茶饮,是一种将茶叶蒸过后捣碎成末,做成茶饼晒干。饮用时先把茶饼碾成末状,待鼎中水沸后,投入末茶煎煮片刻即可饮用,饮时连汤带末一并吃下。当时富裕人家都有精致的碾茶具皿。后来人们觉得单饮茶末只可提神通气,不能充饥解乏,于是逐渐发展为加入芝麻、花生、豆子等原料,制成擂茶。流行于宋元时期民间的日常生活百科全书《事林广记》,对擂茶作了详细介绍。宋明以后,清饮法风靡开来,中国"正统"茶人多崇尚儒家清饮,而鄙薄调饮,但以调饮为主的擂茶仍以顽强的生命力在民间存续下来。清乾隆时(公元1736年—1795年),江西南城县"乡间多取老叶自制茶,价一斤可钱十文。会时取茶与胡麻或莱菔子,杂盐擂之,谓之擂茶"。

制作擂茶需要有专门的工具,其中擂钵、擂棍、捞子称其为"擂茶三宝",擂钵为陶制品,口径大小不等,内有粗密沟纹;擂棍则是用上等食用木制成,以油菜树和山楂木为优,长短大小视擂钵而定;捞子为竹制品,由粗篾编织而成。制作擂茶时,先要准备好茶叶,配以适量的芝麻、姜片等材料,放入钵内,用擂棍顺着钵内沟纹旋磨直至将茶叶等捣成碎泥状,再用捞子滤去残渣,留下茶泥放入茶盅,冲入沸水,搅拌数下,即成擂茶。

制作擂茶的茶叶一般都选择老叶,老叶味浓,能提神醒脑,夏饮解暑不怕热,冬饮添暖不畏寒,健胃健脾,爽口洁齿。擂茶有着诸多优点,可以健脾、祛寒、暖胃,有时因配料的不同及分量的加减而产生的功能也不同,加入菊花、金银花等配料可以增加凉性,达到清热解毒的效果;加入薄荷叶则可提高去湿热的功效;加入陈皮、肉桂等可提高温性,有助于祛寒。

在湖南常德,当地老百姓早有吃擂茶的风俗,据清嘉庆年间修的《常德府志》载:"乡俗以茗茶、芝麻、姜合阴阳水饮之,名'擂茶',桃源县志名五味汤,云伏波将军所制,用御瘴疠。"相传在东汉建武年间,五溪蛮叛变,顺沅水长驱直进,克郡攻县,大将马援请进,率军追至乌头村(今桃花源境内),一时之间攻克不下,又值酷暑火热,军中瘟疫流行,主帅也病了,全军被困于此。由于马援军纪严明,深受老百姓的爱戴,当地有一位老妪献"三生汤"秘方于马援,治愈了全军的疾病。从此该秘方发展成为当今的"打擂茶"。所谓"打"者,就是"制、喝"的意思,当地人习惯喊"打擂茶"。

在湖南桃源等地,均有喝打擂茶的习俗,有当中餐的,也有在早餐中餐之间当"点心"的。喝打擂茶能上瘾,一些年纪大的乡民,一天不喝打擂茶,就觉得全身哪里不对劲;喝了打擂茶,立刻觉得神清气爽。逢年过节待客人,首先就是喝打擂茶,并在晚上作"宵夜"。在桃源、安化等地,还有打擂茶聚会组织,以打擂茶为东,轮流坐庄,十分热闹。打擂茶还有许多讲究,除了擂茶以外,还要摆上各种土特产点心,这些点心叫"压桌",从"压桌"的种类可看出客人在主人心目中的地位。桃花源一带的回族同胞们的"压桌"风俗甚为有趣,喝打擂茶时要将几十种"压桌"的盘子摆成字形,客人喝擂茶时要将原来的字形拆开,再摆成另一个字。如桌上摆的是"寿"字,客人就得重新摆成"福"字或其他含有吉祥意义的字。(王建国《三湘风情茶趣浓》,《农业考古·茶文化专号》12 期)

在江西赣南,也有喝擂茶的习惯,当地人称其为吃擂茶,不仅在口渴时吃,在饭后也常吃,擂茶既能充当饮料也能充饥。赣南擂茶的主要原料是茶叶、芝麻和花生仁,将这三种原料放入擂钵中用擂棒擂成粉末状,然后倒入锅中加水煮开,再加入少量食盐即可,该擂茶色泽浅黄,味道芳香清凉,微带咸味。在赣南擂茶中,瑞金的擂茶很有特色,先将花生仁和黄豆炒熟,然后同茶叶一起放在擂钵中擂烂,还放一些辣椒、盐、姜末和白芝麻,擂好后倒入滚烫的开水,最后还要倒入一汤匙熟茶油,这种擂茶具有鲜、香、咸、辣的特点,令人胃口大开。

知识链接

赣南人吃擂茶有着许多讲究,座席后,每人面前的大碗内先备有半调羹擂茶脚子,然后再将铝壶烧得沸腾的开水冲入,冲水时讲究壶由低到高又由高到低,水由慢到快又由快到慢,由小到大又由大到小,快速冲入,使水碗中冲成漩涡而把茶脚子冲匀,才算有水平。喝茶时,喝得越多主人越高兴,当地人有三碗起步、四碗顺心、五碗登科、六碗两顺、八碗大发之说。擂茶有保健的功效,赣南人生活中离不开擂茶,所以赣南人尤其是农村老人多长寿少病,精神气足。赣南人在夏收夏种的双抢期间还有"打点"的习惯,即在中午午饭前先吃一餐"茶",这个"茶"就是吃擂茶,并伴有茶点,如花生、糍粑、米果、烫皮等,吃完茶后再劳动一段时间才吃午饭,在当地有这样的一句俗话:"吃擂茶、伴粑粑,饱肚皮,壮体格。"(廖军《赣南擂茶》,《农业考古·茶文化专号》12 期)

广东揭西县的河婆等地区,是客家人聚居地,这里的客家人也嗜饮擂茶。揭西擂茶的配料十分丰富,制作方法也不太复杂。先把茶叶、花生、麻油、芫荽、金不换或苦棘芯放进陶钵内,用木棍擂成粉末,泡上开水。然后把锅里已炒好的萝卜干、芥蓝茶、青葱、黄豆、白菜、虾米、蕌头、蒜等菜料放入钵里搅匀,再放些咸酥花生仁,便可以食用了。擂茶也是揭西客家人待客的必备之物,家里来了客人,主妇一定会擂一钵茶给客人喝,还有爆米花、果脯、点心等佐食。亲邻好友的姑娘出嫁之前,在接受了喜糖之后,一定要擂一钵香擂茶请姑娘喝,以示祝贺,愿她日后生活幸福美满。如果家里人病愈,也要煮擂茶,邀请邻居朋友共同品尝,一来是酬谢他们一直以来的关心和帮助,二来是以示庆祝,图个吉利。在夏秋季节,农家都以擂茶为午餐,特别是炎热的苦夏,人们常常不思饮食,在紧张忙碌劳作过后,若是有一钵擂茶,那就十分诱人了。吃上一钵香醇的擂茶,胃口顿时大开,精神也为之大振。他们边喝茶边聊天,并配以烙熟的蕃薯、芋头片,既饱了肚子,又除了烦渴暑气,焕发了生气,干劲更足。

四、南方的茶歌茶戏

在民间茶俗中,茶歌、茶舞、茶戏是南方茶叶主产区的"专利"。北方因不产茶叶,便没有这些娱乐性的茶俗。茶不仅满足于人们的生理需求,也给人们带来了欢歌笑语。在南方产茶区,民间有着多姿多彩的茶歌茶戏,这些茶歌茶戏大多欢快活泼,大大丰富了劳动人民的生活。因地域之差,茶歌茶戏又呈现出浓郁的地方特色。

茶歌,是以茶叶生产、饮用这一主体文化派生出来的一种茶文化现象。茶歌又称为"采茶歌",是由于其最早兴起于茶叶采摘之时。每当阳春三月,茶林片片葱绿,一首首优美的采茶歌就会在茶山上飘荡,令人心旷神怡。那些清新明快的节奏、优美动听的旋律,朝气蓬勃的景致,抒发出茶乡人生在茶山、长在茶山、爱在茶山的喜悦心情。

茶歌的主要来源是茶农自己创作的民歌或山歌,数量最多、影响最广的是情歌。在江西产茶区,有着大量的采茶情歌,光绪《武宁县志》记载:"里巷歌谣,父老转相传述,樵牧赓和,皆有自然音节,其言类多男女情事,独一歌云:'南山顶上一株茶,阳鸟未啼先发芽,今年姊妹双手采,明年姊妹适谁家?'词意缠绵,得风人之遗。"这类茶歌,至今仍在传唱。

茶歌的形式多种多样,采茶时节有采茶歌,青年男女谈恋爱有情歌、茶歌,还有儿歌等,生产劳动中有薅秧茶歌、送茶歌。茶歌的风格可谓多姿多彩,有的曲调优美动人,有的则欢快活泼,有的曲调高亢,荡气回肠。

在产茶区,青年男女多借唱茶歌来传达自己的情意。在闽西客家聚居地,流传着许多优美动人的采茶歌,这些采茶歌唱出了他们的心声,唱出了他们对爱的真挚大胆的追求。

采茶歌(连城罗坊山歌调)

正月采茶是新年,借妹金钗定茶钱;
茶叶定到十二月,当场签定面交钱。

二月采茶茶生芽,手攀茶树采茶芽;
郎采茶多妹采少,同装一筐情意长。

三月采茶茶叶青,妹烧火来郎晒青;
制得茶叶香又嫩,香甜可口美煞人。

四月采茶茶叶浓,棵棵茶树绿茸茸;
左采右采茶满筐,乐坏阿妹忙坏郎。

五月采茶日子长,采满一筐又一筐;
妹思郎饥早送饭,饭香菜好郎喜欢。

六月采茶热难当,妹在家中煮菜汤;
郎吃香茶妹喝水,茶水入口一样香。

七月采茶茶叶壮,枝粗叶厚满山香;
哥有心来妹有意,茶叶为媒定终身。

立秋过后茶事了,要采茶叶待明年,
但愿天公多作美,哥妹有情结团圆。

在四川广大农村,也传唱着许多人们喜闻乐见的采茶情歌。青年男女多借着茶歌将心中的情谊淋漓尽致地表现出来,这爱泼辣直率,这情浓烈如酒。如这《太阳出来照红岩》:"太阳出来照红岩,情妹给我送茶来,红茶绿茶都不爱,只爱情妹好人才。喝口香茶拉妹手!巴心巴肝难分开。在生之时同路耍,死了也要同棺材。"也有些含蓄委婉的茶歌,正是爱在心里口难开,如《高山顶上一棵茶》:"高山顶上一棵茶,不等春来早发芽。两边发的绿叶叶,中间开的白花花。大姐讨来头上戴,二姐讨来诓娃娃。唯有三姐不去讨,手摇棉花心想他。"

茶歌表现的内容也十分丰富,青年男女用茶歌表达爱慕之意,劳动人民用茶歌抒发对丰收的喜悦之情和对生活的满足之感,也有以现实主义的手法生动地再现了茶农的生活,如清代流传在江西反映江西茶农每年到武夷山采制茶叶的茶歌,歌词颇为辛酸。

> 清明过了谷雨边,背起包袱走福建。
>
> 想起福建无走头,三更半夜爬上楼。
>
> 三捆稻草搭张铺,两根杉木做枕头。
>
> 想起崇安真可怜,半碗腌菜半碗盐。
>
> 茶叶下山出江西,吃碗青茶赛过鸡。
>
> 采茶可怜真可怜,三夜没有两夜眠。
>
> 茶树底下吃冷饭,灯火旁边算工钱。
>
> 武夷山上九条龙,十个包头九个穷。
>
> 年轻穷了靠双手,老来穷了背竹筒。

民间文艺的特色之一便是歌舞结合,相辅相成,且歌且舞,生动活泼。由采茶歌发展而来的采茶舞,其最重要的形式为采茶灯,盛行于广东、广西、安徽、江苏、浙江、福建等地。采茶灯多在欢度佳节时表演,有一定的曲调、人数和时间、地点的规定,是一种供人们娱乐欣赏的形式。

知识链接

　　在江南一带,每逢春节期间,由孩童扮采茶女,提着花篮,每队12人或8人不等,又以两位清秀少年为队首,举着饰有茉莉花、扶桑花等的彩灯。队首带领着采茶女们边歌边舞,主要表现采茶女一年四季的生产和生活情景,并有锣鼓伴奏,有些地区还有耍龙灯的节目,整个场面十分喜庆热闹。

在采茶歌和采茶灯基础上,又发展起来采茶戏。这是一种以歌舞演故事,有人物,有情节,内容丰富,形式活跃,具有更大观赏性和感染力的地方戏。根据流行地区的不同,有江西采茶戏、粤北采茶戏、桂南采茶戏及闽西采茶戏等,而以江西赣南采茶戏最为著名。相传在唐明皇时期,宫廷中有一位教练舞女的歌舞大师雷光华为避死罪而逃往赣南,隐名埋姓于九龙山,在那儿以种茶为生。他在与当地人民共同生活、劳动的过程中,把自己的演唱艺术同地方小调与采茶动作糅合起来,从而创造了采茶歌,也就是民间所谓的"茶灯"。起初,茶灯只演唱"十二月采茶调",后来逐步发展,音乐不断丰富并融入反映茶农生活的故事情节,及至明末清初,便形成了极富乡土特色的"以歌舞演故事"的采茶戏。随着九龙山茶业的兴旺发达,该戏影响日广,遍及赣南山村。剧中人物通常为二旦一丑,人称为"三脚戏",清代《南安竹树词》云:"长日演来三脚戏,采茶歌到试茶天。"可见演戏盛况。

采茶戏以富有茶歌特点的"茶腔""灯腔"为主,保留了大量采茶山歌、小调的曲调,大多描写劳动人民日常生活、生产斗争和男女爱情故事,常以夸张、误会、巧合等手法渲染戏剧气氛,以演员的精彩表演、台词的幽默诙谐取胜。有些采茶戏具有曲折的情节,如《茶童戏主》《怎么谈不拢》等,十分具有地方特色,生活气息浓郁,具有喜剧色彩。时至今日,仅茶乡赣南18个县(市)便有15个专业采茶剧团,这些剧团活跃在城乡,丰富着人们的日常生活。

第二节　城乡茶俗的比较

《红楼梦》第四十一回说到,妙玉捧了一盏茶给贾母喝,贾母喝了一半,递给刘姥姥,让她尝尝,刘姥姥一口吃尽,笑道:"好是好,就是淡些,再熬浓些更好了。"惹得众人都笑了起来。刘姥姥这番话说出了民间饮茶的特色,乡民饮茶不像贵族小姐一样有那么多的闲情雅致,在他们看来,粗茶更实惠,浓浓地泡上一壶,喝起来更有劲。

在广大乡村,劳动人民喜爱饮茶,他们喝茶不求名贵,只求粗茶泡酽些能止渴就行。虽然乡村饮茶为文人雅士、名媛闺秀所不屑,被讥笑为"牛饮",然其中的乐趣是不为这些人所知的。乡村的茶具注重实用性,崇尚本色,大多就地取材、自我制作,具有浓厚的地方特色,简单而实用,质朴而美观。乡间茶馆,条件较为简陋,陈设俭朴,透露出浓浓的乡土气息。农村还有着丰富多彩的茶俗,并已深入到乡村的每一方面。

一、乡村饮茶淳朴厚实

乡村饮茶虽然俭朴随意,却蕴含着乡民对生活的满足感。在田间地头端起一大壶茶,一饮而尽,浑身顿时神清气爽、舒心畅快。劳作归来,漫步于村庄大树下,手持一碗茶,与乡邻聚在一起谈笑风生,边喝边话家常,其乐融融。乡村饮茶,重的就是淳朴厚实这个味。

　　陕西农村嗜茶之风极盛,人们饮茶颇有讲究,一律不用煮饭锅烧水,而是用铁制或铝制的撇子壶,沏茶喜用陶瓷茶壶。待水烧沸后,在距茶壶约20厘米高处将水注入,冲得茶叶在水中上下翻滚,再盖上壶盖。等上抽半根烟的时间后,才开始倒入茶杯中啜饮。年纪大的农民钟爱喝酽茶,这种茶是煮出来的。先抓大把茶叶放入壶中,加水置火上煮沸,要等到茶水熬成棕褐色后才开始饮用。此茶味涩似木瓜,苦似中药,老农认为喝这样的茶才算是过瘾。

知识链接

　　陕西商南人视茶如命。早晨起来的第一件事不是吃饭,而是喝茶,早茶成为早点的代名词,如不早饮酽酽的三碗茶,一天的日子便没法打发。商南人买茶一下就是十斤八斤。有些老人出去干活或赶集访友,常常带着一个扁壶和一包茶叶,路边若有泉水,会情不自禁地停下来,随手拾上三块石头支起当灶,再拾一把干柴,在泉水出口的两步处飘舀一扁壶水,点火烧开,就坐在路边,冲茶品饮,喝足了再上路。

　　在河南农村,几乎家家户户都有一把肚大嘴小的粗瓷壶和几个粗陶碗,往来于乡间的行路、赶脚、贩货的,不管往哪家门口一站,主人都会请进去喝一碗粗茶。尤其是在炎炎夏日,喝下这具有乡土风味的粗茶,准让你倦意全消,全身毛孔张开,舒服清凉。

　　在湖北西部,农户平时治家尚俭,惯饮粗茶。粗茶是入秋后摘采老茶叶(俗称捡苑茶),蒸后晒干而成。饮时抓一把置砂罐中煨热,茶极浓酽,颇能解渴提神。民间待客,则多用细茶,茶具与炮制法都十分讲究。一般是先将平日里收起来的小"敬茶罐"拿出洗净,横置在火边烤干,再放入细茶,加盖,用文火缓烤,不时摇动。如此三番,茶香四溢,再把炊壶滚水高吊数滴,罐中冒一缕白雾后,再加盖,煨上片刻,谓之"发窝子",之后将水注满,按客之尊卑长幼次序,一一用双手筛敬。在黄冈地区,待客以喝谷雨茶、酽细茶是为上敬,当地老人以喝酽细茶、红糖水、抽叶子烟为"享清福",在民国时期人们还特别喜欢六安粉末茶。山区妇女谷雨采野茶,立夏掐"观音茶",用以消暑、过年、待客。在阳新有的地方把早餐称作"喝茶",他们煮豆子吃,叫"吃豆茶"。过节待客多用米泡茶。米泡上面放两粒麻圆或一勺糖料,表示尊敬。请人插田,清晨下田扯秧前，要喝米泡茶。夏天时，城镇居民以淡竹叶、二花(金银花、菊花)泡茶，富足人家则以寸冬、米参、杭菊泡茶。

皖西人素有爱喝茶的习俗，每当新茶上市，人们都争相购买，或选毛峰、片茶，或选绿茶、花茶，最次也要买一些黄大茶。在旧时，上品好茶只有家境好的人家才能享用，乡下人喝茶不太讲究，一般只喝黄大茶一类的粗茶。山区则多喝用干茶叶研成的细末(叫茶叶面)。也有把桂花晒干放进茶末内的，喝时把茶末放进茶壶(有锡、瓦两种)内，用开水冲泡。冬天里一般喝热茶，多用锡壶泡茶，捂在火桶里。有的人家还将瓷壶或锡壶泡好茶放在木制的茶壶桶里，木桶外留出壶嘴，木桶内则用稻草、棉絮之类塞紧，以确保壶温。夏天时多喝凉茶，通常用大瓷壶或陶壶泡茶，劳作时带在身边，以备解渴。

二、民间茶具质朴实用

古人云："人无贵贱，家无贫富，饮食器具皆所必需。"自从茶进入人们生活以来，无论是药用、食用、饮用，都离不开茶具。我国劳动人民勤劳智慧，因地制宜，制作了许多独具特色的饮茶用具。这些民间茶具，外观不及文人雅士茶具之雅致，也不同于豪门大户茶具之富丽堂皇，多数淳朴厚重，有着浓浓的乡土气息。有些茶具虽外观粗糙，难登大雅之堂，却颇具实用性，适宜于大众的日常饮茶，也方便劳作时携带。民间也关注茶具的艺术性——自然是以大众审美的眼光来看待的。由于饮茶风俗时尚的不同，民间不同地区的茶具也不尽相同。

在湖北英山，种茶历史悠久，当地农民十分好茶，当地人有句俗语："红苕饭，蔸子火，一壶清茶润着我，除了神仙就是我。"虽然生活水平低，但是人们却很知足，日子过得简单而快乐，每天有茶喝就心满意足。他们烧茶普遍使用铁锅、泥巴壶、锡茶壶、土茶罐、铜吊子、铜壶，既可烧开水，又可作茶壶。因当地多用柴火作燃料，小小的土茶罐放在灶膛里或火炉里烧开水，用久了就变成了黑色，人们戏称为"黑老鸡"，当地有句童谣是这样形容的："一个矮矮伢儿，戴个矮矮帽儿，来了个人，屙一泡尿儿。"一般人家都用煮饭炒菜的锅烧茶，铁锅烧茶快捷方便。锅用竹刷帚洗擦，用丝瓜络一类的东西一抹，先将水烧热倒掉，再放清水烧开，这样泡茶就没有异味。(汪从元《故乡的茶俗》,《农业考古·茶文化专号》22 期)

在江西民间，茶具颇有自身特色，每种人用什么茶具都有一定的习惯。在大家庭里，有包壶、藤壶、小杯盖碗茶具之分。包壶是一个特大锡壶，用棉花包起来，放在一个大木桶中,木桶留一小缺口,伸出壶嘴,稍一倾斜即倒了出来。这种茶是供下人、长工、轿夫喝的。藤壶是略小的瓷壶,放于藤制盛器里,倒茶时提出瓷壶,斟在杯中,这一般是家人和来客喝的。而一家之主,在喜庆节日,贵客临门时,则用精致的盖碗泡新茶喝。茶文化专家王玲认为:"这其中,虽然多了些'等级观念',但以茶明长幼的含意却十分明确。"

江西武宁,是宁红茶的故乡,当地群众饮茶历史悠久,据清乾隆《武宁县志》介绍:"李唐而后,江南之人皆嗜茶,而武宁独甚。至于僻村深谷,往往专蓄制茶之法。"该县烹煮茶饮的地炉也颇具特色,地炉俗称"火炉头",即在堂屋或厨房的地下挖一个圆形浅坑,用砖头将圆坑围住,另将六七尺长竹索一头挂在屋梁之上,一头系着制好的挂钩,挂钩可根据炉火盛衰上下伸缩自如,再将铁镬吊在钩上,在坑中架火燃烧。"宁人嗜茶,就地炉且烹且饮","凡嫁女用镬,以备房中用也。房中有炉有镬,武宁乡市皆然"。陪嫁用镬,可见其使用之普遍。

在千岛湖茶区,饮茶风度既有粗犷豪爽之气,又有闲情逸致之情。茶具也有粗有精,但最有地方特色,最有乡土气息的,还是农家的茶具。

这里的农民,家家都有一个火塘(炉),火塘上悬挂着一把铜壶,吊铜壶的铁案上有一个活扣,可以调整铜壶的上下高低,掌握火候。不用时,铁索铜钩往屋角柱子上一挂。水开后,全家老少围塘而坐,人手一叠包芦馃(玉米饼),一杯清茶,边烤边吃边喝,满屋弥漫着包芦馃的香味,飘荡着热茶的清香,一天的劳累在欢乐的家常话中消融了,呈现出一派农家的祥和景象。

到田头、到山上劳动,又是另一番情景。古时,农民多用毛竹筒制成茶筒,一盛就是几斤,或者背一个茶葫芦。淳安农民至今还藏有用葫芦制作的茶具,外面再用竹篾制成的篓子套住。竹篾外壳有的十分精美,用细篾编织成各式各样的图案,如"双喜"图案、"寿"字、花、鱼、竹、梅、兰,可谓茶具世家中的奇葩,令人爱不释手。用葫芦盛茶,隔夜不会馊,盛夏饮用葫芦里的茶还格外凉爽清口,使人称奇。这些农家茶具虽不及古代用金、银、铜、锡,甚至玉石、水晶等制作的茶具那么贵重,但其实用性,是非常有地方特色的,且有"藏巧于拙,寓美于朴"的观赏价值。(胡坪《千岛湖鸠坑茶》)

劳作归来,全家人围坐在火塘一块饮茶,充满着家庭的温馨。农家的火塘和铜壶朴实无华,还仅仅是从实用出发。那么,用葫芦制作的茶具则是实用与艺术的完美结合,它是生活用品,又是工艺美术品。"藏巧于拙,寓美于朴"是民间的美学观念和制作原则,简单随意的外观下,透露出人们对生活的满足感。

少数民族地区,也往往有适合本民族制作的、品饮不同茶的系列器具。像维吾尔、哈萨克、柯尔克孜、塔吉克等族,普遍使用一种茶叶袋。这种小布口袋长17厘米、宽10厘米左右,绣花、带穗,美观大方,专作盛放茶叶之用。在外出时携带,非常方便。

生活在雪域高原的藏族人民,茶桶、茶壶和茶碗都有自己的讲究。打制酥油茶的用具叫酥油筒,是用木料或竹子做成的。最好的茶筒是红桦木制成的,其次是核桃木、红松,也有用竹子的,制作方法简单,只需打通竹节,但是西藏气候干燥,竹制的茶筒容易破裂。盛酥油茶的器皿,有陶壶、铜壶、铝壶、银壶等,藏民多爱用陶壶,因为陶壶价格低、保温好。茶碗有瓷碗(噶玉)、银碗(俄抛)、玉碗(央池)、木碗(辛抛)等。稍有根底的人家,总保留几个最贵重的瓷碗,只有贵客临门或盛大节日时,才让它们露上一面。过去西藏交通闭塞,物资靠骡马牦牛驮运,从成都或西宁运到拉萨,几乎要用半年的时间,瓷碗等容易破碎,损耗十分惊人。当时每一个瓷碗,都用一个实心牛皮套包裹,成本可想而知。一个上等瓷碗,价格等于一头牦牛,甚至可以换一匹好马。藏族同胞日常生活中使用最多的是木碗,被称之为"情人般的木碗"。稍有条件的家庭,都是人各一碗。人在哪里,碗到哪里,人在碗在,形影不离。达官显贵也随身携带木碗,既是一种装饰,也是官阶大小的标志。不同寺院的僧尼,使用的木碗大小不同,形状各异。叫花子再穷,也有一只破木碗。折嘎说唱艺人的木碗,往往又大又深。木碗种类很多,价格差别极大,一个上等"察牙"木碗可顶十头牦牛的价钱,一个中档"察牙"木碗也要用二三只绵羊交换。(廖东凡《雪域西藏风情录》)

总之,民间茶具的特色,注重实用性,崇尚本色,大多就地取材、自我制作,简单而实用,质朴而美观。

三、简陋俭朴的乡村茶馆

乡间茶馆,条件较为简陋,陈设俭朴,一般是几张四方桌和几条板凳,茶叶不求名贵,多为粗茶,泡茶的器皿往往是大号铁壶。光顾茶馆的主要是平民百姓,有当地居民、商贩,回乡赶集的农民,各行业的劳动者。乡民们在劳动闲暇之时,来到茶馆稍作休息,喝下几大碗茶水,顿时解渴消乏,大家一起谈天说地,颇具乡土气息。

江西万载茶店起源于明代,光顾的大都是体力劳动者,尤以爆竹工人、夏布工人为多。茶店一般是前店后坊,店坊合一。前店是卖茶的茶厅,后面是制茶点的作坊。店堂陈设简朴,只有八仙桌和长条凳。店员自早上至下午各司其事,堂倌(跑堂的)唱主角。新客落座,堂倌动作麻利地泡上一碗新茶,问清顾客需吃什么后,即放开嗓门向里面唱着"一盘麻糍,十只卷饼……",招呼茶点作坊准备茶点。发现顾客起身要走了,堂倌吆喝一声:"起座",并迅速按其所吃的茶点一一心算出价钱,大声唱道:"先来一元二,二来二元四,三来……"连唱三到四遍,声音响亮悠长,账房和顾客均可听得清楚。顾客付了款,账房也大声说收到多少钱,堂倌听后马上招呼顾客"慢走,慢走",才算完成这笔生意。堂倌要求手勤、脚勤、眼勤,走马灯似的团团转,忙个不停。

由于茶店先吃后付账,个别顾客想乘机白吃赖账,有的用半块麻糍将盘子(篾织的)贴在桌子反面板上隐匿起来,或将吃完的空盘子塞到邻桌等。顾客的赖账行为,很难逃过堂倌的慧眼。账房也是得力的配角,业务很熟,他除了应付柜台上一般生意外,对想趁人多不结账的顾客,能根据人们的外貌、年龄特征,喊出"老师傅、老太太,请来结账",使他们及时结账。

湖北宜城县虽不是产茶之乡,但男女老幼都嗜好喝茶。据程天发、梅芳莲介绍,目前散布在全县的茶馆、茶社、茶室、茶摊已有800多家。城区的茶馆大都布置得古色古香,使用的茶具也是本地用黄土烧制的青色"拳头壶""拇指壶"。乡间的茶馆和城里人的讲究不同,一律用小木桌、小木凳、小土壶。一些常泡茶馆的老主顾,喝起茶来大有讲究,他们先取下盖子,刮些茶水,四下一刷,吹掉,然后瘪着嘴呷口茶,用舌尖细细品尝。茶的种类也很丰富,有高档的龙井、观音、云雾和中低档的各类茶叶,但大多数人爱喝本地产的粗制绿茶。

江南水乡除了河多、桥多之外,其最大特色就是星罗棋布的茶馆,任何一个市镇上茶馆之多,是其他行业所无法比拟的。如江苏太仓州的璜泾镇,据镇志记载:"自嘉庆以来,酒肆有四五十家,茶肆倍之。"璜泾镇不是大镇,茶馆如此之多,如此密集,令人叹为观止,这也是江南水乡的普遍情况。江南茶馆所用茶桌,是一种四方木桌,俗称"八仙桌",每桌可以坐八人。茶馆不仅仅是一个供人们饮茶、歇脚、聊天的场所,也是商品交易和信息传播的场所,农村的个体小生产者以及外来客商,都把茶馆当作打听行情、达成交易的社交场所。经济学家刘大钧在《吴兴农村经济》一书中写道:"大约每晨由各乡村开船来镇,中午由镇返乡。到镇后,即步入茶馆。茧、丝、新米上市时,乡人即以此地为探听市价之所,因而经营茧丝米及其他产品之捐客,亦往往出没于其间,从事撮合,赚取佣金。"

知识链接

　　江南水乡的茶馆还兼具社交、信息、娱乐、赌博等多种功能,是乡镇上的主要娱乐场所。在茶馆里经常有民间艺人表演,节目较为粗俗简陋,适合乡民口味。《淞南乐府》载:"男敲锣,妇打两头鼓,和以胡琴、笛板,所唱皆淫秽之词,客白亦用土语,村愚悉能通晓。"最受乡民喜爱的节目是苏州评弹,俗称"说书",有评话和弹唱两种,评话大多武行戏,如"三国""水浒""征东""平西"之类;弹唱多文戏如"珍珠塔""秦香莲""西厢记"等。不少茶馆里专设"书场",以招徕茶客。苏州评弹布景道具十分简单,如演唱弹词,一人弹三弦,一人弹琵琶;如演唱评话,只有演员一人。乡镇上生意人上午工作极忙,下午回乡撑船离去,他们在紧张之余要轻松一下,许多人喜欢进书场听评弹。弦声叮当,歌喉婉转,插科打诨,嬉笑怒骂,乡民们不知不觉地被引入艺术意境受到剧情的感染。茶使人舒缓肌骨,消除疲劳,边饮茶边听评弹,十分惬意轻松。茶馆不仅是一个书场,也是一个赌场,当地有谚语云:"乡镇茶坊,大半赌场。"赌博是刺激茶馆兴旺的一个重要因素,旧时茶馆是赌博聚集地,赌博花样甚多,乡民们在此搓麻将、推牌九、打扑克、斗纸牌、掷骰子,在春节和庙会期间赌风最盛,茶馆里一片人声鼎沸,赌风极为炽热。(樊树志《江南市镇——传统的变革》)

四、农事中的茶俗

　　在我国广大农村,有着浓郁的农事茶俗。人们在劳作时喜爱饮茶,每人一大碗酽茶下肚,解了疲劳,提了精神,然后再继续耕作。遇上农忙时分,还得从外地请师傅帮忙,许多地区有送茶的习俗。在从事集体劳作时,人们还喜欢唱茶歌来抒发自己的情感。

　　"风光只有春三月,处处山头唱采茶。"每到采茶时节,遍野都是茶歌,男妇应答调笑,采茶虽苦,但是劳动中的人们最美丽,青年男女浑身都有使不完的劲。他们在共同劳作中享受着采茶特有的欢乐。茶乡的人民是淳朴憨厚的,他们的情是真挚感人的,各地的采茶风俗可谓是风情万种。

　　在湖北的土家族聚居地是产茶大区,每到春天到来时,万物复苏,土家人便忙着采茶去,四山茶园,歌声此起彼伏,人们以茶歌抒发各种感情,茶歌的内容是无所不包。一般是唱什么内容就采什么茶,唱反情的叫"反采茶",也有些茶歌与茶叶无关。采茶歌一般是上午唱古人,中午唱花名,下午唱爱情,这是由劳动者从早到晚的精力状况而形成的规律,上午人们精力充沛,干劲十足,盘盘古、唱唱历史人物,显显歌手的本事。中午阳光强烈,晒得头闷,山花开遍,见景生情便唱唱花名。下午人们感到疲倦,唱唱爱情,提提精神。不管歌手选什么内容,总要与茶联系在一起,因而就产生了诸如"反采茶""道士采茶""十二月采茶"等茶歌的名目,而实际内容和采茶没有什么关系,但仍然叫它采茶歌。爱情更是茶歌的主题,在茶山以茶歌为媒而终成姻缘的不乏其人。有些爱情茶歌曲调优美动人,听得人荡气回肠,有的则曲调明快欢畅,歌词大胆质朴,唱出了年轻人的心声,如这一首采茶歌:

> 二月采茶茶发芽,
> 姊妹双双去采茶。
> 大姐采多妹采少,
> 不论多少早回家。
> 三月采茶是清明,
> 奴在房中绣手巾。
> 四边绣的茶花朵,
> 中间绣的采茶人。

> 我打茶山过,
> 茶山姐儿多。
> 心想讨一个,
> 只怕不跟我。

> 门口一窝茶,
> 知了往上爬。
> 哇地哇地喊,
> 喊叫要喝茶。

在川西农村,农事薅身时有送茶送酒送盐蛋的习俗,农民边薅秧边唱歌,称为"吼山歌",如《薅秧歌》:"太阳斜挂照胸怀,主家幺姑送茶来,又送茶来又送酒,这些主人哪里有。"又如《送茶歌》:"大田栽秧排对排,望见幺姑送茶来。只要幺姑心肠好,二天

送你大花鞋。"（徐金华《四川民俗茶俗文化在民间的传承》，《农业考古·茶文化专号》28 期）

　　勤劳聪慧的乡民在从事劳动生产时，喜欢唱些歌曲来活跃气氛，以抒发内心情感。许多歌曲有着茶的内容，曲调单纯、即兴编唱，多采用徒歌演唱形式，娱乐性较强，适合在集体劳作时歌唱，能活跃气氛，使大家在劳作时劲头十足。如这一首四川的《锣鼓茶歌》，歌手拿着锣鼓，两人对唱，每人两句，伴以锣鼓。有时候一人唱一人和，或者是一人唱众人和。节奏轻快，刚劲有力，具有振奋人心的效果，歌词为：

　　　　日上山顶正偏斜，远望大姐来送盅茶，
　　　　左提米泡盐蛋酒，右提一壶花椒茶，
　　　　　　喝了盅茶再来挖。

　　　　远望大姐来送茶，米泡盐蛋手中拿，
　　　　男女老少加把劲，插到田边好喝茶。

　　　　郎在高山砍竹麻，姐在山窝喊喝茶，
　　　　一日砍倒三捆竹，三日砍倒九捆麻，
　　　　　　哪有闲工吃姐茶。

　　我国自古以来以农立国，农事生产乃国家大事。全国各地普遍有着祭祀土地神和五谷神的风俗，此俗由来已久，因"人非土不立，非谷不食。土地广博，不可遍敬也；五谷众多，不可一一祭也。故封土立社示有土尊；稷，五谷之长，故立稷而祭之也"。明清两代皇帝在天坛、地坛祭祀神灵和祈祷丰年。全国大部分地区，以州县为单位建有社稷坛。每年立春后五戊日为春社日，立秋后五戊日为秋社日，进行春、秋祭祀活动。官府祭奠完毕后，附近男女群众盛装，携茶、酒、香烛等，进行群众性的祭祀活动。没有社稷坛的地区，各家各户于播种开始之日至破土耕种日，分别在地头烧香、点灯、奠茶、酹酒，以求风调雨顺、五谷丰登。

　　农事生产十分注重节气，在广大农村还有着许多绚丽多姿的节气茶俗。每年公历二月四日前后的立春，为全年的第一个节气。早在周代，就有天子亲率三公九卿、诸侯大夫去东郊迎春，并有祭祀太皞、芒神的仪式，以祈求神灵福佑，年成顺遂。汉承周俗，魏晋南北朝此俗仍盛,唐宋又发展了鞭打春牛、送小春牛等俗,明清以来民间有食青菜、迎土牛、贴春帖、喝春茶等俗。江西还有"供茶接春"之俗,据清同治《玉山县志》载,是日要"供茶、果、五谷种子,燃香灯,放花爆,谓之接春"。

在湖北英山,农民十分重视交春之日,俗话说"新春大似年",在此日,农民摆好香案,插上青松和小竹枝,供奉着茶壶、茶叶、大米等,放鞭炮迎春接福,企盼着新一年里风调雨顺,能有个好收成。在春社农历二月二、秋社八月二,乡间有土地社,数十家一社,轮流率领着乡民们一块到土地庙摆酒敬茶,拜祀土地神。祭祀完毕后,乡民到首事家聚会,一块喝清茶,极欢而散。

每年公历三月六日前后的惊蛰,天气转暖,渐有春雷。江南民谚云:"惊蛰闻雷,谷米贱似泥",也有认为"是日雷鸣,夏季毒虫必多"。所以,江西遂川县山区为了减少害虫,使庄稼不被害虫侵袭,有"炒害虫"的习俗。在惊蛰这一天,农民将谷种、茶种、豆种、南瓜种、向日葵种等各类种子一小撮放入锅中炒熟,分给孩子们吃掉。其他种子可以不要,但是茶籽是一定不能缺少的。"惊蛰炒害虫"这一习俗意为吃掉害虫,保护农作物大丰收。

第三节　都市茶俗

城乡差别,在茶俗中得到了鲜明的反映。乡村是以血缘、村社、亲戚交往为主的,以茶欢娱的集体氛围成了其间的润滑剂。而在城市,血缘和亲戚关系淡化,以职业、行当或经常性社会活动进行交往的新的人际关系和人际环境,使遍布各地都市的茶馆、茶楼、茶肆、茶坊成为市民茶文化最典型的表现,也成为都市茶俗最重要的载体。

一、北京的饮茶与茶馆

北京是辽金元明清五代帝都,现在是我国的首都,是全国的政治、经济、文化的中心。"集萃撷英"是北京茶文化的特色,其特色为种类繁多,功能齐全,文化内涵丰富,可以说是集各地茶文化之大成。

北京人历来有爱饮茶的习俗,到老北京人家里做客,一落座儿,主人做的第一件事情就是上茶。北京人喝茶讲"口儿",即口感和口味。茶具也很讲究,多用紫砂壶、盖碗儿。老北京爱喝花茶,以喝茉莉香片居多,包括了所有经过茉莉花窨焙的香片茶,其中细目不下二三十种,多出自于黄山茶区。其他花茶的品种还有桑顶茶、苦丁茶、玫瑰茶、桑芽茶、野蔷薇茶等。北京的茶叶店,往往以"红绿花茶"四字为招牌,红即红茶,绿则指龙井及六安素茶。茶店将龙井叫作"龙茶",爱在其中添些茉莉花、珠兰花称之为"龙晴鱼""花红龙井"。北京人也有喜欢喝珠兰清茶、普洱茶、武夷的乌龙茶等。

北京著名的民俗专家金受申在《老北京的生活》一书中对北京人饮茶有着生动详细的叙述。

北京泡茶,通称为沏茶,以先放茶叶后注水为沏,先注水后放茶叶为泡,北京则无论用茶壶或盖碗,皆用沏的方式。也有专爱喝酽茶的,先将沏好的茶,喝过几遍,然后再倒入砂壶中,上火熬煮,茶的苦味黄色尽出,谓之"熬茶"。熬茶适用于山茶,所用砂壶,价值最廉,通称为"砂包",为中产以上所不睬,富贵人家所不识,而颇利于茶叶,乡间野茶馆常用砂包为客沏茶,冬夏皆宜。和熬茶差不多的,有所谓靠茶,靠茶即将茶壶置于火傍,使其常温,时久也靠出茶色来。熬茶可以用武火,靠茶不但用文火,简直不必见火,只借火热便可。

最能体现出北京茶俗特色的是茶馆,老北京有闲人等非常多,茶馆生意极为兴隆,遍布内城、外城及近郊,茶馆是老北京人重要的社交娱乐场所。茶馆最能反映当年北京市民生活的典型环境,文化底蕴丰富,兼容并蓄了各地茶馆之长,又有着浓浓的京味。

北京茶馆的历史悠久,可以追溯到唐代。到了清代,北京茶馆进入鼎盛时期。北京茶馆,是一部历史长卷,见证了曾有过的太平繁华,见证了绵延百年的社会大动乱,各色人等轮番登台,你唱罢来我登场,城头轮挂大王旗。也见证了全国人民喜迎解放,新中国发生天翻地覆的变化。北京,一座古老苍凉的历史古都,而今又散发着勃勃生机。北京茶馆,又可谓是整个社会的缩影,在这里可见众生相,三教九流,士民众庶,无所不有。

知识链接

据说在新中国成立后,老舍先生一直想写一部反映北京新旧社会变迁的戏剧作品,苦于一时找不到一个能集中表现的场景而无法下笔。1957 年的一天,他上街去茶馆喝茶,看到里面人来人往,可以说一个大茶馆,就是一个小社会。于是,创作灵感一下就有了,他以《茶馆》为题,集中再现了老北京 50 年来的变迁。由此说明茶馆是最能反映老北京社会面貌的一个场所。

北京的茶馆很多,有大茶馆、书茶馆、茶酒馆、清茶馆和野茶馆等。大茶馆是档次较高的茶馆,在清代时曾大红大紫,老舍先生的《茶馆》中描写的老"裕泰"茶馆就是此类。大茶馆功能较多,集品茶、饮食、社交、娱乐为一体。大茶馆大都店堂敞亮,轩窗开阔。室内装潢布置十分讲究,一般分为三进,入门为头柜,管外卖及条桌账目。过条桌为二柜,管腰栓账目。最后为后柜,管后堂及雅座账目。茶座都用盖碗,一包茶叶可分两次用,茶钱一天只付一次,如喝到早饭时需回家吃饭,或有事外出,可将茶碗扣于桌上,吩咐堂倌,回来可继续品用。不少茶客把茶馆当成了除家之外最重要的活动场所,每日必到。有些无所事事的人,整天泡在茶馆里消磨岁月,上午即到,日落方归,老北京话称之为"腻子"。大茶馆不仅卖茶,也供应各种点心、吃食。大茶馆根据买卖物品,又可分为红炉馆,窝窝馆,搬壶馆和二荤铺。红炉馆的点心精美,馆内专门制作考究的满汉点心。窝窝馆则专做普通的小点心,面向大众。介于这两馆之间的是搬壶馆,其标志是在门口摆放一把大铜壶。二荤铺则既卖清茶又卖酒,类似于茶室与酒店的合身,一些集体、团伙、帮派往往喜欢到此进行一些非正式的聚会。

清茶馆专以卖茶为主,适合普通大众。因时间不同接待的茶客也不同,早上多为悠闲的老人,大多数的北京老人有早起锻炼的习惯,老北京话叫作"遛早儿"。有些老人还喜欢提着笼儿遛鸟。中午以后,前来清茶馆的人渐渐纷杂,多为各行生意人,也有普通市民,聚在一起谈生意,闲聊,谈论社会新闻。有些清茶馆还定期举行"射虎会",即猜谜活动。有的清茶馆设棋社,茶客可边品茶边对弈。

最有文化氛围的是书茶馆,多上演些老北京的传统曲艺节目,如评书、大鼓、单弦、京戏以及杂耍。演出最多的是评书,一般书茶馆每日演述日夜两场评书。评书表演多在下午和晚上,早上不开书时也卖清茶,开书以后,则不接待专门品茶的茶客。茶客离去时付钱不叫作茶钱,而叫付书钱。茶馆里说的评书,主要有三类,一是长枪袍带书,像《列国》《三国》《隋唐》等;二是小八件书,即所谓公案书,又叫侠义书,如《七侠五义》《施公案》《大宋八义》等;三是神怪书,有《西游记》《封神榜》《济公传》几种。

最具优雅情趣的是野茶馆,这类茶馆多设在郊外村野的风景绝佳处,以幽静清雅为特色,依山傍水,有的在瓜棚豆架之间,黄花粉蝶,新绿满畦,短篱缭绕,蟋蟀轻弹,蛙声不绝,一派怡人的乡村风光。在此饮茶,颇有悠然见南山的田园之趣。野茶馆中有一类是季节性的,一般多设在公园里,在夏季时于临水处搭些茶棚,供游人休息品茶,最著名的要属什刹海的"荷花市场"。

老北京还有一类棋茶馆,多集中在天桥市场一带,茶客以劳动市民和无业者居多。

棋茶馆设备简陋，几根木头半埋于地下，再铺上块木板，上面画十几个棋盘格，便算是棋案，以招徕客人来下棋。茶客可以边喝茶边下棋，边上还有许多围观者，众说纷纭，也算是一乐。茶馆只收茶资，不收棋费。

受蒙古族习俗的影响，北京满族人喜饮奶茶，在旧时，奶茶铺数量很多，规模较小，一般一两间铺面。主要供应奶茶、奶酪等奶制品。奶茶的具体做法是在牛奶中加适量奶油和黄茶、青盐，置于火上煎熬而成。奶茶铺一律白木方桌、条凳，靠墙有一只使用天然冰块的木制冰箱，奶品分层分类放在冰箱里。冰箱内盖块毛蓝粗布，冰箱外也用毛蓝布做箱围。奶茶馆条件虽简陋，但是较为清洁，还飘荡着轻微的奶香。这种奶茶铺消亡于20世纪的20年代末期。

老北京的茶馆种类繁多，功用齐全，与社交、饮食相结合的"大茶馆"，与北京游艺活动相结合的"清茶馆"，与评书等市民文学相结合的"书茶馆"，与园林、郊游相结合的"野茶馆"，都各具特色，北京茶馆文化真是异彩纷呈，丰富无比。

二、上海"孵茶馆"成风

上海是全国各种茶叶销售最大的市场之一，全市有茶叶专营店及兼营业务的商店近600家，专业茶楼、茶庄、茶园300多家。茶叶主要来自浙江、江苏、安徽、福建、湖南、湖北、江西等省。茶叶品种有绿茶、花茶、红茶、乌龙茶等上百种。年老者多爱喝红茶，年轻人喜多饮绿茶，女士们饮茉莉花茶居多。上海饮茶之风甚浓，饮茶者极为普遍，有在家里喝茶，也有上茶馆、茶园喝茶，开会喝茶等。

吃茶是旧上海盛行的一种社交性娱乐民俗形式，他们把吃茶作为一种消遣娱乐的方式，利用喝茶饮水的机会来寻找乐趣，结交朋友，这种活动主要在茶馆、茶楼、茶室中进行，因此人们称吃茶为"孵茶馆"。

上海的茶馆始于清代，是由南市扩展到北市。上海人爱孵茶馆，在光绪年间就有广东人在上海广东路棋盘街北面开设"同芳茶居"，兼卖茶点糖果，店中还制作各种点心。清代王韬在《瀛壖杂志》对茶市风光有生动描绘："豫园中茗肆十余所，莲子碧螺，芬芳欲醉，夏日卓午，饮者杂沓。"

旧时上海滩上茶馆、茶楼的集中地是在豫园城隍庙附近，如宛在轩、春风得意楼、四美轩、春江听雨楼等，后来在租界也出现了一大批茶馆，仅英租界内，就有五福楼、龙泉楼、一洞天等60多家茶馆。

《沪游梦影》中云："夫别处茶室之设不过涤烦解渴，聚语消闲，而沪上为宾主酬应之区,士女游观之所,每茶一盏不过二三十钱,而可以亲承款洽,近挹丰神,实为生平艳福。"当年上海不少著名茶馆茶楼都位于繁华处,来往佳丽颇多,在茶馆里吃茶,既可细品佳茗,又可结交朋友,实在无趣时还可看窗外之车水马龙、红男绿女。既可独自品茗,寻找一份清闲雅趣,在茶中体味人生。也有爱在茶馆里读书看报的,以了解纷纷扰扰的世事。

有些茶客则喜欢结成一伙,约好时间,固定在某家茶楼喝茶,一起闲聊叙旧。新中国成立前的很长一段时间,著名史学家吕思勉每逢周末,他总是约一些志同道合的朋友和学生,到一个冷僻地方的茶室里相聚,一起谈论些历史学习和研究中的问题,称之为"史学沙龙"。一些社会知名人士、文人雅士往往喜欢到茶馆里聚会,称为"茶宴",以茶代酒,以点心代菜。每桌设有绿茶、花茶、红茶三壶,随意挑选,4~6只小冷盘,4道点心。这种风气在新中国成立后逐渐少见,到20世纪80年代改革开放以后,又相继增多。茶馆内是清静放松的,茶馆外是喧嚣热闹的。茶是清香怡人的,而喝茶的人多为洋派人士,这就是十里洋场孵茶馆的魅力所在,传统的古雅与西方的浪漫结合,中西合璧,闹中取静,静中寓动。

一些商界人士,则将茶馆当作谈生意、交朋友、应酬待客的场所。每日清晨,各行各业的大商人都到中高档茶馆里洽谈生意,联络感情。如著名实业家刘鸿生那时就经常出入青莲阁茶楼与人进行煤炭交易。当时还有一种房屋经纪人,俗称"白蚂蚁",也是常来茶馆,了解商业需要的情况,充当房屋顶租的中间人,这种交易多了,有些人干脆把这样的茶馆称为"顶屋市场"。

知识链接

在旧时,有些无聊男子到茶馆里结识异性、寻花问柳,当时上海的一些著名茶楼,"华众会、四海升平诸处,俱四面玻璃,而隔墙窗口皆往青楼,如相识与之语,媚态丛生,众目彰彰,不以为怪。"更有一些妓女,搔首弄姿,逗引茶客。

有些茶馆专设书场,评弹奏艺,王韬《蘅华馆日记》云:"近佐茶肆中,有桂香女郎说平话,甚佳。"一些老茶客经常聚集在这些设有书场的茶馆里听书赏曲,他们对这些书目大都十分熟悉。茶馆对听书上瘾、天天到场的老茶客十分礼遇,有的茶馆甚至在书台入口处设特别席,专供这些茶客入座。这些茶客要茶不开口,只用手势表示,食指伸直是绿茶,食指弯曲是红茶,五指齐伸微弯是菊茶,伸手握拳是玳花,茶馆的伙计,一看就明白。凡外地来上海说书的艺人,总要先到城隍庙的茶楼说上几场书亮亮相,借以扩大影响。

部分茶馆里还悬挂谜条，茶客们可品茗时猜谜，也颇为有趣，人们戏称为"文明雅集"。也有些养鸟的、下棋的、斗蟋蟀的，分集在各家茶馆，自得其乐。有些茶馆则五花八门，无所不有，如青莲阁之类，楼上卖茶，楼下则百戏杂呈，诸如幻灯片、西洋镜、打弹子、珍禽异兽、高矮畸形人等，供人参观游乐。

市民们还喜欢到茶馆里吃早茶。每天早晨五六点钟起，便有众多的茶客来吃早茶。单人独泡一壶或数人合泡一壶，无论相识与否，都以吃早茶相叙或相互传递各种新闻和奇闻逸事为乐。

此外，尚有许多极为简陋的小茶馆叫"老虎灶"，为一般劳苦群众暂坐歇脚、解渴消乏之处，遍布在市区的各个地方。所谓老虎灶，就是卖开水的小店铺，早先这种烧开水的大炉，炉面平整，下面埋口大铁锅，靠里面又砌两口小锅，人们从远处望去，两只小锅像双眼，大锅像老虎的血盆大口，那通向屋顶的高高烟囱，又极似一条竖起的老虎尾巴，故上海人称这种店为"老虎灶"。老虎灶一般设在马路边，桌凳摆在街边，用的是廉价的紫砂壶，茶叶则是叶片大、茶色深的粗茶，来这类茶馆的茶客多为当时社会的下层人物、普通百姓，其中也有为数众多的游民、地痞无赖。

上海茶馆，是一幅绝佳的风俗画，社会上各色人等，均在茶馆出现。异域风情与本土文化的撞击，洋派人士的豪华气派与普通市民的生活气息相交织，形成了富有魅力的上海茶俗。

三、风雅与粗俗并存的南京茶馆

"早上皮包水，晚上水包皮。"这是南京人的俗语，说的是早上去茶馆喝茶，晚上去浴室洗澡，这是许多南京人的习惯。在旧时，南京城几乎每条街巷都有茶馆，据1935年统计，全市有近300家茶馆。过去没有保温瓶，饮茶并非易事，大户人家用木炭风炉烧水泡茶，一般人只有上茶馆，这是茶馆产生的主要原因。据记载，南京茶馆最早产生在寺庙里，后来逐渐普及。六朝时，秦淮河两岸茶铺兴盛，最开始是人们歇脚饮茶之地，后来逐渐发展成各行各业联系交往的场所。在明清时，茶馆遍布南京的大街小巷。夫子庙则是南京历代茶馆的集中地，秦淮河畔，灯红酒绿，人头攒动，自古为风月繁华之所。文人雅士曾在此集会，饮茶之余，吟诗赋词，书生意气，指点江山，高谈阔论，研习文雅，颇得六朝清丽遗风。

到近代，秦淮河畔的茶馆业是社会的缩影图，不仅是饮茶解渴之处，也是南京重要的社交场合。茶馆从黎明时分起,便人声鼎沸,来自各阶层、各方面的茶客们,便端坐在茶馆,或饮茶、或聊天、或看报、或歇脚,也有装作不经意探听别人消息的。赶早市的农民半夜起来后,喜欢泡在茶馆里,三开浓茶"品"下肚,天南地北拉一通,然后再到早市去。有的茶馆在上午时分常有瓦木工人在座待雇或洽谈生意,中午则有许多挑高箩的,将摊满衣服的高箩歇在门前,供人挑选购买。生意人往往也爱在茶馆里洽谈生意,也有在茶馆里坐着打听最新消息的。纨绔子弟们更是饱食终日,在茶馆里谈古论今,自命风雅,借茶馆消磨岁月。另有一些游手好闲之徒,也爱钻在茶馆里,无所事事,借机寻乐,一见有事端起,便煽风点火,趁机起哄,唯恐天下不乱,有时候甚至大打出手。由于茶馆生意兴盛,许多小贩亦来此提篮兜售,卖牛肉干、香干、蚕豆、瓜子、花生、香烟等,甚至还有携包理发的,有在此为人捶背、推拿、掏耳朵的。这茶馆,可谓是各色人等,应有尽有。

人们到茶馆喝茶,同时也吃些点心,这就是所谓的"早茶""晚茶"。茶馆除了经营茶水、茶食、点心外,有些高档的茶楼,还请些艺人前来说书、演唱,楼下是茶馆,楼上是书场,听书品茶任人挑选。有的茶馆分为外围和内围。外围是茶室,内围是赌摊。旧时有些茶馆门前挂着茶客们带来的各式鸟笼,人们一边饮茶,一边听鸟儿鸣唱。新中国成立前,在一些茶馆,常有一批固定的茶客,他们每日必到。这些老茶客往往将自备的茶壶寄放在茶馆,还有人备一小袋松子,边喝茶,边以松子袋摩擦茶壶。久而久之,松子的油香渗入壶壁,茶中便有了淡淡的松子香。

茶馆的服务员,俗称为"茶博士",都是训练有素的,应承十分周到,技艺纯熟。顾客一进来,茶博士手提着茶壶,将壶嘴对准客人,示意请客人吩咐,斟茶时连断三次,俗称为"凤凰三点头",斟完后,再将茶壶对准自己,否则就是对茶客不礼貌。另有茶馆斟茶方式为高冲,茶博士往往右手执一把大铜壶,随唤随到,人到壶到,在离桌面二三尺的高处对准茶盅倾注开水,只见壶嘴猛一向下,再一抬头,茶盅刚好九成满,无一滴泼洒。

南京人对品茶极为讲究,老茶客往往不爱喝第一道茶,称之为"头货子",而喜欢喝"二货子"或"三货子"。为了使头货茶能泡出味来,沏茶时一般先用少许开水把茶叶浸泡一会儿,然后再冲开水。

在夫子庙的大小茶馆均有小吃供应,小吃中离不开包子、烧饼、干丝三大宗,尤以包子最有特色,各色包子中,又以小笼肉包闻名遐迩,老南京人称之为"一条龙"包子。各家茶馆又有着独具特色的食品,各有各的绝招,"得月台"的羊肉面堪称一绝,"奇芳阁"则以纯正的清真口味赢得顾客，"龙门居"的天津小吃、薄饼和拉面享有盛名。

知识链接

　　小说《儒林外史》第二十九回有详细描绘："传杯换盏，吃到午后，杜慎卿叫取点心来，便是猪油饺饵、鸭子肉包烧卖、鹅油酥、软香糕，每样一盘拿上来。众人吃了，又是雨水煨的六安毛尖茶，每人一碗。"吴敬梓生动的描绘，可见秦淮茶馆名点小吃之丰富。

　　在旧时，南京还有戏茶厅。戏茶厅与一般的大戏院不同，一般都有一两百个座位，以演唱京剧为主，兼唱其他地方戏曲或评书。到戏茶厅去，可以一边听戏，一边饮茶，边嗑瓜子，边聊天，十分随意。茶房还需给观众送茶、点烟。戏茶厅内演出形式特殊，是清一色的女子清唱，即使有男角戏也由女艺人反串，清唱的琴师为女艺人的父亲、师傅或丈夫。

四、重在休闲的成都茶馆

　　四川，因其特殊的地理环境和条件，为四川人创造了许多休闲及娱乐场所。这种休闲之风气遍及社会的每个角落。黄炎培在四川旅行时写有一首打油诗，形象地描述了四川人悠闲懒散的生活。

　　　　一个人无事大街数石板，
　　　　两个人进茶铺从早坐到晚，
　　　　三个人猪狗象一例俱全，
　　　　四个人腰无分文能把麻将编，
　　　　五个人花样繁多五零四散，
　　　　回家吃酸萝卜泡冷饭。

　　最能体现其四川休闲特色的地方乃在茶馆，四川的茶馆，特别具有生活化、平民化的气息，在茶馆内说话可以不顾忌他人，可高声畅谈。且可以随意地在店中光着膀子，而丝毫不会觉得有什么不自在。在茶馆里，还可以通过邻座的交谈得知刚发生的新鲜事。成都人的吃茶，也是一种川味。花上一壶茶钱，便可消磨整整一天。大多数的四川人饮的是"闲茶"，他们喜欢喝茉莉花茶，喝完余香满口，香气自缭绕不绝，令人颇有悠闲自在之意。无事倒碗茶，边喝边聊，一边嗑瓜子，边摆"龙门阵"，天南地北，无所不言。即使你中途走开，或加料，或溜达顺气，走时只需把茶碗盖放在椅子上，店家就

211

不收走你的茶,其他茶客也不来占座。

茶馆里的座椅多为竹子制成,有扶手和靠背,高矮适度,移动十分方便,坐垫是用竹篾条编成的,富有弹性,茶客往往扶手靠背,手稳贴身,闭目养神,十分舒适。川人饮茶,多用三件头的"盖碗茶",即茶盖、茶碗和茶船(茶托子)。茶盖、茶碗为瓷器,茶船多用金属制成,中间有一圆形凹坑,茶碗圈脚刚好放入其中。茶碗上大下小,冲水时可将茶叶冲得翻滚,能够较易搅匀;茶盖既可保温,又可用来搅动茶水,调匀茶味。而且隔着茶盖品饮,可免茶叶入口,手端着茶船,又可避免烫伤。在茶馆里有专管泡茶和添水的"堂倌",又称为"么师",在现在则称为"茶艺师"。茶艺师技艺十分高超,可谓是眼观六路,耳听八方,右手提着铜开水壶,泡茶时左手将茶船往茶桌上一撒,再依次放碗掺进开水,盖上茶盖,收钱找零完毕,马上转身去接待其他客人,泡茶、添水、找钱这一系到动作十分连贯,极为灵巧利索。

巴山蜀水的茶馆,不仅是人们休憩的去处,也是娱乐场所。过去凡是比较大的茶馆,都设有曲艺表演,如四川扬琴、评书、围鼓、金钱板、清音、竹琴等,既活跃了气氛,也招徕了更多的顾客。有些川剧"票友"坐唱川剧,放声高唱,自娱自乐,场面倒也十分热闹。如今这种茶馆已经不多了,但依然有少数还保留着这个特色。

茶馆既是休息的去处,也是社交的场所,三教九流,各色人等,皆聚于此地。朋友在茶馆聚会叙旧,清茶一杯,便可畅谈往事;商人在此了解行情,洽谈生意,看货成交;一些知识分子喜欢在茶馆里看书写作;市民们在一天劳作后,也喜欢到离家近的茶馆里小坐会,喝碗茶以驱疲劳;家里来了客人,也有到茶馆泡碗茶,摆龙门阵的。在旧社会,三教九流皆于此相聚,黑社会买卖枪支、鸦片也在此。在茶馆里,还有刮脸、梳辫子和修脚的手艺人在店内侍候着客人。寒暑假期间,茶馆又成为征聘教师的场所。在农村乡场上的茶馆,还是农民赶场期歇脚、休息的好去处。

如今在巴山蜀水的茶馆产生了不少变化,出现了许多设备豪华的高档茶馆,并兼营"泡脚",这些茶房定位较高,消费较高。普通老百姓还是喜欢去大众化的茶馆里泡着,自有一种浓郁的生活气息扑鼻而来。成都被评为我国的"休闲之都",而通过泡茶馆,更能体会到这"休闲"二字的真谛。

成都偏居西南,生活节奏较慢,市民有更多的闲暇时光,一壶茶,就可以坐上一天。日子,就这样简单,却又如此知足。俗话说:"中国茶馆之多数四川,成都茶馆甲天下。"茶馆遍布成都的大街小巷,这些茶馆的川味十分浓郁,有人称其有"四川",即:川味、川风、川情、川俗。"川味"指的是茶堂馆的喊堂有着浓浓的四川方言的味道;"川风"指的是在茶馆要以窥到四川的风土人情,在茶馆里便可以欣赏到各种具有当地特色的曲艺表演,可谓是原汁原味的川文化了;"川情",指的是在茶馆里的人情、风情,在四川茶馆里坐上一天半天,可以体味到平和的市民生活;"川俗",指的是富有四川地域特色的茶俗文化,茶客来自各个阶层,却都散发着川人特有的诙谐幽默感。四川茶馆,正是具有浓厚生活气息的休闲之地,也是展现川人独特的民风民情的场所。

第四节 闽台茶俗的探寻

闽台地区自古交通不便,与外界的交流较少,又居住着一些少数民族和客家人,因而这一地区的茶俗具有较浓厚的民族色彩和鲜明的地方风格。茶种、茶苗曾是福建移民带到台湾的最有纪念意义的礼物。大陆先民还将种茶技术、制茶方法、饮茶之道传播到台湾。闽台的茶俗同属一个类型,没有本质上的区别。

闽地盛产茶叶,有着源远流长的饮茶历史。早在宋代,建州北苑建立御茶园,其茶列为贡品。闽地人十分嗜茶,饮茶之俗也多姿多彩,闽南盛行工夫茶,闽北爱喝擂茶。台湾的一些土著民族,开始并不习惯饮茶,在汉人饮茶习俗风行的影响下,土著居民也逐渐饮茶。台湾的茶俗多受闽人影响,也逐渐形成了自己的茶文化。20世纪70年代,台湾茶业发生了历史性的变化,开始了对现代茶艺的追求,饮茶在宝岛风靡一时,台湾茶俗更趋于广泛和深入,茶艺走入寻常百姓家。

一、闽地茶俗

福建种茶、饮茶的历史至少可以追溯到唐宋时期,陆羽《茶经》中提到福州的方山之茶和建州的武夷之茶,称之为"其味极佳"。宋元明清数代,武夷之茶名声远播,种茶制茶的规模也越来越大。改革开放以后,福建各地生产的茶叶行销五湖四海。福建各地饮茶之风自唐宋以来历久不衰,饮茶之俗也丰富多彩,雅俗共存。福建人普遍有喝茶的习惯,一般而言,福州人好花茶,闽东人喜绿茶,闽北爱喝擂茶,闽南人则爱喝乌龙茶。

闽南人十分爱茶,在民间自古就有"宁可百日无肉,不可一日无茶"的俗语,家家户户都以茶待客,以茶助兴,以茶消遣,以茶娱乐。在许多地方,人们均有早晚饮茶的习惯,一些人对茶的喜欢几乎到了痴醉的地步,对饮茶功夫十分讲究。《闽杂记》卷十载:清代"漳泉各属,俗尚工夫茶。器具精巧,壶有小如胡桃者,名孟公壶。杯极小者,名若琛杯。茶以武夷小种为尚。有一两值番钱数圆者。余必细囫久咀,否则相为嗤笑"。可见闽人饮茶功夫之细致。

> **知识链接**
>
> 工夫茶最早见于记载的是清代袁枚的《随园食单·茶》:"余向不喜武夷茶,嫌其浓苦如饮药。然丙午秋,余游武夷,到曼亭峰天游寺诸处,僧道争以茶献。杯小如胡桃,壶小如香橼。每斟无一两,上口不忍遽咽。先嗅其香,再试其味。徐徐咀嚼而体贴之,果然清芬扑鼻,舌有余甘。一杯之后,再试一二杯。令人释躁平矜,怡情悦性。"至今,闽南各地的饮茶习俗依然如此,有的壶小于拳,盏仅桃核大小,一盏之茶,甚至连"仅供一啜"都不够。这样饮茶,是名副其实的品茶,其中韵味,需慢慢品味。

在闽南人心目中,茶甚至重于酒,客来无茶等于失礼,因此有"寒夜客来茶当酒"的风俗,客人来了,主家会赶紧烧水泡工夫茶,和客人喝上几杯,边喝边话家常。泡茶的时候,先将壶水浇沸,然后将小茶壶及小茶杯烫热。冲泡时,壶口距茶壶约一尺余,斟茶时手却放得很低,称之为"高冲低斟"。一般泡茶好手的温壶、提壶、运壶、斟茶的规程一气呵成,如行云流水。斟茶时,几个茶杯相挨,要来回斟至七八分,谓之"关公巡城",最后几滴茶水也要分满各杯,称"韩信点兵"。主人给谁添茶,谁便要以右手中指、食指三叩桌面。据说当年乾隆皇帝微服出访,为大臣斟茶,大臣们诚惶诚恐,用两指三叩桌面,以示两脚跪地三叩头,以谢皇恩,民间因此相沿成俗。

闽南人饮茶十分讲究细节,注重水、火、茶、茶具等四要素。水一般以清甜纯净的泉水为佳,民间有"山泉泡茶碗碗甜"之说。火以小炉炭火为上,烧水至三沸再置于盖区中冲泡。茶则多为乌龙,如安溪铁观音、水仙、黄旦等上等茶叶。最具特色的是茶壶,闽南人认为,茶具越用越珍贵,老茶壶即使是不放茶叶,也能泡出茶香。

> **知识链接**
>
> 在闽南,还有茶房四宝之说,即潮州炉、开水壶、小茶壶、小茶杯,拥有一套名贵且用的时间长的茶壶,是令老茶客们羡慕不已的事情。闽南人认为,茶具越用越珍贵,长年泡茶之壶,壶内结牙(即茶垢),老辈人说"结牙茶壶"即使不放茶叶也能泡出茶香。

在闽南各地,有饮早茶的习惯,同安俗语云:"清早一杯茶,赛过吃鱼虾。早起茶一杯,胜过吃公鸡。"同安人喝早茶时一般配油条,厦门人则以花生酥、炸枣等为茶配。龙海的双糕润、南靖的升香以及平和的枕头饼等也是很好的茶配。平日吃早餐通常在家中,遇到休息日或待客时也有上茶桌仔(即茶楼茶馆)的。

闽南及闽粤毗邻的人们喜欢食用肉骨茶。肉骨茶,就是边吃猪排骨边饮茶。肉骨选用上等的包着厚厚瘦肉的新鲜排骨,然后加入各种作料,有的还加进名贵药材,放入锅里炖得烂熟,食用的时候,茶客可根据自己的喜爱加入胡椒粉、醋、盐等调味品。茶客入座后,店主便端上热气腾腾的一大碗鲜汤,碗内有五六块排骨,沏上一壶香茶,加一碗白米饭,还有一盘切成寸把长的油条,茶客便边吃肉骨边饮茶。茶类多系福建名茶,茶汤醇厚绵长,馨香清芬,就着鲜美无比的肉骨,真是回味无穷。肉骨茶由老辈华侨传到了海外,成了现在新加坡等东南亚地区的风味小吃。

在闽中福州等地,民间喜欢明前花茶,这种茶叶是以清明前采的青绿茶为茶坯,与茉莉花合制的茶,这种茶福州人几乎家家都有,闽中各地喝茶的茶具一般不如闽南民间那么讲究,大杯小碗都可,一般来说都习惯大口喝茶。

在闽北农村,还有着喝擂茶的习俗,这一习俗主要盛行于将乐、邵武、泰宁、建宁、光泽等地,其中尤以将乐擂茶最具代表性。将乐人一天要喝两次擂茶,人们下班后第一件事就是喝擂茶。将乐的擂茶原料有茶叶、芝麻、花生米、橘子皮和甘草,在夏天时还加入金银花和淡竹叶,冬季则加入陈皮等。闽北各地民间喝擂茶与闽南人吃早茶一样,往往也有茶配,如光泽等地喝擂茶时要配花生、瓜子、炒黄豆和笋干等食品。

千百年来,闽北广大民众始终视擂茶为家珍,凡走亲串戚、朋友聚首、婚丧喜庆等都要喝擂茶。喝擂茶还是乡人的待客礼节,农闲期间,从村头到村尾,妇女们往往三五成群聚集喝茶,并热心地为未婚男女牵线搭桥。在当地,有一句这样的歌谣:"走东家,串西家,喝擂茶,打哈哈,来来往往结亲家。"喝擂茶还是喜庆的象征,生孩子的人家要喝三朝茶、满月茶;初生儿初笑要喝笑茶;幼儿启蒙上学、老人家过生日、儿女找对象等,都要喝擂茶。

在福建各地民间还有以糖茶敬客的习俗,这糖茶又有红糖、白糖、冰糖之分,在大田、顺昌一带乡民每遇客至,都要置一茶杯,放入一块大冰糖,当地人称之为"冰糖茶",此为待客的高礼遇。

二、台湾饮茶的变异

台湾饮茶的发展受到福建饮茶习俗的熏陶极深,初期基本上和福建类似。不过在社会长期发展中,台湾饮茶风尚在保持福建习俗的同时又不断增加新的内容。

台湾的地理与气候宜于种茶,但台湾本来并不产茶。清朝嘉庆年间,福建安溪人自家乡带来茶种,种植于台北县深坑乡,因该地为福建安溪人的聚居地,便积极推广种植。清咸丰年间,台湾开辟通商口岸,茶成了出口商品,于是台湾所有宜于种茶的丘陵、高山之地普遍种茶,台湾是我国重要的产茶区之一,茶叶大量出口。

台湾少数民族本来没有饮茶习惯,自闽粤一带移民增多,茶树广种,台湾饮茶之风日盛。饮茶渐渐成为台湾人的生活习惯。台湾的饮茶方式和茶俗都受到闽粤的影响,又有着宝岛特色。

现在台湾大约有四百万客家人,仍保留着许多客家人的风俗。在花莲县、新竹县、苗栗县的客家人聚居地,有着喝擂茶的习俗。台湾的客家擂茶是将茶叶、芝麻、大米、生姜、胡椒、食盐等原料放在特制的擂钵内,以硬木擂在钵里旋转擂烂成细粉,然后用开水冲泡而成。有些客家人还喜欢加绿豆、紫苏、甘草、香菜等不同配料。

品茶时,茶盘只摆三只茶杯,叠起可含口中而不露。当地有句俗语:"茶三酒四游玩二",意思是说饮茶要以三人为宜,解释是"品"字为三品,三只茶杯正象征着"品"字。即使茶客众多也只摆三不摆四,说的是品茶"一人得神,二人得趣,三人得味"。

台湾昔日茶馆的风貌,只是竹几、竹椅和几把古朴的壶、几个粗实白碗。它林立于大街小巷,散布在乡村都市里,台湾人把这种喝茶的地方称为"茶店仔"。在相当长的一段时间内,台湾茶叶的价格很低廉,一斤大米可以换到一斤茶叶,人们当时就把茶叶称为"茶米"。很少有专卖茶叶的批发商店,专业零售茶叶的商店也屈指可数,内销茶叶大多数是在杂货店内与其他日用品一起出售。

更严重的是,后来有所谓的"茶室",不是以喝茶为主题,而沦为色情场所,有小姐陪坐;有所谓的"茶楼",是以吃饭为主的饭馆;有所谓的"特约茶室",那是供军人消闲娱乐的地方,其中不一定有茶;所谓的"纯吃茶",里面也是以卖咖啡、果汁为主,是一般年轻情侣约会谈情说爱的地方。这些以茶为名的场所,真正的主角不是茶,茶只是陪衬、虚名而已。只是偶然可以看到淡水河边的公园树下有人坐在板凳上喝茶消闲的情景。台北市万华附近的老街上,有一两家茶店,可以泡一杯茶,嗑瓜子、花生,闲聊半天,里面也有讲古的说书人说书,被称为"老人茶店",已经是难能可贵了。

范增平曾把1970年以前的台湾茶文化概括为"单调的,粗俗的",并归纳其特质为:有名无实的茶馆,没有认知的喝茶,没有艺术的品位,不是茶叶的茶。

三、现代茶艺的追求

20 世纪 70 年代台湾茶业发生了翻天覆地的变化,人们开始关注于茶这种传统饮料,政府、民间都提出了品饮茗茶的号召,台湾岛内的饮茶风气逐渐蔓延开来。一些有识之士认为应该以茶这种天然的保健饮料,造就人们和谐、高尚、文雅的行为与生活,进而净化心灵,美化生活,善化社会。他们几经努力,在 1971 年在台北市首先设立了专门售卖乌龙茶及提供品茶的"中国茶馆",但因势单力薄,终难取得大的成效。直到 20 世纪 70 年代中期,茶艺馆如雨后春笋般出现,才真正开始了现代茶艺的追求。

1977 年,一批以娄子匡教授为主的茶饮爱好者,提出恢复品饮茗茶的民俗,有人提出"茶道"这个词,但是,有人指出"茶道"虽然建立于中国,但是日本茶道这一名称大家已耳熟能详,恐怕人们误以为此"茶道"是从日本引进而来;另外一顾虑,是怕提到"茶道"这个词过于严肃性,中国人对于"道"字特别庄重,认为"道"是很高深的东西,要民众迅速接受可能不太容易。于是提出"茶艺"这个词,经过一番讨论,大家同意定案,"茶艺"一词就这么产生了。

知识链接

在同一年,一位喜爱中国传统文化的管寿龄小姐,从法国学艺术回来,在台北开设了一家以中国绘画、工艺品为主的画廊。画廊内提供餐点和茶饮,以茶来美化艺品,把艺术和实际生活拉近,让画廊充满了生活情趣,在此品茗颇有艺术氛围,因此,她把这个空间称之为"茶艺馆"。由于当时正好提出"茶艺"这个词,茶艺馆由此成为普遍的行业名称。

不久,仿古的"中国工夫茶馆"也在台北开张,台湾南部的高雄也新开了几家茶馆。1978 年,台北市成立了茶艺协会。1979 年,"陆羽茶艺中心""仙境茶艺馆""紫滕庐"品茗中心等相继成立,一时间由知识分子所主持的茶艺馆成立了十几家。1980 年是茶文化在台湾蓬勃发展的时期,几乎两三天就有茶艺馆或茶行开业,电视、广播、报纸、杂志也以报道相关信息为重点,有的推出"不喝茶就落伍了"的专集。

1981 年举办了"中华茶艺选拔赛",此后连续举办了全岛性茶艺选拔赛达七次之多。各产茶乡镇、县市每年春季和冬季分别举办"优良茶比赛",以促进茶农生产的积极性。1982 还成立了"中华茶艺协会",协会的成立结合了各阶层的力量,大大地推动了茶艺活动,在 1988 年以前发挥了很大的作用。1988 年之后,台湾的政治情况有了变化,戒严取消之后,人民团体大量成立,而茶艺的活动也就逐渐由大而小,分散到各地进行,茶艺逐渐走入学校、走入家庭、走入普通百姓的日常生活中,成为生活化的休闲活动项目。到1990年,台湾经常饮茶的人数高达1200万。茶艺馆也从1977年的第一家,经过短短的14年,到1991年已达到2000家。此外,台湾还出现了一些适合快节奏生活需要的茶饮,如冰红茶、茶冻、泡沫红茶等,一时间,风靡全岛,尤其受到青少年的喜爱。

现代茶艺的追求,不仅讲究品茗环境、美感与气氛,还要遵循一定的程序,包括备水、备具、备茶、置茶、泡茶、分茶、奉茶、尝茶等,令人产生舒适、安谧、潇洒、愉快之情。借用台湾著名茶艺家范增平先生的话来说:一杯茶要"喝出宇宙奥妙、人情、诗情、乡情"来。"茶艺美学的范围包含很广,涵盖了科学部分和人文学的范畴,哲学、文学、宗教、艺术……都需要涉猎后加以整合。"从事茶艺工作的复兴与发扬,就是要:探讨茶艺知识,以善化人心;体验茶艺生活,以净化社会;研究茶艺美学,以美化生活;发扬茶艺精神,以文化世界。

饮茶风俗在台湾复兴并获得蓬勃发展,原因是多方面的,诸如经济发展的结果,教育的普及,茶艺馆独特的经营形态,深受民众的喜爱,得到社会的肯定。饮茶风俗的回归还有更深层的原因。范增平先生曾分析道:由于社会工业化的结果,乡村人口逐渐流向都市,造成都市的畸形发展,土地价格高涨,暴发户急增,社会充满了拜金主义的思想,一时之间,歌舞升平,奢侈、浮华、挥霍、浪费的风气弥漫。洋饮料大量入侵,原有本土饮料的市场极不稳固。经济发展所带来的文化失调现象,促使一群知识分子开始从传统文化中找寻泉源,迫切希望回归到中国文化的潮流中。于是,要由西方情调进入东方境界发展,茶成为重要的角色。

"茶和中国人的生活紧紧地结合在一起,在悠久的历史中,它的清香和高雅,成为刻画中国的重要形象。"(《台湾茶文化论》)正因为如此,一段时间内,"建立有茶有道的世界","把茶艺带进家庭,让麻将走出家庭","茶艺带入家庭充满温馨幸福",茶艺走入台湾寻常百姓家,茶香飘散在宝岛的每个角落里。

四、台湾茶俗

台湾与大陆的文化是同根同源,茶在台湾人的生活中同样占有重要地位,在婚丧嫁娶、祭祀等礼仪中离不开茶。台湾的茶俗受闽南的影响较深,又有着自己的特色。

台湾人民也喜好工夫茶,在接待外地来的客人时,主人往往会泡上一壶浓浓的工夫茶。初饮工夫茶,倘若不加控制,巡回多家,饮过头恐怕要"醉茶"的,那情形不比醉酒好受。所以,主人会设身处地为来客着想,在敬茶时置备一些糕点蜜饯,喝有茶配的工夫茶谓之"全茶",没有茶配的则叫"半茶"。

知识链接

　　台湾的过年,别具情趣,从农历腊月二十四便拉开了序幕。这一天,家家打扫卫生,有的人家开始换贴新年画、春联。家家户户要准备好又甜又黏的蜜饯、茶料,还要泡沏工夫茶,放到灶台的"司命灶君"前,然后烧香放鞭炮,为"灶君"送行,让他"好话传上天,坏话去一边"。

　　茶在台湾的婚俗中扮演着重要角色,从相亲、定亲到举行婚礼,都离不开茶叶。台湾青年相亲时,男方约定好时间,由父母亲友至少六人以上前往女方家里做客,一般要在中午12点钟以前完成,不能留在女方家里吃饭。男方宾客到达时,女方的小姐则端出甜茶敬给客人。当女方小姐来收茶杯时,喝过茶的客人要给"压茶钱"。通过奉茶、收杯的这一过程,可以增进男女双方的了解。数日后,再通过介绍人传递消息,决定亲事是否能成。若双方有意,即择定时间举行订婚礼,届时男方所送的聘礼中也要有茶叶在内。结婚时,女方的礼物中也要包括茶叶在内。在举行婚礼的当天晚上,新人回到新房后,有闹洞房的习俗。新郎、新娘要准备好甜茶招待宾客,由新娘端着茶盘依照长幼次序奉茶。新娘走到客人面前时,客人要说几句吉利话来祝福新人(最好是四句组成的押韵诗句),再接受奉茶。新人来收茶杯时,客人要将红包放在茶盘上,再用茶杯压住,称为"压钱",一场吃新娘茶活动往往要闹到午夜才尽欢而散。

　　在台湾,许多中老年人一大早就提着一壶茶到土地公和妈祖庙里为神明点茶,先在神龛上摆好三个杯子,再将茶杯注满新茶,此称为点茶,以祈求神灵的护佑。台湾人在祭祖先和神灵时也要用到茶,又因祭祀的对象不同有不同的礼节。祭祀神用酒五杯或三杯,祭祖先用酒五杯、七杯或十杯。祭祀神佛、祖先也用茶水,以三杯为主,也可用清水或干茶代替。祭鬼用酒五杯、七杯或十杯,因为鬼的兄弟多,让他们都能享用。

　　在台湾乡间路上,经常可见在路边的树下或亭中置有一个茶桶,桶上用红纸写有"奉茶"二字,此茶水是专供路上来往行人饮用。原因多为有人因家人或个人有灾病而祈求神灵保佑,许愿若平安即做"奉茶"供路人饮用。有的则是民众为了积功德、助他人而主动设"奉茶",至今在偏僻乡间仍保留着这种习俗。

　　台湾拳馆里的工夫茶一般设左、中、右三杯,以待客人。左边的称为主人茶,中间的称为老爷茶或师父茶,右边的称为客人茶;主人敬茶,客人必须拿右边那杯,如果客人茶被先拿了,须借左边主人茶移到右边客人茶位置上,然后再饮。如果进馆就饮"师父茶",就会被视为寻衅。在端茶杯时,杯底不能擦茶盘边沿;否则,一切比试由此发端。

在新竹、苗栗客家特产的柚子茶,是由柚子和茶制成的。冬天是制作柚子茶的时节,其制作方法是,采下成熟的白柚,放置几天,使柚皮稍软而有韧性时,将柚蒂周围的皮切去一片,挖一个小孔,再从小孔把柚肉挖出,剔除籽、核,挤出柚肉的浆汁,按适当的比例,将茶叶、柠檬、中药材和挤去浆汁的柚肉混合搓匀,填入柚子内,再盖上原先所切的柚皮,用细绳绑牢后,经反复蒸、晒,蒸一回约三小时。蒸后要放到阳光下曝晒,晒时要加压木板,使之逐渐脱水,这样加工过的柚子茶呈圆扁形,干硬如同石头,可保存十年以至二三十年,经久而不变味。食用的时候将柚子茶装在容器里,加入冰糖,用开水冲泡即可,此茶有着柚子特殊的芳香,味清甘而温和,具有降火、止咳、化痰、降压的功效,最适合老人、小孩和妇女饮用。柚子茶越陈越香,但由于制作复杂,一个柚子茶售价高达七八百元(新台币),或千元以上。(《中国民俗大系·台湾民俗》)

知识链接

关于柚子茶的来由,还有个传说故事,相传民族英雄郑成功少时积累了许多茶叶药用偏方,后来率军收复台湾,目睹闽台两岸贫苦百姓遭受瘟疫折磨,就将军中贮藏的陈年柚茶分送给缺医少药的百姓,治好了他们所染的时疫。老百姓为了纪念他,将柚茶称为"成功药茶"。

第五节　粤港澳茶俗的特性

广东人嗜茶极重,人均消费茶叶居全国前列。广东潮汕地区的人们喜饮工夫茶,嗜茶之风如痴如醉。潮汕人十分讲究茶道,基本上家家户户都有工夫茶具。"有潮汕人的地方,就有工夫茶"。

广州人十分注重美食,俗谚云:"生在杭州,食在广州,住在苏州,死在柳州",广州茶馆有着精致美味的糕点,"一盅二件,人生一乐",这是广东人对早茶的描述。所谓一盅二件,是指早茶常以一盅茶配二道点心。粤港两地的风俗相近,同根同源,饮茶习俗也颇为相似。广州人、香港人都视上茶楼吃早茶为人生绝妙的享受。他们所说的喝早茶,实际是吃早饭。粤港人在上班之前,爱到茶楼沏上一壶好茶,再点几道美味可口的点心,一边喝茶看报,一边吃点心。

澳门饮茶风貌的走向,也是我国饮茶习俗的重要组成部分。澳门是我国茶叶重要的中转口岸,澳门人同样也有饮茶的爱好,有许多人都习惯一早上到茶楼喝早茶,一天的生活从浓郁的茶香开始。

一、潮汕茶俗

潮汕地区城乡人民均酷爱饮茶,当地流传着这样的俗语:"能说潮汕话,就必定能讨到一杯茶喝。"人们在饭后空闲、工作之余、家人团圆、亲友相聚时,往往围坐在一起,细细品味工夫茶,《神州三宝歌》把潮汕工夫茶列为广东三宝之首。潮汕人把茶称为"茶米",足见工夫茶在潮汕人日常生活中的重要地位。潮汕堪称全国最讲究茶道的地区,《清朝野史大观·清代述异》里载:"中国讲求烹茶,以粤之潮州府工夫茶为最。"清末爱国诗人丘逢甲客居潮州时,写下《潮州春思》咏茶诗,生动地描绘了潮汕工夫茶:"曲院春风啜茗天,竹炉榄炭手亲煎。小砂壶沦新鹪嘴,来试湖山处女泉。"相传工夫茶创于明代,过去只有富贵人家才能享用。近几十年来,随着人民生活水平的提高,饮工夫茶在潮汕地区已形成习俗,基本上家家都有工夫茶座的陈设。

潮州种茶、喝茶的历史十分悠久,早在宋代的《潮州府志》中就有记载:"凤山名茶侍诏茶,亦名贡。"由于此地独特的宜茶环境,潮州凤凰山孕育出一种奇特的茶树品种——凤凰水仙(又名凤凰单枞),此茶冲泡后香高持久,具有袭人的天然茶香,滋味浓醇鲜爽,饮后回甘力强;耐冲泡。此茶被潮汕人视为大自然的恩赐,远在海外的潮州人对此茶十分喜爱,每次回故乡都要带走几斤,称它为"思乡茶"。

饮工夫茶,先得有一套合格的茶具。包括火炉、水锅、茶壶、茶缸、茶杯等几项。茶罐具主要是红釉紫砂陶制品,盛茶的壶称"冲罐",有两杯壶、三杯壶、四杯壶之分,形式有瓜状、八角形、圆形等多种,一般以扁圆的"柿饼罐"居多。茶杯直径不过五厘米、高两厘米,分寒暑两款,寒杯口微收,取其保温,暑杯口略翻飞,易散热。盛放杯、壶的茶盘名叫"茶船",凹盖有漏孔,可蓄废茶水约半升。整套茶具本身就是一套工艺品,一支小小的冲罐,就有着肩、肚、口、脚、耳、流、盖、钮等八个部位,极尽玲珑清丽之致。炭火以榄核炭为最佳,不但火候好,而且能使水含有一种不可名状的清香。煮水时,茶炉离茶具最好是七步左右,这样水沸后端来冲茶时温度最适宜,这与现在所说的90度的开水冲茶最有利于茶叶中维生素的分解的科学道理是一致的。

冲泡工夫茶,是一种带有科学性和礼节性的艺术表演。先将直柄长嘴的陶质薄锅仔盛上水放在小木炭炉上烧滚,烫洗茶壶、茶杯。然后装茶叶入壶,一般装六成的样子,装茶时,要先将碎茶置于壶底心,周围及近壶嘴处放叶茶,这样茶汤耐冲泡且清亮。在长期的实践中,潮州人总结出一套"冲茶经",谓之:"高冲低斟,刮沫淋盖,关公巡城,韩信点兵。"具体操作是,冲茶时要高举薄锅仔,使水有力地直冲入壶,谓之"高冲"。由于茶叶的涩汁及其他成分,在茶叶面上生成一层水沫,要用茶壶盖刮去飘浮在壶面上的泡沫,此谓"刮沫淋盖"。首次冲,要环壶口边快速淋冲两三周,让茶叶全面均匀地吸水,并立即将茶汤倒掉。从第二次起,才冲饮用茶,但每次只冲一边,依次四边冲齐后,才冲壶心,周而复始,一般不过十冲,就要换茶叶了。每次沏出茶汤,务必点滴净尽。斟茶汤时要缓,持壶要低,以不触及茶杯为度,此谓"低斟"。要循环往复地匀添,不可独杯一次添满,这样能使各杯茶的水色如一,浓淡均匀,不起泡沫,此谓"关公巡城",以示对每位客人都一视同仁。冲至最后,剩余下一点,也要一滴滴分别点到各杯上,是为"韩信点兵",以示主人的深情厚谊,好像韩信点兵、多多益善。

茶叶冲出来后,一般是冲茶者自己不先喝,请客人或在座的其他人先喝。潮汕有句俗语:"茶三酒四游玩二",意思是说饮茶要以三人为宜。在三杯中先拿哪一杯也大有讲究,一般是顺手势先拿旁边的一杯,最后的人才拿中间的一杯。如果直接端走中间那一杯,会被认为是对主人的不敬。

饮茶也是很有讲究的。要先将茶杯小心地端及上唇边轻闻一下,接着轻呷一点仔细品尝,品后一饮而下,但要留些汤底顺手倒于茶盘中,把茶杯轻轻放下,最后还要翕口轻唉两三下,以回味清香。

在潮汕地区,男女老幼,皆酷爱工夫茶,往往用茶来招待客人,当你进村挨户串门之时,可以听到一片热情好客的"食!食!"的劝茶声。在这一片劝茶声中,要提防茶醉。工夫茶十分浓酽,喝多了很可能会喝醉,此谓"醉茶"。

潮汕一带的妇女,有饮用香浓醇厚的"女子茶"的习俗。这种茶的制法是:选用铁观音或凤凰茶,放入带齿的缸体内,用番石榴树削制的茶槌将茶叶擂成粉末,然后加入炒熟的芝麻、花生、香菜、蒜、盐等,拌和后冲入开水。喝时再加入些炒米,便成为香、甜、甘、涩的潮汕芝麻茶。品茶时,还要配上一块潮汕米方,别具风味。

知识链接

潮汕人特别团结,有以茶会友的习俗,俗话说:"有潮汕人的地方,就有工夫茶。"著名作家秦牧写有《敝乡茶事甲天下》一文,便讲述到了家乡的奇特茶俗:"有个潮汕人出差到外地去,遗失了银包,抵步之后,彷徨无计的时候漫步河滨,刚好见到有几个人在品工夫茶,便上前搭讪,要了一杯茶喝之后,和那几个老乡聊起茶经来,这几个人立刻引为同调,问明他的困难后,纷纷解囊相助,并结成新交了。"

二、广州茶俗

广州是我国南方大海港,这里物产丰富,交通便利,山珍海味,应有尽有,有着各种各样的美食小吃,有"食在广州"之美誉。在广州人眼中,饮食是日常生活中的第一大事,吃饭谓之"食饭",抽烟称之"食烟",小孩子嘴馋了叫作"为食",有人去世了,人们往往说"他不食广东米了"。

广州饮茶往往与"食"有关。广州人讲早上饮茶,指的是吃早餐,其他时间段讲到茶楼去饮茶,则表示去吃饭或吃夜宵的意思。广州的茶楼酒家,无论是吃便饭或是摆筵席,都有饭前饭后饮茶的习俗。亲朋好友之间往来,若是要请客吃饭,往往称之为"请饮茶"。据说,广东的菜式和点心,可以达到五千种以上。而"上茶楼",是"食在广州"的特色之一。

清代同治、光绪年间"二厘馆"茶楼就已普遍存在。所谓"二厘",即每位茶价二厘,言其价廉。这种"二厘馆",一般用石湾粗制的绿釉茶壶泡茶,还供应芽菜粉、松糕、大包等价廉物美的食品,顾客主要是一般劳动者。广州还有不少中高级茶楼,如"陶陶居""莲香楼""惠如楼"等,每天茶客纷至沓来,生意十分兴隆。清代康有为常到"陶陶居"品茗,后来还应老板所求题写了招牌,如今仍挂在店里。民国时期,鲁迅客居广州时,也有上茶楼饮茶的习惯,广州人的生活习惯给他印象较深的有两件:一是爱吃翠绿的杨桃,二是爱饮茶和吃点心。他说:"广州的茶清香可口,一杯在手,可以和朋友作半日谈。"

广州人的生活,跟茶楼有密切的联系。交朋结友,消闲遣兴,以及进行各种各样的社会活动,几乎都要上茶楼。广州人把那些经常去茶楼喝茶的老茶客称为"老茶骨"。退休人员说到茶楼饮茶可以"提神",粤剧艺人说可以"润喉",搬运工人说可以"发汗"，手作工人说"上茶楼伸伸腰骨"。茶楼是休憩的地方，在古色古香的茶楼里，或据一席位，泡一盅茶，品尝着小巧别致的点心，浅斟低酌；或与友人相对，一边品茗，一边长谈，海阔天空，无拘无束。

广州人普遍有上茶楼饮早茶的习惯，喝一盅茶，吃几样点心，既饮了茶，也吃了早餐，茶楼的早市往往座无虚席。民间流传着"清晨一杯茶，饿死卖药家"，早上饮茶，有益于健康。广州人一早上见面，问候语往往是"饮茶未啊？"

来到茶楼，服务员首先要"问位点茶"，即：先问有多少客人，喜欢饮什么茶，然后按各人的爱好分别送上桌来。一般说来，普洱、六安等，味较凉和，适宜年纪较大的人；红茶、水仙、寿眉等，较有刺激，适宜中年人；龙井较寒凉，适宜血气方刚的青年。冲泡时，讲究"茶靓水滚"。所谓"茶靓"，就是茶的品质要上乘，能满足茶客的口味；所谓"水滚"，就是泡茶的水要滚，只在这样才能领略到茶的真味。此外，泡茶时还要讲究"高冲低泡"，飞泻入壶；"茶斟八分"，以示有礼。

广州人饮茶时多配以精致点心，一上茶楼，至少也要来个"一盅两件"。各大茶楼每天应市的点心，品种繁多，精美别致，色香味俱全，较常见的有各种肉类烧卖、鲜虾饺、叉烧包、猪油包、猪肠粉、糯米鸡、萝卜糕、马蹄糕等，不下二三十种，有的还每星期更换点心品种。广州人对点心的选择也颇为讲究：春暖季节，喜欢吃些不浓不淡的点心，如干蒸烧卖、娥姐粉果等；火热夏季，多食清淡消暑的点心，如广东水饺、生磨马蹄糕等；到了秋冬季节，爱吃些热气腾腾又有滋补作用的点心，如蟹黄灌汤饺、瑶柱滑鸡包等。饮茶不吃点心，广州人称为"净饮"，净饮是不大受欢迎的，许多茶楼有"净饮双计"的收费惯例，即每位茶价要加一倍。

在广州茶楼，还有一个特别的现象，茶楼的服务员不为客揭茶杯盖冲水，如茶客要添开水，必须自己动手打开杯盖，这就表示需要加水冲。有些外地茶客不明就里，还会认为服务员工作态度欠佳。其实这不揭茶盖是广州茶楼里的一个习俗，这个风俗还是有来由的，据说晚清时，广州旗下街有个恶霸名叫荣寿禄，是朝廷大臣荣禄的族侄，一贯横行霸道，鱼肉乡里，经常向百姓敲诈勒索。有一天，他到石磬茶楼饮茶，因斗鹌鹑赌输了，便设下一个敲竹杠的骗局。隔了几日，他又来此饮茶，偷偷地将一只鹌鹑放在茶盅内，将盖盖上。等堂倌来揭盖冲开水时，鹌鹑突然"噗"的一声，飞出窗外。此时，这个恶霸便以堂倌弄飞了他的鹌鹑为由，令其爪牙将堂倌痛打了一顿，并向茶楼老板勒索赔款三千元，限令三天内交款，否则封楼抓人。号称"广东十虎"的武林高手王隐林、苏乞儿知道此事后，他们路见不平，拔刀相助，打死了荣寿禄，了结了此事。自此,茶楼的茶倌们为避免类似事件发生,他们互通声气,决定从此不再主动为茶客揭盖冲开水。没想到这一改变竟成为一种习俗,沿袭至今。

广州人招待客人时有以茶款待的习俗,不然就有怠慢客人之意。沏茶敬客必须由主人亲自为之,奉茶给客人时,必以双手捧送才算礼貌。如确实难以双手奉茶,也要言明请客人见谅。客人在接茶时也须用双手,一边还要说"唔该"(感谢之意)。饮茶时需举茶杯至胸前向在座者表示敬意和感谢,然后再细心品饮。茶不可喝尽,表示往后还要常来拜候之意。

三、香港茶俗

香港人很早就有饮茶的习惯,产茶的历史十分悠久,可以追溯到两宋时期。北宋末年,中原战乱,不少人相继南移避乱至香港,并开始在山上种植茶树。到明代时,茶叶种植更为普遍。

香港原是个小渔村,居民以广东人为主,在开埠之初,港人多从事胼手胝足的苦力劳动,工余饭后,人们多爱喝上一碗粗茶,以消渴解乏,疏松筋骨。所以在岛上西环一带遍设茶摊、茶档,代应茶水、茶点、大众化饭菜,以方便劳苦大众。当时茶价是二厘钱一盅,故俗称这种茶摊、茶档为"二厘馆",又称"地足馆"。这种茶馆一般天未亮时就开档,到上午十点收市。下午三时再开市,到下午六七时收市,不设夜市。

1845年,"三元楼"开张营业,成为香港最早的一家茶楼。三元楼开张后,生意很是不错,不久又有一位黄姓的商业巨子看中了这行生意,开设了"得云茶楼"。以后陆续有"天香楼"等多家茶楼开业,逐渐形成了茶楼区。

茶楼陈设比茶摊、茶档稍讲究,分楼上、楼下,高级一点的茶楼还有三楼。一般楼下为普通座,楼上为雅座,楼上茶资要比楼下高一倍。茶楼陈设条件虽有所改善,但设备仍较简陋,桌椅普通,座位拥挤,桌面不铺桌布。座位卡上摆放开水壶,顾客可以就便自己添水。卖茶点的服务员,仍将货盘套在颈上,托在胸前叫卖,环境十分喧杂。

20世纪50年代中期,一些酒楼开始兼营茶市,同时又有晚饭、雀局、摆酒席等,一些摆酒席的顾客放弃茶楼,光顾酒楼。新一代茶楼——酒楼装饰得富丽堂皇,又拥有现代化管理,服务周到,环境优雅,在食品制作方面也力求精美。

香港一般普通的茶楼、酒楼饮茶均有四次:早茶、午茶、下午茶、夜茶。早茶在香港很是兴盛,饮早茶相当于吃早点,早晨茶客通常会买一份报纸,然后进茶楼喝早茶吃点心,一边看报纸,既吃饱喝足,又了解到天下大事,物质需求和精神需求都得到满足。

茶楼的午茶市最为热闹,不论老板或打工仔,大都不回家吃饭,而是到茶楼、酒家饮茶用午餐。香港原为英国托管,故生活习惯也有西化的特点,下午茶就是其中一例。下午茶时间在下午三四点左右,此时是茶楼、酒家的空档时间,店家为了做旺这一茶市,茶点、粉、面等比午茶便宜,以吸引顾客。香港人生活节奏快,白天工作非常繁忙,到晚上大多放松自己,到茶楼、酒家喝夜茶、宵夜。旧时的夜茶,三楼设有歌坛,客人在二楼饮茶,可以听到三楼歌弦之声传下。一般夜茶市最迟开到夜间 11 时收市。

茶楼的茶点制作细腻精致,风味鲜美可口,外形很小,种类多样,有小点、中点、大点、特点、顶点各种等级。小点有虾饺、烧卖、叉烧包、肉包、粉果、排骨等,盛装的碟子或蒸笼很小,价钱也很便宜。中点的价钱稍贵,种类有海参等海鲜菜和肠粉。顶点是珍奇的美味,有牛百叶、生肠等。初时的香港还未有自己的货币,日常应用的是清代的银毫、铜板和铜钱。据说,那时虾饺、干蒸等各类烧卖,像婴儿的"拳头仔"一样大,售价跟包点一样,每碟两件值八厘银。客人叫了一碟,只吃一件,余下的可以退回。普通的茶客,多是三分钱左右的茶价,上六七分银的便是大客。当时点心是事先摆在桌上的,后来才发展到盛装在盘中或手推车上,然后送到桌前。客人可以随意挑选自己喜爱的茶点,最后根据桌面所剩碟子的数量付账。

在香港,一般人们在茶楼、酒家饮茶,距品茶还有相当的距离,若要品茶,欣赏名茶的风韵,就要到茶皇厅去领略。茶皇厅的装潢颇具特色,古色古香,环境优雅舒适,还多悬挂名人字画,在此品茗,颇具高雅清静的氛围。

20 世纪 80 年代后期,香港逐渐兴起了新的饮茶方式——茶艺,出现了一批茶艺馆。这些茶艺馆继承和发扬了中国优良茶艺传统,与现代文化思潮相结合,适应港人的生活需要。茶艺馆重在精致品饮,把饮茶当作一种高雅的文化艺术享受。

四、澳门茶俗

澳门是欧洲在东亚最老的经商口岸,早在 16 世纪—17 世纪,澳门已是我国向西方出口丝绸、茶叶的最重要口岸,驰名中外的江西婺源绿茶,就是首先由著名的铁路专家詹天佑的祖辈经澳门运销西方的。澳门还是重要的茶叶转口口岸,大部分外销往欧、亚海外的茶叶,都是经由澳门出口的。1607 年荷兰海船首次自印尼爪哇到澳门,贩茶转销欧洲,从此英国需要的茶叶经澳门从荷兰转运,直到 1637 年英商才转向广州珠江口贸易。台湾茶叶输出始于清同治五年(公元 1866 年),在台采购的乌龙茶也先运往澳门后销售。1869 年美国也经澳门用船将 12 万多千克茶叶装运纽约。以后,台湾、美国等各地需要的茶叶都要通过澳门转销。

茶叶的销售促进了饮茶在澳门的发展。曾主张禁止鸦片的林则徐于1839年深入当时烟路要埠的澳门巡视时，向葡萄牙官员赠送的礼物中就有茶叶。

在20世纪中期，澳门同胞饮茶的风气十分盛行，是市民们主要的休闲活动之一，特别是年长的澳门人，每天都要到茶楼饮茶，饮茶成为他们生活中不可或缺的生活习惯。当时最有名的旧式茶楼有"六国茶楼""冠男茶楼"，以及至今仍幸存的"大龙凤"等。茶叶以普洱茶、红茶、乌龙茶居多，茶客往往人手一壶。

澳门的茶楼每天清晨六点开始营业，此时陆续来喝早茶的茶客纷至沓来，不一会，就占满了各个位置。澳门茶楼供应的茶食，点心多是广式，有虾饺、肠粉、叉烧，各种海鲜等，由服务小姐推至茶客桌边，自由选择。在茶楼的门口，多有卖报纸的，花五毫葡币，就可买四五大张《澳门日报》，茶客们可一边品茶，一边浏览国内外新闻，了解最新资讯。

澳门许多饭店都将娱乐、交际、消遣与茶饮汇于一餐之中，翠亨屯就是一家茶寮、海鲜、酒家的混合体。南湾工人球场内的餐厅，中西食品兼备，还免费供应泡好的热茶，任凭顾客自斟自饮。这种淡酒香茗不仅成了茶楼酒家招揽顾客的绝招，而且也是澳门人的一种享受。

澳门人工作节奏十分快，真正有空暇怡情品茗的人就少了，在中午，一般只有一小时的午间休息时间，打工族常就近到茶楼小坐，喝上一杯醇美的红茶，既解了渴，又提了神，还能放松休闲片刻，正是"偷得浮生半日闲"。

20世纪末，受内地、台湾的茶文化的影响，澳门饮茶逐渐向高层次发展，茶人的民间团体相继成立。风行于港台、大陆的茶艺，在澳门也引起了人们的广泛兴趣。一群酷爱茶艺的中外人士，怀着对茶艺的钟爱，筹建了澳门第一个茶艺组织——澳门茶艺协会，现已举办了多场茶艺表演及活动。

拓展阅读

杭州是全国茶馆行业有名的地区，历史悠久，数量也多。与自然的契合，富儒雅的氛围，是以杭州茶室为代表的吴越茶馆文化的特征。名茶、名水、名山集为一地，儒、道、佛三家互相交融，新风之中好融古俗，这些得天独厚的自然条件和自成体系的文化格局契合在一起，就使杭州茶室的文化氛围更胜一筹。所以，南宋之初杭州大兴茶楼，就陈设雅致，插四时鲜花，列奇松异桧，悬挂名画，以饰店面，瓷盏漆托，很是讲究，促使茶客盈门，生意兴隆。

更难能可贵的是,杭州凡是有名的茶室,风格虽然千姿百态:有的古朴,有的豪华,有的清静,有的精致,但都融建筑、园林、香茶、美食于一体。

杭州著名茶事大多有专用的名泉水:宝石山麓的黄龙洞茶室林木参天,环境清幽,崖壁上石凿的龙头哗哗地吐着清泉;玉泉寺茶室却是另一种韵味,茶室紧傍着长方形的玉泉池,凭栏品茶观赏金鱼嬉水戏波,这些味道都很难用笔墨形容。著名作家梁实秋回忆当年到杭州的品茗,依然情意绵绵,耐人寻味:

我曾屡侍先君游西子湖,从不忘记品尝当地的龙井。不需要攀登南高峰凤篁岭,近处平湖秋月就有上好的龙井茶,开水现冲,风味绝佳。茶后进藕粉一碗,四美具矣。正是"穿牖而来,夏日清风冬日日;卷帘相见,前山明月后山山"。(骆成骧联)

这真是品味到了茶的精绝之妙,具有一种特别的"慧识"。

课堂讨论

1. 就南北茶俗差异而言,你认为文化传统在其中起了什么作用。
2. 根据琴鱼入茶的例子,你认为现在的制茶工艺可能有哪些变化?
3. 茶艺馆兴盛的原因何在? 它能够一直保持兴盛的势头吗?

思考练习

1. 在现代产茶制茶工业的背景下,茶歌茶舞还有其存在的价值吗? 如果要保存这些茶歌茶舞,可能有哪些方法?
2. 台湾现代茶艺的发展过程对传统文化产业化有何启示?
3. 你认为以前的茶馆与现在的茶艺馆有区别吗? 为什么?

第八章　中国茶俗的外传与衍化

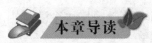

本章导读

中国茶俗除了在地区之间、民族之间的传播,还向国外传播。这种传播,大多是随着茶叶的外传而随行的,并且与该国的民族文化传统和生活习俗相结合。本章论述了中国茶与茶俗外传的概况,而且分别介绍了茶俗在亚洲地区、欧美地区及其他地区的传播、接受、衍化的具体情况。

学习目标

1. 掌握中国茶与茶俗外传的基本情况和特色;
2. 熟悉亚洲地区对中国茶俗的接受与衍化;
3. 熟悉欧美地区对中国茶俗的接受与衍化;
4. 了解其他地区对中国茶俗的接受与衍化。

中国茶和茶俗向世界各国的播散,经历了由原产地到周边地区,然后逐步走向世界的漫长过程。追根溯源,世界各国对于饮茶有逐渐了解认识的阶段,但是,世界的茶名、读音和种茶与制茶技艺、饮茶方法与饮茶之风,都始自具有悠久茶文化传统的中国,这是不争的事实。当饮茶与各国不同的风土人情、生活方式,以至宗教意识相融合后,就呈现出五彩缤纷的世界各民族饮茶习俗。

第一节　中国茶与茶俗的外传

中国茶与茶俗的外传,是一个较为宽泛的概念,包括茶叶的传播,茶树茶种的传播,种茶、制茶技艺的传播,饮茶方式的传播,饮茶习俗的传播,以及茶叶文献和茶道精神的传播等;而且,传播的方式也有不同,接受的程度同样不同,接受国家往往根据各自不同的风土人情和生活习惯,有选择的接受和衍化。

一、中国茶与茶俗的外传渠道

中国茶和茶俗初传的时间,由于时代久远,实物难寻,文献记载语焉不详,给后人增加了极大困难。中国茶最早向外传播的时间,有人认为在汉代,理由有二:一是中国在汉代巴蜀地区正普遍兴起饮茶之风;二是汉代丝绸之路通向西亚乃至欧洲,长安南接巴蜀,随着丝绸之路的开辟必有茶的外传。不过,这一论点属于推论,并无明确史料记载。因为当时黄河流域饮茶尚属稀见,国内尚不普遍,外传的可能性也就更小。当然,也不排除少数茶叶外传的个例。所以,这种论述只能作为一家之言,还需要进一步资料的佐证。而且,中国茶传往世界各国的方式是多种多样的,纵观历史,其渠道有:第一,通过来华的僧侣和使臣,或者民间的交往,将茶带往周边国家和地区,并使茶叶生产技术和饮用方法得以流传;第二,通过派出的使节以馈赠形式,将茶叶作为礼品与各国上层交换,由于上层的嗜好而影响各界;第三,通过贸易往来,将茶叶作为商品向各国输出,并与各国的文化传统、饮食习惯融合起来,使中国饮茶之风成为全球性的风尚。茶叶传播方式是多元的,是累积式的,是多种源头的汇合。

知识链接

中国茶叶是海陆并进地传播到世界各地的,因此,世界各地对茶的称呼也有两种:由海路传播的发音发 Te,来自闽南语系;由陆路传播的发言为 cha,来自华北语系。陆上茶叶之路与海上茶叶之路,只是一种大致的划分,不同的地区和时期又呈现不同的状况。而且,海路和陆路往往并行不悖,像中国茶传入朝鲜半岛,就既有船舶的运送,又有由东北直达的陆路。

二、陆上茶叶之路的走向

陆上茶叶之路呈现扇状地辐射:东方首先进入一衣带水的朝鲜半岛,南方由产茶地直接传入相邻的南亚国家,北方以山西、河北为枢纽,经过长城,穿越蒙古,通向俄国。最漫长的陆路,是由西南、东南的产茶地将茶叶向长安集中,然后以新疆地区为中继地,经过天山南北通向中亚、西非和地中海地区及欧洲各国。这几条陆路只是大致的划分,其间还有交叉的关联,像通向俄国的陆路,有时直达欧洲腹地。

当饮茶之风东渐之际,最早传入的是朝鲜半岛,起码不会迟于新罗王统一三国的新罗时期。据《三国史》记载:新罗 27 代善德女士(公元 632 年)时代,有位留唐的韩国和尚带去中国茶种,种于韩国河东郡双溪寺。公元 668 年,驾洛国末代君仪衡投降新罗后,首露 57 代子孙赓世级于行祭时,已用茶为祭品。公元 828 年,朝鲜派到中国的使者金大廉也由中国携回茶籽,种于智异山下的华岩寺周围。当时朝鲜教育制度规定,除四大必修课"诗、文、书、武"外,还必须研习茶艺。

中国与俄罗斯连接的陆上茶路,可以追溯到 15 世纪。早在 1567 年,俄国就报道茶是神奇的饮料。而茶进入俄国的明确记载,是明朝万历四十六年(公元 1618 年),中国公使经过蒙古,穿越西伯利亚,历经 18 个月的艰苦路程,携带数箱茶叶送给沙皇。此后,1638 年,蒙古的俄国公使买到茶叶,帝俄使臣墨索维也从中国带走 4 普特茶叶至莫斯科。1687 年,中俄订立《尼布楚条约》,中国茶叶不断地经满蒙商队运往俄国。清雍正五年(公元 1723 年),中国与俄国订《恰克图互市界约》11 条,大批山西人由张家口贩运烟、茶等杂货前往贸易。同年,因茶叶适合俄国平民嗜好,又容易搬运,俄商输入 25102 箱,值 10041 多两银圆。1727 年,俄国女皇派遣使臣萨华来北京,申请通商,订立《恰克图条约》,茶叶贸易成为常态。当时,茶叶先由马匹运到张家口,然后改用骆驼送往恰克图。商队通常有 200~300 匹骆驼,每匹驮四箱茶叶,每箱重 16 普特600 磅。商队到恰克图 11000 里的路程,还要横穿 800 里的戈壁,往往路上要走 16 个月。因此,这条陆路被称为"万里茶路"或"万里茶道",成为贯通亚欧大陆的重要动脉。1735 年,女皇伊丽莎白建立的私人商队也往来这条道路运输茶叶。1753 年,女皇还亲自出席华茶陆路运抵俄国的开幕典礼。到 1890 年,中国销俄茶叶占茶叶出口总值的 38.44%,出口砖茶几乎全部销往俄国。

此外,根据近些年的研究,还有一条从中国云南途经缅甸、印度,转入中国西藏的一条运往云南沱茶的商路。虽然这条"新茶路"的起终点都在中国,但因途经缅甸、印度,实际上也是中国茶叶外传的陆路之一。

三、海上茶叶之路的走向

海上茶叶之路与陆上一样也具有时代特征。茶叶的海上之路,与陆路的扩散有相似之处,最早是通向一衣带水的日本。虽然存在中国茶叶汉代传入日本之说,但真正有明确记载的起码在唐代。仅公元630—894年,日本来华的遣唐使有关记载就有19次。其中的留学生、学问僧,成为将中国茶和茶俗传播的主要人员。如来华学习的日本高僧最澄和空海,就被视为从中国掌握技艺的,到日本种茶,成为日本栽茶的始祖。不过,由于日本内战爆发,茶俗在200年间一度衰落。直到宋代,中国的抹茶法传入日本,才使茶道真正发展起来。

公元1168年和1187年,日本禅师荣西两次来到中国,把茶种和茶技带回日本,茶道也在模仿中国茶会的基础上发展起来。历史上奈良西大寺的献茶盛会,对日本饮茶之风的盛行也起了重大作用。中国茶叶刚传到日本时被视为珍品,只供少数人饮用。在700年前,西大寺的睿尊上人倡议:"上品之物,要广为普及",才开始为一般人饮用。每年在春秋季节选择两天,在奈良西大寺举办大规模的献茶盛会,从全国各地来赴会者达三千人左右。该寺的茶碗比一般茶碗大30倍(重2~3公斤),一碗茶可同时供多人轮流传饮。饮茶前,人们先一字排开,盘腿而坐,饮茶时则跪着,据说喝了这种茶能"除邪壮五脏"。独具一格的西大寺饮茶方法,现为日本茶道重要流派之一。

到了日本南北朝时代,"唐式茶会"在日本流行起来,唐式茶会简称"茶会"。茶会的内容富有中国情趣和禅宗风趣,最初流行于禅林,不久便在武士阶层中流行起来。日本南北朝时期的《吃茶往来》和《禅林小歌》详细描绘了当时流行的唐式茶会的内容。唐式茶会大致是按照如下次序进行:

第一,点心。即当会众聚集后,请入客殿,飨以点心。所谓点心原是禅宗的用语,是在两次饮食之间为了安定心神所食用的轻微食品。点心中所用的各式各样的羹类、饼类、面类都是由来华的僧人带回日本的。客人们互相推劝:"一切和中国的会餐无异。"点心用毕,会众起座,或休息窗边,或闲步庭院。

第二,点茶。会众点心稍息后,进入茶亭入座,便举行点茶仪式,"亭主之息另献茶果,梅桃之若冠通建盏,左提汤瓶,右曳茶筅,从上位至末座,献茶次第不杂乱"。

第三,斗茶。点茶以后,为了助兴,玩名为"四种十服茶"的游戏,称为斗茶,以赌胜负。形式是沏好各种各样的茶,大家喝后猜测是否是日本某地区产的茶,藉以定胜负。斗茶之法在中国宋朝就已盛行,日本的斗茶之法就是来源于中国,只是方法上略有区别。

第四,宴会。在点茶仪式和斗茶之后,撤去茶具,另陈佳肴美酒,重开宴会,歌舞管弦,余兴盎然。

整个唐式茶会进行过程中,点茶、斗茶是在茶亭中进行。茶亭按照中国风格设在风景幽美的庭园内,使人可以眺望远方的景色。茶亭的正面装饰着释迦、观音、文殊、普贤等佛画。在各隔扇和墙壁上张挂许多宋、元名画家所绘的人物、花鸟、山水画轴。另在茶亭的一角围以屏风,设置茶炉煮茶,配以精致的茶具装点其间,在客位、主位的席上陈设胡床、竹椅等,完全是中国式样,这和以后形成的茶道中的"数寄屋"类似。

虽然唐式茶会所用的点心、点茶方法、器具、字画等都是典型的中国式,每一内容陈设都是模仿了中国式样,但古代中国并无这种形式的茶会。例如,宋代茶肆盛行,与酒肆则截然分开。而日本是把中国饮茶的习惯、风味食品、禅宗风趣、园林亭阁融于唐式茶会之中,这是中国文化在日本的重新分解和组合,它对于母体文化来说,处于类似又不类似之间,并由此走向创新之路。

而海上茶叶之路最主要的通道是:通过南海,沿印度支那半岛,穿过马六甲海峡,通过印度洋、波斯湾、地中海,运往欧洲各国。这条茶叶之路的主航道,至少在公元7至9世纪的唐帝国就开辟了。当时,扬州、明州(今宁波)、广州、泉州等港口专设市舶司管理海上贸易,茶叶也在对外贸易之列。宋元期间,广州、泉州通南洋诸国,明州有日本、高丽船舶往来,陶瓷和茶叶成为主要出口商品。

明代,郑和七次下西洋,航程遍及东南亚、阿拉伯半岛,并直达非洲东岸,使茶叶的输出,茶种的外传更为扩大。我们可以清晰地看到繁忙的海上茶叶之路的航程:公元1517年,葡萄牙海员从中国带去茶叶。1560年,葡萄牙传教士克罗兹神父将中国的茶叶品类及饮茶方法等知识传入欧洲。明神宗万历三十五年(公元1607年),荷兰人开始从海上来中国澳门贩运茶叶到印度尼西亚,1610年,荷兰直接从中国运茶回国,并在欧洲销售。1637年,英国船长威武专程率船东行,首次从中国直接运去茶叶。到清顺治、康熙年间,中国茶叶作为大宗货物出口。英国商人从厦门、广州购买大量茶叶,除国内消费,还转运到美洲殖民地。1644年,英国还在厦门设立专门贩茶的商务机构。后来,瑞典、荷兰、丹麦、法国、西班牙、德国、匈牙利等国商船,每年都纷纷从中国运走大批茶叶。1650年,荷兰人贩运中国茶叶到达北美。

到19世纪,中国茶叶的传播几乎遍及全球。1840年的鸦片战争之前,茶叶占中国全部出口商品的五分之三左右。1886 年是中国历史上茶叶输出最多的一年,出口量达到 268 万担。

综上所述,虽然是中国茶叶外传的情况,但在茶叶走向外国的同时,也把中国的茶文化,特别是饮茶风俗传播到各地。由于各国文化传统的不同,中国饮茶风俗在被接受的同时,也会发生不同的衍化,呈现出不同的风貌。下面各节,我们将按照地区和国家作一些介绍,最后总结其主要规律。

第二节　亚洲地区的茶俗

亚洲作为七大洲中面积最大、人口最多的一个洲,有 48 个国家和地区,可分为东亚、东南亚、南亚、西亚、中亚、北亚等区域。由于地域广阔,文化和民俗差异大,茶俗也极不相同。

一、日本茶道

日本的茶俗,集中体现在茶道。正式首创日本茶道的是 15 世纪奈良称名寺的和尚村田珠光,后有其门徒千利休(公元 1522—1591)集其大成,把中世纪茶道真正提高到艺术水平上。千利休把深奥的禅宗思想渗入茶道之中,提倡朴素廉洁,奢侈有害,生活恪守清寂的原则,把茶道作为陶冶性格的修身方法。为了贯穿这一思想,在茶道过程中进行了一系列改革:改茶室北向为南向,滑门为雪白纸糊,室为小间,平面布局紧凑,分床前、客、点前、炉踏达等五个专门地方,同时分出蹒口、茶道口、贵人口、给仕口等出入口;窗孔小而多,不对称,有连口窗、地下窗、夹上窗、圆窗、色纸窗、火灯窗等;造材天然特色,具有茅舍风格,农家风范。通道狭小,安有石灯笼、篱笆、踏脚石和洗水盆。碗用乐茶碗,行茶道时定有"四规"和"七则"。所谓"四规",指的是"和、敬、清、寂";所谓"七则",即:点茶有浓淡之分;茶水温度要按季节的不同而改变;煮茶的火候要适度;使用的茶具要保持茶叶的色、香、味;备好一尺四寸见方的炉子;冬天炉子的位置要摆得适当并使之固定;茶室要清洁并插花,花的品种要与环境相匹配,以显示出新颖、清雅的风格。

茶道由四个要素组成,即宾主、茶室、茶具和茶。参加茶道的人叫"茶人",要有一定经验和训练。茶室的大小不一,形状多样,但千利休提倡的四个半贴的草庵小茶室最理想。茶室要有幽雅自然的环境,布置得简朴而优雅,往往挂着与茶事主题有关的禅语挂轴和名贵字画,室内有插花装饰,供宾客欣赏。古老茶具多为"乐烧茶碗'和茶盘、茶盖、茶勺、茶桶、斫茶锤等,另有炭火茶釜和煮茶用的小坛,以及炭斗、火箸、灰匙、风炉等。茶具要四季应时,并且多系历史珍品。茶是精致的绿茶末,用石臼研制而成,称作"抹茶"。茶道有讲究的礼仪规范:进茶室,宾客要脱鞋躬身入内,表示谦逊。而主人则跪在门前迎接,以示尊敬。客人就座后,宾主致辞,观赏茶具。接着,主人开始生火、加水、拂拭茶具,然后煮茶、冲茶、敬茶。水煮沸后,用轻轻的动作冲茶小半碗。主人用双手捧起,敬献给客人。宾客品茶时也要双手捧碗,从左向右转一周,以示拜观茶碗。喝茶时一定要三口喝尽,最后一口还应发出轻轻的响声,表示对茶的赞美。茶有两种,一种是深绿色的浓茶,味道清香略苦,要轮流饮;一种是淡茶,每人一碗单饮。有的茶会还有甜点心和简单素食,称为"怀石料理"。客人们都饮完后,一一向主人道谢,茶道仪式即告结束。"要点一碗茶,若从单纯的制作角度上来讲,也许只需要两三分钟,可是,若想要通过点在碗茶的动作来表现大自然的循环运转的过程,来体现东方思想文化之深厚的内涵就不是短短几分钟所能完成的了。所以,在日本茶道里,完成一套规格高的点茶技法需要一个多小时,最简单的也得 20 分钟。就这样,东方的哲学思想赋予了点茶技法以丰富的内容,使得烧水刷碗等日常行为有了严格的规范。反过来说,以深厚的东方哲学思想为根基而设定的点茶技法,简洁准确,外柔内刚,有礼有节,阴阳顿挫,令人百看不厌。日本茶道真可谓为东方思想哲学的宠儿与骄子"(东君《日本茶道的神髓》)。日本茶道遵循的是"四规""七则",但根据迎客、庆贺、欢聚、叙事、赏景、论学等不同内容,其仪式也略有差异。而且,随着时代的变化,日本茶道中的繁文缛节都做了改革简化,现在普通茶道多用茶会的形式进行。

"茶道"就这样兴盛起来了,经过江户时代进一步得到了发展,形成了师徒秘传的嫡系相承的组织形式。到了 18 世纪的江户时期,"茶道"的限制就更严了,继承人只能是长子,代代相传,称为"家元制度"。现代的茶道由数十个流派组成,各派都推举了自己流派的家元。最大的流派是以千利休为祖先的不审庵(表千家流)、今日庵(里千家流)和官休庵(武者小路千家流)的"三千家",其中以"里千家"影响最大。据统计,在日本学习茶道礼仪的 1000 万人中,就有六百万属"里千家"。"三千家"的传承关系是:千利休死后,由其子少庵继承;不久,少庵隐退,由千利休孙子千宗旦接任,重振了千家这一派;千宗旦又有三个儿子,分别承继祖业。宗左继承了宗旦的不审庵,这支叫"表千家";宗室在不审庵内侧建立了今日庵,这支称为"里千家";另外,宗宋那支一度离开茶道,之后在武者小路建立了官休庵,叫作"武者小路千家"。根据"家元制度","三千家"也都是长子继承,名字也和上代一样,只标明几世或几代,斋名有所不同,以示区别,例如现在的里千家家元也叫"千家斋",十五世称"鹏云斋"。

除"三千家"外,日本茶道流派还有薮内流、乐流、久田流、织部流、南坊流、宗偏流、松尾流、石州流等。要学茶的人们,在各自的流派入门,跟有教授资格的茶人不断修行,到一定的年限,从家元那里领得证书,认可各种门第资格,家元通过多层重叠的中间教授统辖着全国的茶人。茶道靠这种方式代代相传,经久不衰。

由于茶道的盛行,日本人普遍喜欢饮茶,认为饮茶有助健康,可以延年益寿。近些年,日本茶叶消费的品种也有变化,除传统的绿茶外,乌龙茶急剧增加,有的对普洱茶、茉莉花茶也很喜欢。茶的包装正向多样化、现代化发展,如袋泡茶、速溶茶、罐茶水等都受到欢迎,以方便卫生为原则的"第四代方式"在改变旧有的风俗习惯。

二、韩国茶礼

韩国茶礼又称茶仪,是大众共同遵守的传统的美风良俗。茶礼源于中国古代的饮茶习俗,但并不是简单地照搬、移植,而是把禅宗文化、儒家与道教的伦理道德,以及韩国传统的礼节融汇于一体所形成的。早在一千多年前的新罗时期,朝廷的宗庙祭礼和佛教仪式中就运用了茶礼。创建双溪寺的真鉴国师(公元755—850)的碑文中,就记载了有关茶的习俗:"如再次收到中国茶时,把茶放入石锅里,用薪烧火煮后曰:'君不分其味就饮。'守直忤俗都如此。"

在高丽时间,朝鲜半岛已把茶礼贯彻于朝廷、官府、僧俗等各个不同阶层。最初盛行点茶法,就是把膏茶用磨磨成茶末儿,此后把汤罐里烧开的水倒进茶碗,用茶匙或茶筅搅拌形成乳状后饮用的方法。到高丽末期,有把茶叶泡在盛开水的茶罐里再饮的泡茶法。当时,高丽朝廷举办的茶礼大约有九种:一是燃灯会,每年农历二月十五日,在宫中康乐殿的浮阶里开的燃灯会中举行茶礼;二是八关会,即每年农历十一月十四日,在宫中仪凤门阶梯底下的浮阶中开的八关会举行茶礼,也有的在农历十一月十五日举行茶礼;三是在重刑奏对仪式时,茶礼在内殿举行;四是迎北朝诏使仪式,在乾德殿举行茶礼;五是在祝贺太子诞生的仪式中,茶礼是在宫中厅幕里简单举行,宾主揖让就座上茶;六是在给太子分封的仪式中,茶礼在东宫门竹席上举行;七是在分封王子、王姬的仪式中,在大观殿举行茶礼;八是在公主出嫁时的仪式中,在宫中厅幕举行茶礼;九是在宴请群臣的酒席仪式中,在大观殿举行茶礼。高丽时期的佛教茶礼表现是禅宗茶礼,其规范是《敕修百丈清规》和《禅苑清规》。当时高丽的佛教有五宗,即法性宗、戒律宗、圆融宗、慈恩宗、始兴宗;加上台宗、禅宗,则共七宗。其主要茶礼内容有:后任住持起义时举行尊茶、上茶和会茶仪式;寮元负责众寮的茶汤,水头负责烧开水;吃食法中记有吃茶法;农历四月十三日摆严会上茶汤,四节秉拂中有献茶,记有吃茶时的敲钟,点茶时的扩版和茶鼓的打鼓法。《禅苑清规》中赴茶汤、茶会邀请书,为知事和头首的点茶,感谢请喝茶等的记载,可看出当时佛教茶礼一斑。还有,朝鲜儒教也讲茶礼。宋朝朱熹的文公家礼传到高丽时是忠肃王代。当时,郑梦周、赵浚、李崇仁等力劝国王采用朱子家礼。总之,当时流行的茶礼,以"官府茶礼代表,还有宗教茶礼的信仰体系——在佛教里按照禅宗《百丈清规》《禅苑清规》举行的茶礼;在儒教里靠连接濂洛关闽学统的初期性理学者们,按照朱子的《家礼》举行的冠婚丧祭的茶文化"。(韩国孙旻伶《韩国茶礼史的考察》)

韩国提倡的茶礼以"和""静"为根本精神,其含义泛指"和、敬、俭、真"。"和"是要求人们心地善良,和平共处,互相尊敬,帮助别人。"敬"是要有正确的礼仪,尊重别人,以礼待人。"俭"是俭朴廉正,提倡朴素的生活。"真"是要有真诚的心意,以诚相待,为人正派。此外,传统的茶礼精神还包括"清、虚"。但韩国茶礼侧重于礼仪,强调茶的亲和、礼敬、欢快,把茶礼贯彻于各阶层之中,以茶作为团结全民族的力量。所以,茶礼的整个过程,从迎客、环境、茶室陈设、书画、茶具造型与排列,到投茶、注茶、茶点、吃茶等,均有严格的规范与程序,力求给人以清静、悠闲、高雅、文明之感。

三、印度的茶规

印度虽然从18世纪末开始才由中国引进茶籽试种茶树,但是印度曾多次派人来华采集茶种,招募种茶与制茶技术人员,且发展势头非常迅猛,至1839年伦敦茶叶拍卖市场已有印茶出售,1869年已是"印茶之名重噪于世"。

同时,印度兴起饮茶之风也与中国关系密切。印度人知茶是由中国西藏传播而去,有人估计唐宋之时印度人已开始了解中国吃茶之法。虽然印度盛行饮茶始于本国种茶、制茶之后,却后来居上,近几年消费量达50万吨。印度人喜饮浓味的加糖红茶,不过也有多种不同的嗜好:一是调味茶,以羊奶与红茶汤各占二分之一的比例调和。当红茶煮好以后,放进一些生姜片、茴香、丁香、肉桂、槟榔和肉豆蔻等,以提高茶的香味和营养成分。这种调味茶源于西藏喇嘛寺中诵经时喝的奶茶,因印度人信仰佛教,故纷纷效仿。二是马萨拉茶,其制作方法是在红茶中加入姜或小豆蔻。虽然该茶的制作方法非常简单,但喝茶的方式却颇为奇特:既不是把茶倒在杯中一口口地喝,也不是倒在瓢筒中用管子慢慢吸吃,而是习惯把茶倒在盘子里,伸出又红又长的舌头去舔饮,所以当地人将这种茶饮又称舔茶。

在印度,同样有用茶待客的习俗和茶规。印度北方家庭喜欢喝茶,客人来访,主人先请客人坐到铺在地板上的席子上,男人必须盘腿而坐,妇女则双膝相并屈膝而坐。然后,主人会献上一杯加了糖的茶水,并摆上水果和甜食作为茶点。献茶时,客人不要马上伸手接,而须先客气地推辞、道谢。当主人再一次献茶时,客人才能双手恭敬地接住。于是,一边慢慢品饮,一边吃着茶点,一边亲切交谈。整个献茶和品饮的过程中充满着彬彬有礼、轻松和谐的气氛。

四、巴基斯坦的茶风

位于南亚次大陆印度河流域的巴基斯坦,由于气候旱热,雨量稀少,又多食用牛羊肉和乳类,而且居民几乎为清一色的穆斯林,森严的教律规定不许酗酒,所以成为一个饮茶盛行的国度。

无论繁华的城市,还是贫瘠的乡村,家家必备茶叶,人人皆饮茶水,养成了以茶代酒、以茶消腻、以茶提神、以茶为乐的饮茶习俗。巴基斯坦人有"一日三茶"之说,吃饭和喝茶几乎成了不能分割的连用词与同义语:早餐又称早茶,食品有煎蛋饼、水果、面包、茶水和牛奶。午餐为咖喱米饭、水果和面包,还有茶水。吃晚餐也得饮茶,有的临睡时也要加饮。在各地,客来敬茶成为普遍的礼仪,工作、劳动、聚会或休息、消遣、社交也离不开茶的助兴。所以,家庭主妇每天第一件事是为全家烹煮红茶,一些大型单位也有专人为职工烹煮和送茶,所有饭馆、冷饮店几乎都有茶水供应,还有专供低收入者投钱取饮的露天茶摊。

巴基斯坦原为英国的属地,1947年才获得独立,所以饮茶风习既有民族的特点,也带有英国的色彩。饮茶使用的器具,有开水壶、茶壶、茶杯、茶托、过滤器、糖杯、奶杯和茶盘等。多数人爱好红茶,有的采用沸水冲泡,但大多以煮饮为主,即先将红茶放在开水壶中烹煮几分钟,然后用过滤器将茶渣滤出,茶汤注入茶杯,加入牛奶和白砂糖搅拌后再饮,也有的不加牛奶而代之以柠檬片。在西北高地和靠近阿富汗边境的居民则酷爱绿茶,同样有的采用烹煮的方法,加糖或牛奶沏制,这与牛奶红茶调制方法大体一致。

而且,巴基斯坦饮茶时还要配以茶点。如他们在下午四点饮用的午后茶,茶水熬好后要加入牛奶和砂糖,品饮时还要摆出品种繁多的茶点,有水果、色拉、油煎菜、肉馅饼、煎豆丸子、鹰嘴豆、青椒和香料等。以茶待客时,往往送上夹心饼干、蛋糕之类的点心,颇有点类似中国广东"一茶两点"的风习。

由于饮茶成风,巴基斯坦人均年消费茶叶近一千克,最高者达五千克以上,全国年消费约十万吨。由于茶叶全靠进口,所以年茶叶输入量与消费量居世界第三四位。

五、安达曼海滨的茶习

在东南亚的中南半岛,安达曼海滨有两个美丽的国家:一个是缅甸,一个是泰国。目前人们普遍认为,缅族和泰族是从中国大陆南下(约公元9～10世纪),进入印度支那半岛的。这些民族早在史前时代就同中国南部和西南地区的包括汉族在内的各族居民有着很深的交往。正因为如此,这两个国家早就受到中国茶文化的熏陶,形成了自己独特的饮茶习俗。

印度支那地区的茶树,是与中国茶树有某种关系的阿萨姆种的高大茶树。这一地区的原始居民制造了一种"嚼茶",被称作"莱贝"或"米恩"。在缅甸和泰国,缅族、掸族、寮族(泰国的犹安族)等各民族是嚼茶的主要消费者。嚼茶的食用方法是,先将茶树的嫩叶蒸一下,然后再用盐腌,最后掺上少量的盐和其他作料,放在口中嚼食。这种吃茶的方法,与中国云南少数民族所制腌菜颇为相似。

当然,泰国和缅甸也有自己不同的饮茶习惯。在泰国,人们特别喜爱喝冰茶。到泰国人家里做客,主人要为客人端上一杯冰茶或冰水果汁。在饭店用餐前,侍者也是端来滚烫的热茶,接着端来盛满冰块的盘子或高脚杯,把冰块放到热茶中。少顷,热气腾腾的茶便冷却了,人们就舒适地呷起来。不仅喝茶放冰,泰国人饮用其他饮料,如可口可乐、柑汁、啤酒、咖啡也放冰块,吃西瓜或菠萝等水果不仅放冰块,还要沾着盐水或辣椒末吃。

在缅甸的婚俗中,还有一些与茶有关的风习。例如,"苦茶待客":缅甸崩龙族的青年男女自由恋爱,夜晚小伙子们纷纷到自己所爱慕的姑娘家串门聊天。到女家后,小伙子请姑娘嚼槟榔,姑娘则以苦茶待客。闲谈要经过女方同意,不得冒昧进行,而且时间不可过长,约一小时左右小伙子便要知趣告退。缅甸当罗族则有"饮茶离婚"的风俗;夫妻要离异,先由村寨父老出面调解。调解无效,双方同到头人家中饮茶,支付茶资后即算离婚。离婚后财产的处置办法一般是,个人财物,物归原主;共同财物男女各半,或者是让主动提出离婚的一方放弃财产离开家庭。子女多随母亲,征得母亲的同意后亦可随父。

六、新加坡、马来西亚同嗜肉骨茶

位于东南亚的新加坡和马来西亚,都有共同的嗜好:吃肉骨茶。这种独特的饮茶方式,原是流行于中国闽南及闽粤毗邻地区。其茶采用铁观音、乌龙茶等福建名茶,以沸水冲饮,另外配以上等新鲜排骨,加入各种作料及名贵药材熬成的肉骨汤。茶客边吃肉骨边饮茶,滋味浓醇,馨香入肺。

据传,肉骨茶是由中国华侨于19世纪初传入新加坡和马来西亚的。由于马来半岛夏日气温高,人们体力消耗大,肉骨茶具有抗寒、抗热、营养丰富、消除疲劳的功效,所以一传入很快就受到人们的青睐。现在新加坡和马来西亚流行的肉骨茶,既保持原有风味,又更加精细讲究:用料是新鲜上等的猪排,也有用牛肉和鸡肉的;茶叶是铁观音、白毛猴等中国名茶;中药材和配料是丁香、八角、熟地、党参、北芪、百合、淮山、当归、川芎、枸杞、果皮、罗汉果、甘蔗、蒜头、胡椒粉等。不仅清香味美,而且补气补血。如今,在新加坡、吉隆坡等地的超市里,还可以买到一包包配好的肉骨茶原料,食用方便,清洁卫生。

新、马两国还有其他的茶俗:马来西亚举行宴会时不上酒,只用茶水或冰水待客。马来西亚人还喜欢吃薄饼伴咖啡同时喝上一杯"拉茶"。拉茶的用料与奶茶差不多,配制好后用两个杯子将奶茶倒来倒去,由于两个杯子距离较远,白色的奶茶成了一条像被拉长了似的白色粗线。拉茶像啤酒样充满了泡沫,有消滞功能。在新加坡,喝茶虽然早已是人们生活的一部分,但都是为解渴而喝茶,不带"艺术",不考究"品"茶。即使到了20世纪80年代中期,也只有港式饮茶和"肉骨茶"。近几年来,新加坡一批有志之士主张将茶文化融入优雅生活里,于是近20年间茶馆和茶艺馆应运而生,除卖茶、泡茶、品茶外,还开班授课,教导茶艺。

七、亚洲其他国家的饮茶

在西亚地区,土耳其和伊拉克都够得上是"豪饮之国"。

土耳其人往往早晨起床后先煮一壶早茶,然后才洗漱、进餐。大街小巷遍布茶馆,经常座无虚席,服务员手托托盘,上面放着一杯杯滚烫的茶,给来宾们送去。在工作时间,不仅有专人为政府官员、公司职员、商店店员、学校教员按时煮茶、送茶,连在学校学习的学生也要在课间休息时到校茶室里去饮茶。土耳其人爱饮红茶,称茶为"恰农",不喜温饮,而喜煮滚热饮。煮茶的方法与众不同,使用一大一小两把茶壶。先将盛满水的大茶壶放在炉火上,再把装上茶叶的小茶壶放在大茶壶上面。等水煮开,就把大壶的开水冲入小壶沏茶。饮用时,根据饮茶需要的浓淡要求,将小壶里的茶水倒进玻璃杯,再冲入不等量的大壶开水,最后加上一些白糖搅拌即可品饮。不过,在炎热的夏天,土耳其人也喜欢在茶汤里加入两三片新鲜薄荷叶,再加上冰糖,制成解渴消暑、清心凉爽的薄荷茶。

喝茶是伊拉克人日常不可缺少的一部分,也是款待客人的主要方式。煮茶是每个家庭主妇的拿手好戏,宾客来临,主人先敬上一杯香喷喷的热红茶。在开会、商务谈判等正式场合,都以红茶招待来宾。各地遍布茶馆、茶摊,机场、宾馆、饭店都随时有茶水供应,家里来客主人也可到邻近茶馆叫茶,政府机关、公司企业都有专门煮茶的人员。伊拉克人认为煮茶比泡茶味道浓,所以只饮煮茶,不饮泡茶,只饮红茶,不饮绿茶。煮茶的方法是:将茶叶放入茶壶,冲上水,放到炉上煮,待茶水颜色变为浓黑时,即滤去茶叶,在杯中放白糖,再将煮好的茶水倒入。在茶馆和咖啡馆里,茶水有许多煮法并有不同的名称。清茶,指一般煮开即成的红茶;醇茶,是用文火长时间煮成的红茶;浓茶,是开水煮成的味苦、色黑的浓红茶;淡茶,是浓茶中加入一半开水的红茶;蜜茶,是放入大量糖的浓红茶;香茶,是放入少量白糖的红茶。

知识链接

在伊拉克有些地方,喝茶方式也新奇有趣:有的先舔一下白糖,然后呷一口茶,循环往复,重复进行;也有的在喝茶时,把糖放在面前,望糖喝茶;还有的人颇有点"望梅止渴"的趣味,边想白糖边喝苦茶。

茶是伊朗人最喜欢的饮料,饮茶是人们日常生活中必不可少的一部分。伊朗人大都饮用红茶,每户都有大茶炊,茶放在茶炊中煮好后,倒在杯中放入很多糖,有的人在饮茶时还把一大块糖咬在嘴里。茶馆遍布全国各地,人们可以到那里喝茶、聊天、玩掷骰子游戏,或抽上一袋水烟,交换各种见闻。如今,咖啡厅逐渐代替茶馆,原来那种传统的小茶馆已不多见。伊朗还有一些独特的风俗,如北部能歌善舞的土库曼人,有"歌前饮茶"的习惯。每逢喜庆节日举行歌舞表演,歌者在演唱前通常要喝一通红茶,因为他们认为喝红茶可以使人出汗,这样肌肉得到放松,唱起歌来会更加美丽动听。

在阿富汗,茶也是生活的必需品。他们红绿茶兼饮,但夏季饮红茶,冬季反而饮绿茶。每到盛夏,茶店的生意十分红火。茶的上品是茶味醇厚、香甜可口的"无籽葡萄茶"。所饮奶茶,是先将奶熬稠,然后舀入浓茶搅动并加盐。家庭煮茶多用铜制圆形的类似中国火锅的"茶炊",底部烧火,围炉而饮。无论城市农村,凡是宾客来到,主人总是热情地奉茶,并且也有的敬"三杯茶":第一杯在于止渴,第二杯表示友谊,第三杯表示礼敬。

巴勒斯坦人结婚时,有"饮茶刺针"的风俗:新郎前往女方家中迎娶新娘,一路上要到各家各户饮"祝福茶",同时还要接受小伙子们的针刺,针刺虽然疼痛,但不能露声色,要佯装笑容,以显男子汉气概和新婚的喜悦之情。

此外,菲律宾人嗜好饮茶,早餐要饮茶,午餐要饮茶,午后小吃也要饮茶,所饮品种有红茶、绿茶、冰茶等。印度尼西亚人吃完中餐后都要喝茶,但不论春夏秋冬,都是喝由红茶加入作料制成的冰茶。越南人喜欢把洁白馨香的玳玳花晒干后,和茶叶一起冲泡饮用。

第三节 欧美地区的茶俗

欧美国家与中国的文化传统不同,虽然这些国家更多地吸取了我国西南早期饮茶方式而多属调饮系统,但他们的饮茶风俗还是饶有兴味的。

一、英国的"下午茶"

英国人饮茶始于 17 世纪初,到了 17 世纪中叶,茶叶已在伦敦市场上出售,英国上流社会已有了饮茶习惯;1688 年以后,饮茶者日益增多,到 17 世纪末茶叶不仅是家庭饮料,更是商业等领域接治业务的一种饮品;18 世纪以后,大众化茶馆在伦敦蓬勃发展;18 世纪末,伦敦有茶馆 2000 家,还有许多供政客名流议论国事、青年人跳舞、文人雅士抒发情怀的"茶园",寺院中也设有不少茶室。不仅上层贵族日益嗜茶成癖,其他各阶级人士亦渐谙茶艺。

英国人饮茶极有规律:清晨六时空腹而饮,称为"床茶";上午 11 时饮一次,称作"晨茶";下午喝一次,称为"午后茶"或"下午茶"(一般在下午 4 时至 5 时 30 分之间);晚饭后喝一次,称为"晚饭茶"。在各个时间饮的茶中,以"午后茶"最重要。即使遇上办公或会议,也要暂时停下来去饮茶。在英国人的心目中,饮"午后茶"不仅是一种物质享受,同样也是一种精神寄托。据说饮下午茶的开头人是一个名叫柏福的公爵夫人,后来上流社会纷纷仿效,遂成定俗。现在,午后茶已成为英国人一种不可缺少的生活习惯,到英国去的旅游者也喜欢领略一下饮下午茶的风情。

英国各阶层人士都喜欢饮加味红茶,方法是先把茶叶捣碎,加进玫瑰、薄荷、橘子等,成为伯爵红茶、玫瑰红茶、薄荷红茶等。即使饮纯红茶,也要加鲜奶或鲜柠檬。喝茶时一定要先倒一点冷牛奶在茶具里,热后再冲热茶,再加一点糖。假如先倒茶再放牛奶,就被认为是没有教养。饮茶的用具都很精美,讲究用上釉的陶器或陶瓷,不喜欢用银壶或不锈钢的茶壶。而且,饮茶时习惯由女人来倒茶。午后茶何时开始的,有各种不同说法,却不会晚于18世纪。1711年,文艺评论家艾迪生说:"生活有规矩的家庭,每日早餐都是用一个小时的时间吃黄油面包、喝茶。"1712年3月11日的《旁观者》杂志刊载了一位贵妇人的日记,日记记述了许多饶有趣味的事情。但其中最有趣的是,上层社会一日两餐,上午10点吃早饭,下午3点吃正餐,并且每日早饭都喝茶。有意思的是,每天饮茶吃早餐之前都在床上吃巧克力。这就形成了英国人特有的"早茶(Early Morning Tea)"习惯。1840年以后,下午4点喝下午茶的习惯在中产阶层中流行开来。

由于茶为中心的情趣的流行,英国的社会生活特别是饮食文化发生了很大变化。例如,16世纪后半世纪伊丽莎白一世时,早餐是三片牛肉。而到了18世纪初则发生了根本性的变化,形成了以黄油面包和喝茶为早餐的习惯。英国是传统饮茶的国家,当今,虽然受到多种新颖饮料与之竞争,但茶叶仍是英国的第一大饮料,其消费量占饮料消费总量的44.5%,仍然有80%的英国人有饮茶习惯,饮茶仍是英国的"国饮"。1990年英国进口茶叶17.7万吨,除转销外净进口茶叶14.1万吨。

二、法国饮茶的风习

16世纪中叶,法国作家、教育家、医学家誉赞茶叶,激发了人们对茶的向往和追求。先是饮茶盛于皇室贵族及有闲阶层,后才逐渐普及于大众。但在当代,茶叶一度被视为老派人物的饮料,年轻一代对之不屑一顾。从20世纪50年代开始,才逐步改变了这种状况。

据说,法国兴起饮茶热,消费量不断增多有两个契机:一是芳香茶的发展迎合了法国人的口味,尤其是适应了年轻一代追求新奇的心理。芳香茶是指带有花香、果香、叶香、甚至焦糖香、巧克力香等一切具有"外加香味"的茶叶,是将花果叶制成的香精喷入红茶中制作的。由于标新立异的芳香茶吸引了大批法国茶客，他们转而逐渐爱上了传统茶，养成了稳定的茶叶消费习惯。二是中国作家老舍的戏剧作品《茶馆》被介绍到法国后，茶厅如雨后春笋般发展起来，与此同时引发了饮茶热。法国许多茶厅的建筑风格和厅内布局类似旧北京的茶馆，商人、艺术家以常去富有中国传统风韵的茶厅为时髦；年轻的情侣感到在富有东方气息的茶厅约会，会给爱恋增添和谐与新鲜感。老年人深信饮茶有益健康，所以常常整天泡在茶厅里。更多的法国人希望从单调的快餐生活中解脱出来，渴望体验东方的生活方式与文化。

法国人饮用的茶叶和采用的品饮方式，因人而异，各具特色。饮用红茶的人数最多，冲饮法类似英国的炮制方法。取茶一小撮或一小包冲入沸水，配放糖或再加牛奶，还有的拌进新鲜鸡蛋。近年风行的瓶装茶汁，则加入柠檬汁或橘子汁。饮用绿茶的人数也不少，煮饮时均加入糖或新鲜薄荷叶，以求甜蜜舒爽，香味浓郁隽永。此外，法国的2600多家中国餐馆及旅法的中国人，依然留恋香气袭人的花茶，一般以沸水冲泡清饮。这种风俗，也影响到爱好花和香味的法国人，他们近年来也对花茶发生了浓厚的兴趣。在富有东方情调和气氛的茶饮里，法国人领略到西方社会所没有的奇特感受。

三、美国的冰茶

冰茶是美国的特产，是一种有甜、酸、涩三重滋味的清凉饮料。冰茶调制的方法是：将红茶泡成浓厚的茶汁，倒入预先放了冰块的玻璃杯内，再加适量的蜂蜜和一两片新鲜的柠檬。美国人饮茶喜欢简单、快速，所以多用速溶茶，因可免掉冲泡茶叶、倾倒茶渣的麻烦。所谓速溶茶，是茶叶加柠檬汁（或山楂汁）和白砂糖，经喷雾干燥成粉末状，饮用时无论加冷、热开水都可以迅速溶解。

冰茶风行全美，并在竞争激烈的饮料市场中方兴未艾，原因是多方面的：一是在美国的饮食习俗中，人们一贯喜欢冰淇淋等冷饮和水果，爱喝冰水、矿泉水，连啤酒、香槟、威士忌、白兰地等各种酒水及其他饮料都喜用冰镇过的，不论冬夏都是如此。二是美国人喜欢喝柠檬茶，据说与美国的官方政策有关。美国盛产柠檬，官方为了提高柠檬的消费量，就大肆宣传柠檬。三是冰茶本身特有的魅力：既含浓醇的茶味，又有多种果味与清心的刺激味；既省时方便，又可结合个人口味添加其他作料；既可解渴，又有益于恢复精力与保持健美体型。尤其是盛夏，喝上一杯冷若冰霜的茶，更使人满口生津，齿颊留芳，遍身凉爽，暑气顿消。

知识链接

　　虽然冰茶是美国人饮茶的主要方式,但追根溯源却为英国人的创造。据说,1904 年一个英国人在美国圣路易斯世界博览会上展示茶叶,因正值盛夏,人们口渴难忍,他灵机一动,以冰块快速冷却茶汁供人饮用,结果大受欢迎(孔宪乐著《中外茶事》)。再追究下去,美国饮茶风尚的兴起也是从中国"拿来"的。1784 年,美国就派遣"中国皇后号"商船首航中国,运回茶叶。

　　近几年,美国饮茶继续呈上升趋势,消费量仅次于英国和苏联,销量最大的为红茶。随着人们生活节奏的变化,规格上速溶茶以小袋茶为主,罐装散叶茶次之。

四、古巴的茶会

　　岛国古巴有打上自己民族文化烙印的生动有趣的茶会。中国人谭乾初于清朝光绪年间曾任驻古巴总领事,他在《古巴杂记·茶会》中有兴味盎然的论述:

　　该岛风俗,喜交际,乐宴会。每礼拜辄一为茶会,以延亲友。男女迭为宾主,少长咸集。或日籍以聚会,相择而婚。凡为茶会,约夜间八点钟起,夜半始散,大茶会则彻宵达旦。赴会者,男则整齐修洁,高帽黑衣;女则胸背半露,蜂腰长裙。堂上灯色辉煌,铺置整丽。设长筵,陈酒果,随意就筵前饮食。座有洋琴,或弹,或唱,或跳舞,各得其乐。主人或自歌弹,或演杂剧以娱宾。其跳舞之法,有一偶同跳者,男女互抱,旋舞于室;有四偶合跳者,不搂腰而交相握手,肩摩踵接。如演礼状,乐停舞止,为一出。十一二岁女子,均得同群跳舞,父母不之禁……至其设会,均以女子为主客,家无女子,辄假比邻戚属庖代,以助兴趣。

　　这是以中国人的眼光,来看古巴茶会的一段颇为详细生动的记载。由于茶叶来自中国,茶饮源于中国,茶会的形式也是中国首创,所以即使在异域,茶会也透露出中国茶道的精神:环境布置雅致辉煌,富有与茶会宗旨协调的氛围;重视茶会的内涵,以自娱自乐为形式,以联络情感为目的,亲友之间增进友谊,青年男女寻求爱情;重视茶会进行时始终具有温馨、亲切的情调,所以由女性担任主持人,给人以愉悦之感,安排丰富多彩的活动内容,以助彻夜之饮的兴趣。当然,这毕竟是在古巴举行的茶会,又是有本国气派和作风的做法:男女同乐,女为主宰,自助方式,各得其所。这样令人陶醉的茶会,自然给人快乐且使人留恋。

五、"咖啡王国"也饮茶

远离茶原产地的西半球南美洲,是盛产咖啡的地方,茶叶的价钱比咖啡高得多。但也有国家茶与咖啡同饮,其饮茶习俗与欧洲和北美相同或大同小异。而且,早在1812年南美就开始从中国引进茶种与技术,现在阿根廷、巴西、秘鲁、厄瓜多尔等国都出产茶叶,除本地消费外,还出口北美、西欧及南亚等地。

不过,南美最流行的饮料还是非茶之茶的马黛茶。马黛茶树产自炎热潮湿的拉普拉塔河流域,是一种高大挺拔的灌木,长着青翠的长形叶子,开着香气扑鼻的小白花,结着呈红色的果实。树叶经过烤晒便成茶叶,用开水冲泡,就成为芳香的饮料。马黛茶能清热解暑,生津止渴,还有消除疲劳、提神醒脑的功能,并有长生不老药的美称。喝马黛茶需要三件东西:茶叶、容器和吸管。容器原多为葫芦晒干后掏空做成,有的用银或铜加工而成,习惯被称为"马黛"。吸管一般也用银或铜制作,长约20厘米,顶端是嘴管,末端有一个小圆球。用吸管吸吮和品味茶香时,小球可起过滤作用,避免茶末吸入管内,茶淡时还能翻滚搅动,使茶水变浓。容器和吸管,多为造型优美、雕刻精美的工艺品。现在,茶是逐渐由粗变细,有的地方已使用精制的茶壶泡茶,然后将茶斟在小茶杯里。

最早由印第安人发现与饮用的马黛茶,如今已成为南美人,尤其是阿根廷、巴西、乌拉圭和巴拉圭人日常生活中不可缺少的饮料。在阿根廷的边远地区,人们保留着共饮马黛茶的习惯,即一家人团聚或招待客人时,大家欢聚一堂,你一口我一口,共同品尝马黛茶。在南美的许多地方,每当客人来访,主人首先要以马黛茶热情招待,并多由丽质少女侍茶。巴西少数民族高乔人待客时,主人用双手捧起泡好茶的葫芦,宾客们按年岁大小和尊贵程度依次吸吮。在阿根廷,客人要欣然接受茶饮,并在喝过马黛茶后使劲咂咂嘴唇,表示接受了主人赐给的口福,否则就是严重的失礼。不同的沏茶方法,往往显示出主人对客人的不同感情和态度:在男女青年之间,要是向对方捧献的马黛茶里加一些糖,再放上几片橘叶,那就意味着求爱。如果加入肉桂,表示"我时时想念您"。如果添加陈皮,表示"我原来是您的"。如果仅仅是苦口的马黛茶,则表示冷淡。所以,双方喝茶时都要加上糖。

此外,南美还有其他受到喜爱的非茶之茶:如用"爱尔巴马提"叶子加工制作的马提茶,巴西人也喜欢饮用。小孩把它当成饮料,口一渴就喝;大人则在午后疲劳时喝,用以解乏提神。由于巴西北热南冷,喝此茶时北部人多冷饮,而南部人则热饮。近几年,巴西还兴起了用瓜拉那树果实制成的称为"瓜拉那"的新饮料,据说在一定程度上它有恢复青春抗衰老和延年益寿的作用。

六、西欧腹地的茶话

在欧洲的腹地,许多国家都有悠久的饮茶历史,有说不完、道不尽的茶话、茶事、茶俗和茶趣。

作为欧洲人饮茶先驱的荷兰,富有的家庭都备有一处茶室。由于荷兰人一般上午不饮茶,多在午后开始,所以,宾客只有午后光临才会受到以茶敬客的礼节接待。当彬彬有礼地迎客后,女主人会从瓷或银制的精巧的茶具中取出各种茶,拿到每位客人面前,任凭他们挑选自己爱好的。不过,茶的选择一般都委托女主人。然后,将选好的茶放到瓷制小茶壶中冲泡,每人一壶。对于喜欢喝混合茶的,还要把调汁一同端给他,让客人自己注入茶中饮用。为了消除苦味还可放一些砂糖,直到1680年才放奶油。喝茶时不用茶碗,而是特意将茶从茶碗倒到茶碟中,用茶碟喝茶时必须发出咂咂的喝彩声,发出的声音越响,主人就越高兴。因为这种声音,是感谢主人的一种表现,被认为是一种礼貌的举止。饮茶时的话题,一般仅限于在茶及佐茶的蛋糕上。

德国人饮茶讲求质量,最喜欢茶味浓厚的高档红茶。他们饮茶时,依然遵循茶叶商会早期定出的"泡茶五律":取洁净冷水煮沸;用热水温壶;按一杯茶一汤匙干茶比例置壶内;注入煮沸开水,盖上壶盖,静置三分钟;倒出茶汤于杯内,添加牛奶、白糖或一片柠檬供品尝。也许是自傲的民族心理作祟,虽然茶叶传自东方,但德国人都习惯买德文标识的茶叶。在德国家庭晚餐桌上,大都备有喜欢的哈姆茶,这是用产于地中海沿岸的一种紫苏或芹科植物的花、叶、果加工制作而成的草药茶。青年人则喜欢果味茶,近年来一种由柠檬、香草、豆蔻等12种果皮药材和玫瑰配制而成的果皮茶,以五颜六色、香气四溢、汤呈玫瑰、味带甜略酸等特色,在德国年轻人中畅销,进而风靡西欧。

此外,西欧的瑞典、瑞士、芬兰、意大利、西班牙,东欧的南斯拉夫、捷克等国,都习惯饮甜式调味红茶,意大利和西班牙的妇女,还在茶叶中加入藏红花一起冲泡,以增加香味。丹麦人则喜欢加糖而不放牛奶的淡汤红茶和花香茶,并对芒果茶、橘子茶、柠檬茶和香味茶有好感。西欧一些国家,是在鸡尾酒中加入一定比例的红浓茶水,制成风味独特,提神醒脑的鸡尾茶酒。

七、东方传统的变异

喝茶原是浸透着东方传统文化的中国的举国之饮，是有着多层次、多功能、多享受的饮茶风习，人们可以从不同角度获得各不相同的审美需求，享受到各不相同的身心愉悦。但是，当东方传统的饮茶风习漂洋过海之后，由于历史文化、民族习惯、地理环境的不同，也就发生了许多变异。

英国是最早且最讲究饮茶的西方国家之一，他们的茶具喜用上釉的陶器或陶瓷，不喜欢用银壶或不锈钢壶，煮茶必须用生水现烧，不用落滚水再烧，以免影响茶味；冲泡时先用少量滚水烫壶，然后倒掉热水再投入茶叶，这些，都颇有中国传统的韵致。但是，英国饮茶为红茶甜味调饮式，这是海外较普遍的典型饮法。饮用时，也是匆匆忙忙，一饮而尽。像中国汉族地区最为常见的清饮法，直接用开水冲沏茶叶，不在茶汤中添加任何作料，强调香真味美，顺应自然，以保持茶的纯粹，真正体味茶的本色，在欧风美雨冲刷下的国度很难见到其踪影。

英国伦敦的茶室，也与中国的大相径庭。那时原来没有茶室，17世纪中叶开始上咖啡店饮茶。直到18世纪以后，茶室才开始盛行。但是，伦敦的茶室准确地说应该是多功能游艺室，多功能餐馆，多功能商场；茶室中有音乐和其他游艺供玩耍，可以吃到牛肉、鸡肉、薄切火腿等食品，还可以买到中国的瓷器、漆器。在茶室里，茶似乎只是其间的点缀，而并不居于主导地位。所以，进茶室的人不一定都喝茶，茶室只是他们观看游艺，玩纸牌，听新闻，与朋友谈心，与恋人会面的场所。

连中国客来敬茶的传统习俗，在英国也是另一种面目。在中国，不论何时，客人来了都得恭恭敬敬地奉献香茗。但是，英国人则似乎太讲究绅士派头：一切从自己出发。由于英国上层社会讲究喝午后茶，一般大众喝茶的时间也是上午10点至下午3时，只有在这段时间去做客，主人才会送上一杯红浓的茶水。如果不在饮茶时间，即使你口干舌燥，也无法享受到可心的茶饮。中国作家苏雪林曾写过一篇散文《喝茶》，开头第一断就调侃地写道：

读徐志摩先生会见哈代记，中间有一句道："老头真刻啬，连茶都不叫人喝一盏……"这话我知道徐先生是在开玩笑，因他在外国甚久，应知外国人宾主初次相识，没有请喝茶的习惯。

即使请人喝茶，或是举行茶会，欧洲国家也是另一番情景。像较为讲究的爱尔兰人招待朋友的茶会，友人来访坐定后要先一杯接一杯地饮酒，其中一种是爱尔兰特有的称为"几内斯"的黑啤酒。然后茶会开始,主要端上茶或咖啡,还有面包夹黄油,各种饼干,现做现吃的苹果馅饼等食品,最后还要端上一个十分漂亮的蛋糕。所以,虽然名谓茶会,实际上是一次丰盛的晚餐。当然,爱尔兰人饮茶风气非常浓厚,茶叶消费量居欧洲之首,每年人均三千克左右。他们喜欢味浓色亮的红碎茶,区别茶叶质量是简单地凭包装袋的颜色,红色袋包质量最高,褐色、绿色则次之。

真正有情趣的饮茶,还是居住在欧洲极北部的普兰人的合碗茶。普兰人喜欢饮茶聊天,茶水熬好的不是每人一杯或一碗,不论多少人都只斟满一大碗。大家围坐在一张桌子边,由老及少,转辗传饮。就像接力赛一样,每人捧碗喝上一口茶,得立即传给下一个人。一碗茶喝完了再斟满,直到大家喝够为止。这种古老的饮茶方式,一直流传至今。

第四节 其他地区的茶俗

一、大洋洲的饮茶

东方的传统文化,传播到欧洲,欧洲的饮茶风习,又传向了大洋洲。由于大洋洲的澳大利亚、新西兰等国居民多为欧洲移民的后裔,他们大多沿袭着英国传统泡饮高档红茶的习惯。

如同英国一样,澳大利亚除早茶外,还有午茶、晚茶,茶座、茶会遍及各地。那些颗粒整洁、茶香馥郁、茶味浓厚、茶汤鲜艳及中和性良好的红碎茶,最受消费者欢迎,并在加糖的红茶中配制牛奶或柠檬。而澳大利亚居住在高寒山区的牧民,由于以放牧为生,气候寒冷,蔬菜极少,他们还喜欢在煮好的茶汤内加入甜酒、柠檬、牛奶等多种配料,成为营养丰富,增加热量的多味茶。这种茶,还传入匈牙利和捷克等国家,在下层人民中流行。

新西兰人的年人均茶叶消费量居世界第三位,他们普遍喜欢喝茶,上午和下午都安排专门的喝茶时间,连被视为最重要的晚餐也称之为"茶"。新西兰人就餐一般在茶室进行,每餐都供应茶水,品种有奶茶、糖茶等多种。但就餐前一般不给茶水,只有用完餐后才有供应。不论是客人来临,还是双方谈判,一般都先敬上一杯茶。

在澳大利亚农村,还有一种跳茶壶舞的娱乐活动。友人相聚举行茶话会时,要准备果酱、奶酪、黑麦面包和茶,牛仔将火炉上铁壶中的水烧开,再将一包茶叶放入铁壶内,盖上壶盖。然后,牛仔右手抓住壶柄将茶壶绕着身子舞动,舞动的速度越来越快,但不能洒出一滴水。舞毕,铁壶中的茶叶已完全搅匀,于是受到友人们的鼓掌喝彩。

大洋洲饮茶风习的兴起,约在 19 世纪,当时,一些西方的传教士、船员与商人将茶叶与饮茶知识带到新西兰等地,后来澳大利亚、斐济等地也开始种茶,于是,大洋洲的茶叶贸易与消费日益增加,并且逐步延伸到社会的各个角落。

二、不长茶树的爱茶国

如果是世界主要茶叶生产国,人们嗜好饮茶,这并不奇怪。如果是因为饮茶风行,使国产茶叶不足而需要进口,这也可以理解。但还有的国家,根本不生产茶叶,却进入了喜爱饮茶的国家。东欧的波兰就是其中之一。

由于气候条件的限制,波兰国土无法生长茶树,所用茶叶全部都得进口。但是,全国人均年消费量却约一公斤,在东欧首屈一指,在整个欧洲也名列前茅。茶叶作为饮料供波兰人饮用是在 18 世纪的初叶。因茶叶不仅可以解渴,还对健康有好处,逐渐被人们所认识和嗜好。而且,波兰人喜欢吃牛肉和猪肉,每天人均达半斤,黄油、奶油和面包又是主食,冬季时间长,潮气重,还难得吃到蔬菜,这些都促使其形成了饮茶的习惯,即使是最穷的家庭也储存有茶叶。波兰人爱喝茶,却不懂喝茶,不会喝茶:他们爱喝红茶,一般不喝绿茶,更不喝花茶,使用的袋茶居多,散装茶叶也是那些质量差的"茶叶末子";他们喝茶只冲泡一次,大概不知道第二次茶质量最好;他们在茶里也是放糖,加柠檬汁,或放新鲜的柠檬片,一杯茶"苦、甜、酸"三味俱全。在他们的心目中,什么是茶特有的原香味,一概不知,什么叫"品茶",也无法理解,至于"茶艺"之类,更是难以知晓。

然而,波兰人同样热情好客。无论何时有宾客光临,敬茶或咖啡是正常而又普遍的。如果应邀做客,当客人坐好后,热情的女主人就会征询你的意见:"喝茶,还是喝咖啡?"客人应该立即做出明确的答复,如果采用"随便"之类模棱两可的说法,就等于给主人出了一道难题。喝茶时临时烧开水,水开后倒进不加盖的玻璃杯,杯子用小托盘托着,边上放着一包袋茶,另外还有糖罐,女主人把这些一齐送到客人面前。然后,客人提着袋茶上的小绳子在杯中浸几下,茶叶的颜色渗出来就把袋茶放到托盘中。接着,在茶水中加点白糖,就可以饮用了。还有的会再加柠檬汁或鲜柠檬,这就各人随意了。

知识链接

在波兰做客,不论时间多长,主人都不会给你第二杯茶。只有你提出要求,主人才会去临时烧水,再次奉茶。"请喝茶"现在已经成了一种习惯用语,受到这种邀请也许是一个理由,实际上是互相交往,增进友谊的方法。

三、讲究的俄罗斯饮茶

俄罗斯饮茶的记载始于 1567 年,先受到上层贵族的宠爱,17 世纪后期迅速普及到各个阶层。到 19 世纪,茶仪、茶礼、茶会、茶俗在俄罗斯文学作品中不断出现,茶字成了某些事物的代名词,连给小费也叫"给茶钱"。

俄罗斯饮茶十分考究,有十分漂亮的茶具:茶碟很别致,因喝茶时习惯将茶倒入茶碟再放到嘴边。茶具有的喜欢用中国陶瓷的,而玻璃杯也很多。但最习惯用茶炊煮茶喝,尤其是老年人更为喜欢。茶炊实际上是喝茶用的热水壶,装有把手、龙头和支脚。长期以来,茶炊是手工制作的,工艺颇为复杂。直到 18 世纪末、19 世纪初,工厂才大批生产茶炊。起初,茶炊的形状各式各样,有圆形的、筒形的、锥形的、扇形的,还有两头尖中间大的酷似橄榄状的大桶。驰名全国的图拉市茶炊,是用银、铜、铁等各种金属原料和陶瓷制成的。稍后,出现了暖水瓶似的保温茶炊,内部为三格,第一格盛茶,第二格盛汤,第三格还可盛粥。现在使用的电茶炊,形状近似金银质的奖杯。俄罗斯的能工巧匠们常将茶炊的把手、支脚和龙头雕铸成金鱼、公鸡、海豚和狮子等栩栩如生的动物形象。茶炊上还常镌刻着隽永的词句:"火旺茶炊开,茶香客人尝""茶炊香飘风行客,云杉树下有天堂。"所以,茶炊不仅可以供喝茶用,还可以作为装饰工艺品陈设在室内。

在日常生活中,俄罗斯人每天都离不开茶。早餐时喝茶,一般吃夹火腿或腊肠的面包片、小馅饼、奶渣饼。午餐后也喝茶,茶里放柠檬、砂糖等。特别是在星期天、节日或洗过热水澡后,认为长时间地喝茶别具风味,还有的端上糖块、点心、面包圈、蜂蜜和各种果酱。俄罗斯民族一向以"礼仪之邦"而自豪,许多家庭都有以茶奉客的习惯,连只有 1600 多人的乌德赫人也请一般客人及所有旅行者喝茶。来客时喝茶,主人往往端上甜点心、大蛋糕、大馅饼等,直喝到宾主满意为止。

四、具有"茶叶成分"的摩洛哥

地处西北非的摩洛哥,每年进口绿茶数量居世界一位,他们最喜欢中国的绿茶,占茶叶总进口量的三分之二左右。由于摩洛哥人酷爱中国绿茶,并嗜饮成俗,以致有的摩洛哥人风趣地说:"在我们人民的身上,均具有中国茶叶的成分。"这句话虽属幽默,但也颇有道理。

由于地处炎热的非洲,喜爱牛羊肉,爱好甜食,缺少蔬菜,所以茶叶成为摩洛哥人生活的必需品。工作时,身边总是放着一杯甜绿茶。就连贫苦的居民,每天也要喝一杯绿茶。在社交活动中,用茶招待客人是很讲究的礼节,宴会前,先倒水给客人洗手,然后进茶,催客人品尝浓而黏稠的薄荷茶。宴会上,主人可用甜茶代替各种酒类招待宾客。逢年过节,在甜茶中往往加上几片鲜薄荷叶,喝起来有爽心、润肺之感。饭后,通常请客人再饮茶三道,边饮边谈,非常亲切。用茶待友是一种礼遇,走亲访友送上一包茶叶,那是相当高的敬意。有的还用红纸包茶,作为新年礼物赠送。

在长期的饮茶中,摩洛哥人创造了一套精美的铜质茶具(有的还涂上银):尖嘴红帽或白帽的茶壶,雕有花纹的大铜盘,香炉型的糖缸,长嘴大肚子的茶杯,刻有各种各样具有浓厚民族色彩的图案。茶具和谐悦目,富有非洲风格,不仅非常实用,又可作工艺品观赏。用这种茶具品饮鲜浓可口的绿茶,确是物质和精神的双重享受。泡茶的方法也很独特,先在壶里放入茶叶冲上少许沸水,但立即将水倒掉,然后再冲入开水放上白糖并加鲜薄荷叶,泡几分钟后才倒入杯子里喝。当茶叶泡第二三次后,还要适当添茶叶和糖。一壶茶三沏,最少需用茶叶 10 克,白糖 150 克左右。除了家庭饮茶外,摩洛哥的茶肆也很热闹。在炉火熊熊的灶上,大茶壶里的沸水突突作响,面带笑容的老板娘伸出黑红粗大的手,熟练地从麻袋里抓一把茶叶,又用榔头从另一个麻袋里砸一块白糖,顺手揪一把鲜薄荷叶,一起放进小锡壶里冲进开水,再放到火上去煮。两滚之后,小锡壶便端到桌上。于是,客人就可以边饮茶,边吃着夹肉的面包。

在摩洛哥,饮茶约有 300 年的历史。相传,17 世纪后期,曾有一艘满载中国绿茶的轮船,经摩洛哥海运去英国。途中突然发生故障,船身下沉,船主被迫弃船离开。当地人冒险将部分茶叶抢上岸,发现用热水冲泡鲜爽可口,还能帮助消化,滋润肠胃,赞不绝口。在摩洛哥人的心目中,中国绿茶一直有很高声誉,北方人爱饮秀眉绿茶,南方人爱饮珠茶,中部地区人爱饮珍眉绿茶。许多有经验的茶客是懂茶的行家里手,他们用手一摸,鼻一闻,便知道绿茶的品质高低。至于花茶,主要用于宫廷贵族,红茶则供应旅馆、饭店里的欧洲人或欧化了的本地人。

五、酷爱绿茶的西北非

其实嗜好绿茶的不仅仅是摩洛哥,在西北非的许多国家都酷爱绿茶,如阿尔及利亚、突尼斯、利比亚、尼日利亚、冈比亚、尼日尔、布基纳法索、多哥等。他们饮者盈盈,嗜茶如粮,集市上茶室栉比。

在饮茶风靡的西北非,孕育了以"面广、次频、汁浓、掺和作料"为特点的阿拉伯情调。所谓"面广",几乎人皆嗜茶,按人均消费量约为中国的三倍。所谓"次频",每天不少于三次,一次多杯习以为常。所谓"汁浓",茶的浓度是中国汉族地区的两倍,所谓"掺和作料",饮茶时习惯浓茶加白糖,还以薄荷叶(汁)佐味,茶香馥郁,糖味甘美,薄荷清凉,相得益彰。此外,还有配上几粒松子的"松子茶"。西北非沏茶品饮很讲究,有的将茶叶及作料放在直径十多厘米的小瓷壶里,茶壶浅埋于小木炭炉的炭火中慢慢煮熬,沸后将茶色醇厚、香味异常的茶汤倒在小玻璃杯中,一般只倒三分之一或一半。喝茶时有的像中国潮州品工夫茶一样,小杯啜饮,模样斯文,也有的需配上各种茶点,边吃边喝,别有情趣。宾客临门,主要应当看客人烹沏,并先敬茶三杯,然后叙话。客人只有把三杯茶喝完,才合乎礼节。

西北非的一些阿拉伯国家,茶馆随处可见。按照各国风俗习惯,茶馆可分为茶厅和茶室:茶厅规模较大,内设柜台,厅中设置桌椅,格式和中国南方的茶馆颇为相似。茶室的数量较多,但店堂较小,陈设较简单,格局很像西方国家的咖啡室,常设在繁华的商业区或旅游点。阿拉伯茶馆一般只有午茶和晚茶,因当地人没有饮早茶的习惯。到了斋日,人们白天不吃不喝,只在月亮升起后才吃饭,许多人都喜欢逛夜市,到茶馆喝夜茶。

西北非饮茶的渊源,也来自中国,19世纪就有茶叶运到西北非试销,因适合当地生活需要,很快受到当地人的欢迎。北非薄荷茶的根也在东方,中国早在唐代以前就有煮茶加薄荷的习惯。至于一些饮茶风习,也受到中国茶俗直接或间接的影响。

六、埃及的茶缘

埃及是历史悠久的世界四大文明古国之一,因位于非洲东北部,沙漠地区占全国总面积96%,全年干燥少雨,所以,当消暑解渴健体的茶来到后,很快受到埃及人民的欢迎。

在世界茶叶进口国中,埃及位居第五,仅次于英国、苏联、美国和巴基斯坦,人均年消费量达1.44千克。茶在埃及人的生活中很重要,从早到晚都要喝茶。在社交场合更为重要,无论是两个人见面,还是集体聚会,照例都要沏茶。虽然埃及也喝咖啡等饮料,但都竞争不过茶叶,政府还对下层平民饮茶进行补贴。

喝浓厚醇香的红茶,是埃及人的嗜好。他们不喜欢在茶汤中加牛奶,而喜欢放蔗糖。泡茶的器具讲究,一般不用瓷器,而用小玻璃器皿。红浓的茶水盛在透明的杯中,红白相间,非常好看,小巧的茶杯便于闻香,真是既饱口福,又饱眼福。埃及的糖茶,味道甘甜得吓人:将茶叶放入茶杯用沸水冲沏后,一杯茶要加入三分之一容积的白糖,茶水入嘴后有黏黏糊糊的感觉。一般人喝上两三杯后,甜腻得连饭都不想吃。所以,客人临门,主人先端来一碗加较多砂糖的热茶,还同时端来一杯凉水,便于客人稀释茶水。

埃及虽然没有专门的茶馆,但具有阿拉伯浓郁风情的咖啡馆比比皆是,这里是男人们呷咖啡、喝红茶、谈天说地、消愁解闷的场所。1773年建立,至今已有两百余年历史的"菲沙威"咖啡馆,就供应红茶、绿茶。夏季有清凉解渴的椰枣茶、葡萄茶、柠檬茶等,冬天则有暖和驱寒的桂皮茶、沙列布茶等。富有特色的咖啡馆,成了埃及的缩影。如诺贝尔文学奖得主、埃及大作家纳吉布·马哈福兹常去咖啡馆,他的《平民史诗》就是描写咖啡馆内发生的事,而且是在咖啡馆内完成的。

七、形形色色的饮茶风俗

不丹人日常生活中最常见的嗜好品是酥油茶,这是在煮开的砖茶中放入黄奶和盐的传统饮料。饮茶时还要配备几样小吃,如用炒熟的玉米、大米和奶油、蜂蜜、芝麻、砂糖等制作的炒米和糌粑,以及其他用杂谷和豆类加工的小吃。饮茶时,这种小吃是盛装在一种称作"帮求"的带益的小竹筐里。饮茶是有一定规矩的,饮茶的意义似乎已超过单纯的嗜好。"多玛"是仅次于茶的嗜好品,是先把一种叫作"金玛"的胡椒科爬蔓植物的叶子涂上石灰,然后用这种叶子包上槟榔果放在口中咀嚼。设宴待客时,往往先端上酥油茶,宴席结束时端上"多玛"。

尼泊尔的原始居民尼瓦尔族人的生活中,除早晚两餐以外,午后两时至三时的牛奶红茶和茶点是不可少的。茶点的种类很丰富,既有饼干、曲奇(即油脂含量比饼干多的小甜饼干)等甜食,也有炒饭、"察巴提"(小麦粉烤制的小面饼)、"馍馍"(即饺子)等咸味食品。这些茶点几乎都是家庭中自己制作的。当然,在外上班的人是自己花钱买茶点吃。

知识链接

　　居住在尼泊尔北部高原上的藏族血统的夏尔巴族人是喇嘛教徒,饮食生活也带有浓厚的藏族饮食文化的色彩,经常食用的食品有酥油茶、糌粑、干肉、干酪等,近年来,大米、"玛萨拉"(即混合调味作料)、牛奶红茶等印度的饮食文化也正在向这一地区渗透。

　　斯里兰卡人喜饮红茶,叶多茶浓,味带苦涩。该国僧伽罗人酷爱饮茶,每天上午十点左右和下午四点左右是习惯的饮茶时间。饮用红茶有专门的茶具,茶中通常加牛奶和白糖,又称奶茶。有些人还习惯在茶中放一点姜末,别有一番风味。在机关、厂矿、学校均设有茶室,供应茶点。到该国旅游,站着喝茶的人到处可见。各茶行中一般都设有试茶部,在论茶价前,先要用舌尖试试茶味。茶馆是人们休闲活动的重要场所之一,往往人声鼎沸,座无虚席。所以,海湾战争期间,茶馆老板贴出告示,要人们莫谈海湾战争,以免支持多国部队军事行动的人同反对者进行辩论,激起人们的情绪。

　　献茶敬客的风俗,各国也各有特色。到阿尔及利亚杜勒格人家,客人进屋坐定后先轮流喝一只碗所盛的骆驼奶,然后开始饮茶。茶水要煮浓并放上糖,高举茶壶倒出,请客人喝上三杯,为最隆重的待客礼节。毛里塔尼亚的摩尔人,待客的主要方式也是同时敬茶三杯,但具体做法有不同。摩尔人大多数家庭皆备有一套茶具,包括四只小杯,一把小瓷壶,一个瓷盘和一个小煤气炉。饮茶时,先将茶叶放入茶壶内加水,加上糖和薄荷,然后将壶放在煤气炉上烧煮,直到溢出香味为止。敬客时,女主人将煮好了的茶倒在杯中后,再用一个空杯反复倒出倒进。由于手法纯熟,茶水不会溅到杯外,直到茶水温度适宜方可献给客人。客人必须一饮而尽并且连饮三杯,才是对主人有礼貌的表现。

　　蒙古人在饮茶时,先捻碎砖茶,用高山地带的咸性水煮沸,加入盐和脂肪制成羹汤,过滤后混入牛乳、奶油、玉蜀黍粉再饮用。

　　越南人喜热泡热饮,喜欢有强烈刺激性的极热浓茶,不太注重茶叶香气,亦不饮甜茶。住户门前常放一个大茶壶盛茶,供来客及过路人饮用。

　　缅甸饮盐腌茶,名为"里脱丕克脱"。新婚夫妇合饮一杯浸于油中的茶叶所泡成的饮料,以祈婚姻美满幸福。现在还有以腌茶为茶食的情况。

　　克什米尔地区(Cashmere)喜欢搅茶和苦茶(Chatulch)。苦茶系于夹锡的铜壶中烹煮,加入碳酸钾,大茴香和盐。搅茶则于苦茶中加入牛乳搅拌后再饮。

中亚地区饮用乳酪红茶(Vamahcha),即把茶叶放入夹锡铜壶中煮成很浓的茶汁,加入乳酪,并以碎面包浸于茶中。克什米尔地区也有人饮用乳酪茶。

阿拉伯人饮用绿茶。每个咖啡厅都设有茶桌,在抽屉中贮有茶叶和用以击碎茶叶的槌子。不少阿拉伯国家的大城市有摩尔式建筑的华美茶室,茶叶及糕饼的质量很好,不亚于一流华丽茶室所供应的糕点。叙利亚和黎巴嫩主要饮红茶,多用英式的加糖加奶饮法。

加拿大茶叶消费量大,主要饮红茶,而绿茶只销于盛产木材地区。泡茶方法是烫热陶制茶壶,放入一茶匙的茶叶和相当于两杯的茶汤,然后开水泡5~8分钟。茶汤注入另一热茶壶供饮,通常加入乳酪和糖,很少加入柠檬或单饮茶汤。一般在用餐时和临睡前都饮茶,多用袋茶。主要都市的大旅馆和剧院,都供给午后茶。冬季竞技时期,乡镇沿路都有应时开设的茶室、茶馆。夏季避暑胜地亦有午后茶供应。许多百货商店备有茶室,以午后茶款待顾客,招揽生意。铁路的餐车,供给饮茶。航行汽船不供应茶饮,但旅客可以随时向服务员索取。

知识链接

此外,在伊斯兰国家喜欢集体饮茶,把这作为沟通人际关系,培养增进友谊的桥梁。利比亚人把红绿茶煮成糖茶饮用,通常早晚饮红茶,午餐饮绿茶。比利时、卢森堡人习饮高档红茶,多为袋泡茶,近年也饮草药茶和香味茶,如玫瑰茶、薄荷茶、茉莉花茶和小种红茶。

根据上述对各个国家和地区茶俗的考察,可以发现几方面的特点:

第一,各国的茶叶、种茶技术、品茶技艺,其源头都能够追溯到中国。中国是茶的原产地,是世界上最早发现和利用茶的国家,这是不争的事实。

第二,中国茶在外传的过程中,首先是一种物质的输出,但也伴随着文化和风俗的传播。各国在接受的过程中,必然是根据自身的地理、环境、物产、风俗和文化传统有所取舍,有所变化。

第三,对于中国茶文化和饮茶技艺最全面、最持久的,是同处于东方文化圈的日本和韩国。日本茶道、韩国茶礼的精神和茶艺的技巧,很多都是直接继承于中国的唐宋时期。

第四,欧美各国和世界不少其他国家,在饮茶习俗方面更多地学习与继承了中国的调饮法。清饮法和调饮法,自古以来就是中国饮茶系统的两大支系,并且一直存在于社会生活中。

第五，中国茶与茶俗的外传，在不同的历史时期有不同的展现。随着社会的发展，特别是当今全球化的速度加快，国际的交流交往频繁，这种衍化依然会继续下去。

拓展阅读

国外的茶画

英国阿奎罗（Aquilo）于1926年在爱尔兰《星期六夜报》发表《一滴茶》小曲。其中说："破晓时分给我一滴茶，我将为天上的'茶壶圆顶'祝嘏；当太阳趱行午前的程途，11点左右给我一滴茶；待到午餐将罢，再给我一滴茶，为了快活潇洒！"

茶助文思，诗与茶事，两者相辅相成、相得益彰。而且，外国茶诗也和中国类似，既有专门写茶者，也有稍及茶事者。

茶助绘事，画绘茶情，茶也给画家以灵感，以创作的激情和冲动。海外也有许多以茶为题材的绘画作品。日本的《明惠上人图》，塑造了日本宇治栽植第一株茶树，对饮茶在日本传播起了巨大作用的日本僧人高辨的形象；共十二景的《茶旅行》手卷图，展示了17世纪至18世纪初叶每年从宇治首次运送新茶到东京进贡时的壮观场面；冈田米山人的山水画《松下煮茶图》，表现了隐士在大树下弹琴，等待享受茶的天然美味的情景；18世纪西川祐信的《菊与茶》，以绅士爱菊和爱茶为内容，这些都是日本以茶为题材的杰出的绘画作品。在欧美各国，18世纪饮茶已成为风尚，一些画家也以饮茶为创作对象。1771年，爱尔兰人像画家N·霍恩的《饮茶图》，描绘了他女儿用小银匙调和杯中热茶的闲适情景；1792年，伦敦画家E·爱德华兹在画中描绘了牛津街潘芙安茶馆包厢中的饮茶景象；苏格兰画家D·威尔基的《茶桌的愉快》，画出了19世纪初叶英国家庭饮茶的舒适和情趣；以及爱尔兰画家摩兰的《巴格尼格井泉之茶会》，美国画家凯撒的《一杯茶》、派登的《茶叶》，苏联画家戈基尔的《茶室》，比利时皇家博物院收藏的《春日》《人物与茶事》《俄斯坦德之午后》《揶揄》等，都是颇有特色的传世之作。

由于西方工业革命和现代科技的发达，茶也与富于创造的科学家们有着密切的联系，启迪着他们张开想象的翅膀，激励着他们提出崭新的见地。在科学上做出重大贡献的爱因斯坦，就喜爱一面饮茶，一面与人交谈。青年时期，他与索洛文、哈比希特及其弟、老同学贝索等，经常定期轮流到各人家，或是一家名叫"奥林匹克"的小咖啡馆相聚,一面饮茶,一面读书议论,各抒己见,热烈争论。他们诙谐地把这种学术活动叫作"奥林匹克科学院",并选举爱因斯坦为"院长"。当爱因斯坦成名之后,他们的这种学习风气也引起了人们广泛和浓厚的兴趣。喝着蓄浓烈于平淡之中的香茗,温文尔雅自由自在地进行学术切磋,只有理性与真理,没有权威和圣贤。这种氛围,这种追求,这种学习讨论方式,被人们誉为"茶杯精神"。

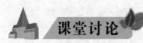

课堂讨论

中国历史上茶和茶俗的外传,对今天国际茶文化交流有何借鉴意义?

思考练习

1. 中国茶外传的主渠道是哪些?

2. 日本茶道的特点有哪些? 其对中国茶文化是如何接受的?

3. 英国"下午茶"有哪些特色?

4. 介绍各洲一两种饮茶风俗。

全球化背景下的中国茶俗

《中国茶俗学》是目前为止把茶俗作为中国茶文化子学科研究的第一本著作。学科草创的提出有其独特的意义,也有易被"拍砖"的风险。通过这本著作九个章节的设计,清楚地呈现出我们的学术理论,其间存在着四大板块:一是对于茶俗学构建的理论思考;二是对于各种茶俗事项的分析;三是对于茶俗文化的世界观察;四是对于茶俗保护与利用的路线图标。对于这些,本书都尽可能进行广泛而详细的探讨。除此之外,我们觉得还有几个方面需要作些说明:

海外华人的茶俗。本书对于中国内地和香港、澳门特区与台湾地区的茶俗,都有较为充分的介绍。作为中国茶俗的一部分,还有一种情况没有涉及,那就是海外华人的茶俗。海外华人的茶俗有多种情况:从时间上来看,古代的、现代的、当代的习惯都有不同;从年龄来看,年纪较大去海外的与年纪很小就去海外的风俗也有不同;还有由于身份不同、在海外时间的长短不同,以及原来对茶和茶俗的接受程度不同,都会导致相当的不同。因此,这些复杂情况导致他们对中国茶俗的了解和继承,远不是同一种状况。我们海外考察时就亲眼见到,有的年纪较大的华人依然保持享受潮汕工夫茶的习惯。特别是在亚洲地区,在新加坡、马来西亚、泰国这些国家,这种场景几乎随处可见。而在欧美国家,更多的华人融入当地社会文化,大多以品饮咖啡为日常生活。尽管如此,我们还是有必要关注海外华人对中国茶俗的继承与传播。同时,随着中国与国际交流的增加,包括茶俗在内的"中国风"也是会越来越受到青睐的。

茶俗认知的变化。对于民俗来说，我们往往喜欢区分良俗和陋俗。面对茶俗，自然也有这类的疑问。从整体上来看，茶俗占有主导甚至绝大部分领地。真正属于任何时期都被认为是陋习的，只有极少数诸如"吃花茶"之类的不健康茶俗。还有"端茶送宝"的习俗，只是从官场和官员的做派来说被视为陋习。还有一些茶俗则需要作具体分析，如传统的茶叶生产习俗，虽然从当代科学技术发展的角度来看已经过时，但在当时往往是一种新技术和新追求。在经营习俗中，凡属于公平公正诚信经营的，自然都属于良俗。只有那些坑蒙拐骗的伎俩，才属于陋习。对于良俗与陋俗的认定，应该采取历史唯物主义的观点，进行全面和客观的分析。

茶俗的梳理还给民俗观念带来变异。作为传统民俗观念的重要方面，我们常常认为："上导之为风，下习之为俗。"茶俗的各阶层共同享用，表明了民俗文化与精英文化没有必然的分野。从唐代开始流行的茶俗，虽然宫廷使用的是金银茶具，民间使用的是木竹茶具，但两者在饮茶技能方面却没有太大的差异。而宋代的"斗茶"更是一种全国性的风尚：下里巴人斗茶，贵为天子也照样斗茶。另外，统治者的介入干预，有时候也会改变茶俗的走向。明太祖朱元璋体察民间疾苦，下令进贡散茶，使自宋代登峰造极的团茶制造得以改变，繁复的饮茶方式也被清饮法占据主要位置。这些茶俗的特殊表现和个性展露，从不同的角度和侧面透露出茶俗的风貌，也促使我们用"第三只眼睛"看待民俗未曾关注到的特性与特征。

值得注意的是，《中国茶俗学》所叙述的茶俗事项，大多是农耕时代的产物，必然带有时代的印记。农耕时代重土轻迁，相对封闭的社会，使茶俗也带有浓厚的乡土气息。经过工业文明的洗礼，茶俗已经发生了不少变化。如今，社会进入到信息时代，会带来更多的改变。

今天的时代，是全球化的时代。经济的全球化，带来流通的大变化。原来难以见到的珍贵名茶，通过现代商务交易平台能在远隔万里之外欣赏的到。这种商业的变化，也带来文化的全球化。中国式的饮茶方式已经不是独享的专利，世界各国的人们都有追求的欲望与便利。远在法国的各界人士对中国茶情有独钟,也能够在自家国度和宅院学习中国茶艺,像模像样地冲泡和享用中国茗茶。日本茶道早在一百多年前就介绍到欧美,成为具有鲜明特点的日本文化之一。然而,照样有相当一部分日本人士喜欢中国茶,热心于学习和推介中国茶艺,其中甚至有日本茶道的教师前来学习。这些都是茶俗面对全球化时代的新景象。

正是由于全球化的背景,时代风尚的改变,茶俗的传承主体也在发生变化——从原有区域间民众的相互传播和传承,走向工业文明时代的大范围群体传播,再到如今突破国家和地区界限的无障碍对象传播,受众有了更大的广泛性和可能性。茶俗的传播方式也在发生变化——由口耳相传,到书面传播,再到影视传播,又进入到互联网的无边界传播。通过最为现代的传播工具和传播方式,茶俗很难界定是一种习俗传承,还是一种文化习得。这种模糊的界限,使得茶俗的原始性、原真性和原味性越来越难以把握,也使茶俗的某些方面(如手工传统技艺)能否继续得到保真、保鲜、保护的问题萦绕在我们的心头。

全球化给中国茶俗带来的影响是多样的。这是值得关注和追踪的,也是需要继续探讨和研究的。《中国茶俗学》的完成,只是一个阶段的结束。随着全球化浪潮的风起云涌,新的情况,新的问题,同样需要茶俗学科的追寻与努力! 这将是长期的课题,需要坚持不懈的努力!

后　记
Postscript

　　在迎接马年的欢声笑语里,《中国茶俗学》终于画下了圆满的句号。浓浓的年味,必然散发着茶俗的芬芳。作为我们夙愿的实现,这既是时间的巧合,又是心灵的契合。

　　早在30年前的1983年,我有幸参加全国首届民俗学、民间文学讲习班。当时授课的老师真是名家汇聚:钟敬文、费孝通、杨成志、杨堃、马学良、白寿彝、罗致平、常任侠、容肇祖等先生,泰山北斗,如雷贯耳。正是由于讲习班的启蒙教育,使我对民俗学发生了浓厚的兴趣,开启了学术研究之门。

　　同时,作为改革开放后率先进行中国茶文化研究的人员,我又与茶俗结下了不解之缘。我曾深入全国许多地方,访茶山,探茶农,参加各种茶事和茶俗活动。这些实践,使我更多地了解和理解了茶俗的状况与文化内涵。

　　在长期的学术研究中,由于民俗学和茶文化两方面的熏陶,使我能够把两者的研究结合起来,认真思考并努力探索中国茶俗学建立的相关问题。多年来,我曾为《中国风俗辞典》(上海辞书出版社1990年版)撰写过包括茶俗在内的词条;《中国茶叶大辞典》(中国轻工业出版社2000年版)的"茶俗部"我也参与了写作,并作为该书的特约编辑审定了全稿;由我主编的《江西民俗文化叙论》(光明日报出版社1995年版),撰写了《江西茶俗的民生显象和特质》的专章。此外,我还发表过多篇有关茶俗的论文。特别是我曾有两本关于中国茶俗的专著出版,一是《问俗》(浙江摄影出版社1996年版),一是《事茶淳俗》(上海人民出版社2008年版)。经过长期的研究,使我们有条件得以更好地写作《中国茶俗学》一书。这本著作,也吸取和采用了我们以往著述的成果。

本书作者之一的叶静博士，曾在南昌大学中文系古代文学专业师从我并获得硕士学位。毕业后，她考入华东师范大学，跟随著名民俗学家、华东师范大学终身教授、中国民俗学会副会长陈勤建学习文艺民俗学，攻读博士学位。她曾有茶文化的论文在国内和韩国发表，还借到美国工作的机会了解当地的饮茶习俗。由于经过严格的学术训练，又拥有良好的学术素养，参加本书的写作也就得心应手了。

本书的写作，由我拟定提纲，写作引言、第一、八章；叶静撰写第二至第七章，并承担了大量的事务性工作。最后，经我审定全稿。

在本书写作的过程中，茶文化教材编委会讨论通过了写作提纲与初稿，程启坤、刘仲华、杨江帆、林治、屠幼英、吕才有、肖力争、周玲、朱海燕诸教授都提出了很好的意见和建议。

作为中国出版集团成员的世界图书出版西安有限公司，尽力支持和打造茶文化系列教材，其眼光、力度和举措令人敬佩，薛春民总编辑对本书的写作给予了热心的指导，李江彬编辑解决了许多出版中的实际问题。

对于上述单位和先生，特在此一并表示衷心感谢！

著作完成和出版仅是第一步。通过教学的实践和读者的反馈，这才是更重要的检验。我们希望，学员在阅读本书时，只是作为进入茶俗的导引。每个人在这片天地里都能进行"亲历体验"——参与到茶俗活动中去考察、调查、研究，并且把自身的所得形成文字和照片。留下精彩的瞬间，就是留住生命的一次历程，留住历史的一段踪迹，并且奉献给社会和大众作为共同的精神财富。

我们热切希望：获得教师和学员对本书的意见与建议，不断进行修改和完善，使著作的质量得以提高，使中国茶俗学的理论体系不断得到完备和提升！

这既是对读者负责，也是对历史负责。我们将为此继续努力！

余 悦
2014 年 1 月 22 日
于洪都旷达斋

参考文献

References

（一）古代文献

1. ［晋］郭璞. 尔雅［M］. 北京：中华书局，1985.

2. ［唐］陆羽. 茶经［M］. 北京：华夏出版社，2006.

3. ［唐］封演. 封氏闻见记［M］. 北京：中华书局，1985.

4. ［唐］杨晔. 膳夫经手录［M］. 上海：上海古籍出版社，1995.

5. ［宋］陶毂. 清异录［M］. 北京：中华书局，1991.

6. ［宋］钱易. 南部新书［M］. 北京：中华书局，2002.

7. ［宋］欧阳修，宋祁. 新唐书［M］. 北京：中华书局，1975.

8. ［宋］蔡襄. 茶录［M］. 北京：中华书局，1985.

9. ［宋］陆游. 老学庵笔记［M］. 北京：中华书局，1979.

10. ［宋］释普济. 五灯会元［M］. 北京：中华书局，1984.

11. ［宋］孟元老撰，邓之诚注. 东京梦华录注［M］. 北京：中华书局，1982.

12. ［宋］吴自牧. 梦粱录［M］. 杭州：浙江人民出版社，1984.

13. ［元］释德辉. 敕修百丈清规［M］. 郑州：中州古籍出版社，2011.

14. ［明］宋濂. 元史［M］. 北京：中华书局，1976.

15. ［明］田汝成. 西湖游览志余［M］. 北京：中华书局，1958.

16. ［明］许次纾. 茶疏［M］. 北京：中华书局，1985.

17. ［清］刘献庭. 广阳杂记［M］. 北京：商务印书馆，1937.

18. ［清］孙星衍. 神农本草经［M］. 呼和浩特：内蒙古人民出版社，2006.

19. ［清］徐珂. 清稗类钞［M］. 北京：中华书局，1984.

（二）现当代文献

1. ［日］平山周. 中国秘密社会史［M］. 北京：商务印书馆：1912.

2. 金受申. 老北京的生活［M］. 北京：北京出版社，1989.

3. 胡朴安. 中华全国风俗志[M]. 郑州:中州古籍出版社,1990.

4. 李尚英. 民间宗教常识答问[M]. 南京:江苏古籍出版社,1990.

5. 俞允尧. 秦淮古今大观[M]. 南京:江苏科学技术出版社,1990.

6. 林永匡,王熹. 清代饮食文化研究[M]. 哈尔滨:黑龙江教育出版社,1990.

7. 刘克宗,孙仪. 江南风俗[M]. 南京:江苏人民出版社,1991.

8. 濮文起. 中国民间秘密宗教[M]. 杭州:浙江人民出版社,1991.

9. 舒惠国,吴英藩. 茶叶趣谈[M]. 北京:文化艺术出版社,1991.

10. 王景琳. 中国古代寺院生活[M]. 西安:陕西人民出版社,1991.

11. 王玲. 中国茶文化[M]. 北京:中国书店,1992.

12. 范增平. 台湾茶文化论[M]. 台北:碧山岩出版公司,1992.

13. 姜彬. 中国民间文化——民间仪俗文化研究[M]. 上海:学林出版社,1993.

14. 葛兆光. 佛影道踪[M]. 广州:广东旅游出版社,1993.

15. 胡坪. 千岛湖鸠坑茶[M]. 杭州:浙江科学技术出版社,1994.

16. 陈镜雄,徐少娜. 潮汕工夫茶话[M]. 汕头:汕头大学出版社,1994.

17. 林永匡. 饮德,食艺,宴道——中国古代饮食智道透析[M]. 南宁:广西教育出版社,1995.

18. 余悦,吴丽跃.《江西民俗文化叙论》[M]. 北京:光明日报出版社,1995.

19. 罗时万. 中国宁红茶文化[M]. 北京:中国文联出版公司,1997.

20. 陈文怀. 港台茶事[M]. 杭州:浙江摄影出版社,1997.

21. 张东民,熊寒江. 闽西客家志[M]. 福州:海潮摄影艺术出版社,1998.

22. 余悦. 中国茶文化丛书·问俗[M]. 杭州:浙江摄影出版社,1998.

23. 余悦. 中华茶文化丛书[M]. 北京:光明日报出版社,1999.

24. 陈宗懋. 中国茶叶大辞典[M]. 北京:中国轻工业出版社,2000.

25. 陈珲,吕国利. 中华茶文化寻踪[M]. 北京:中国城市出版社,2000.

26. 李根水,罗华荣. 宁化客家民俗[M]. 北京:中国华侨出版社,2000.

27. 蔡丰明. 上海都市民俗[M]. 北京:学林出版社,2001.

28. 费孝通. 江村经济——中国农民的生活[M]. 北京:商务印书馆,2001.

29. 余悦. 中国茶韵[M]. 北京:中央民族大学出版社,2002.

30. 余悦. 中国茶叶艺文丛书[M]. 北京:光明日报出版社,2002.

31. 陶立璠. 中国民俗大系(31卷本)[M]. 兰州:甘肃人民出版社,2004.

32. 樊树志. 江南市镇——传统的变革[M]. 上海:复旦大学出版社,2005.

33. 余悦.《事茶淳俗》[M]. 上海:上海人民出版社,2008.

34. 苑利,顾军. 非物质文化遗产学[M]. 北京:高等教育出版社,2009.

（三）期刊论文

1. 曾维才. 客家人与茶[J]. 农业考古,1991(2).

2. 谢瑞元. 绿雪飘香[J]. 福建画报,1991(2).

3. 匡达人. 旧社会帮会在茶馆的活动[J]. 农业考古,1995(4).

4. 蓝翔. 上海老虎灶寻踪[J]. 农业考古,1995(4).

5. 陈伟明. 元代茶文化述略[J]. 农业考古,1996(4).

6. 王建国. 三湘风情茶趣浓[J]. 农业考古,1996(4).

7. 张文文. 打油茶[J]. 农业考古,1996(4).

8. 廖军.赣南擂茶[J]. 农业考古,1996(4).

9. 余悦. 江西茶俗的民生显象和特质[J]. 农业考古,1997(2).

10. 曾震中. 武夷岩茶兴盛寻根究源[J]. 农业考古,1998(4).

11. 陈珲,吕国利. 茶图腾的证明:中国茶文化萌生于旧石器时代早中期[J]. 农业考古,1999(2).

12. 龚发达. 土家茶文化[J]. 农业考古,2000(4).

13. 郭旻. 福安茶俗趣谈[J]. 福建茶叶,2000(B10).

14. 汪从元. 故乡的茶俗[J]. 农业考古,2001(4).

15. 林更生. 回族盖碗茶茶文化[J]. 农业考古,2002(4).

16. 杨兆麟. 说茶罐[J]. 农业考古,2002(4).

17. 龚永新,蔡世文,宋晓东. 三峡民间茶俗杂谈[J]. 三峡大学学报,2002(5).

18. 刀正明. 云南傣族的饮茶风俗[J]. 农业考古,2003(4).

19. 徐金华. 四川民俗茶俗文化在民间的传承[J]. 农业考古,2004(4).

20. 王庆松. 土家茶文化[J]. 农业考古,2005(4).

21. 许文舟. 故乡有种离婚茶[J]. 农业考古,2005(4).

22. 张亚生,刘晃,等. 略论西藏茶文化的发生与发展[J]. 农业考古,2005(4).